天津水务志丛书

宝坻区水务志

（1991—2010年）

天津市水务局
天津市宝坻区水务局
编

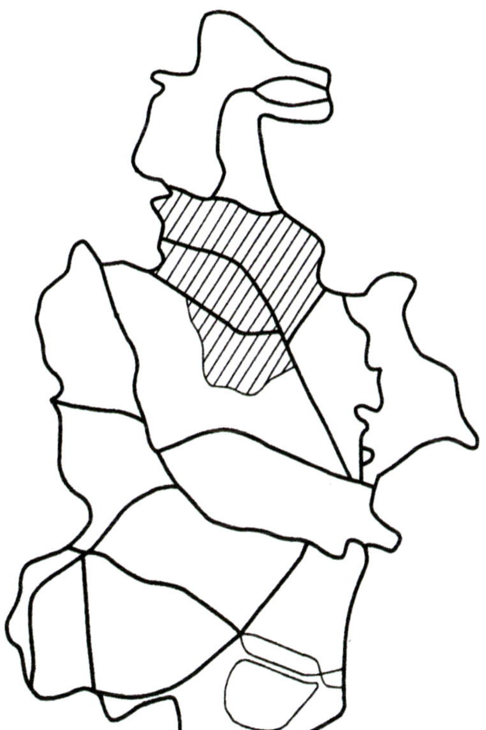

中国水利水电出版社
www.waterpub.com.cn
· 北京 ·

内 容 提 要

《宝坻区水务志（1991—2010年）》全面、客观地记述了1991—2010年宝坻区水务事业发展情况，该书主要包括水利环境，水资源，防汛抗旱，农村水利，里自沽灌区，供水与排水，工程建设管理与移民，工程管理，水政监察，规划、科技、教育，水利经济，机构与队伍建设等内容。

《宝坻区水务志（1991—2010年）》以文献资料为主要依据，系统地记述了宝坻区水务（水利）事业20年来的发展史，反映了宝坻区水务发展的历史进程和取得的成绩，具有鲜明的地方特色、专业特色和时代特色。志书内容丰富，数据翔实，是一部全面、系统的地方水情资料工具书。

图书在版编目（CIP）数据

宝坻区水务志 : 1991—2010年 / 天津市水务局，天津市宝坻区水务局编. -- 北京 : 中国水利水电出版社，2021.7
（天津水务志丛书）
ISBN 978-7-5170-9743-3

Ⅰ. ①宝… Ⅱ. ①天… ②天… Ⅲ. ①水利史－宝坻区－1991-2010 Ⅳ. ①TV-092

中国版本图书馆CIP数据核字(2021)第137946号

审图号：津S（2022）002

书　　名	天津水务志丛书 **宝坻区水务志（1991—2010年）** BAODI QU SHUIWU ZHI (1991—2010 NIAN)
作　　者	天津市水务局　天津市宝坻区水务局　编
出版发行	中国水利水电出版社 （北京市海淀区玉渊潭南路1号D座　100038） 网址：www.waterpub.com.cn E-mail：sales@mwr.gov.cn 电话：(010) 68545888（营销中心）
经　　售	北京科水图书销售有限公司 电话：(010) 68545874、63202643 全国各地新华书店和相关出版物销售网点
排　　版	中国水利水电出版社微机排版中心
印　　刷	北京印匠彩色印刷有限公司
规　　格	210mm×285mm　16开本　23.25印张　496千字　8插页
版　　次	2021年7月第1版　2021年7月第1次印刷
印　　数	001—800册
定　　价	**118.00**元

▲宝坻区水务局

▲2009 年 1 月 17 日，宝坻区水务局召开 2009 年工作会议

▲2009 年 7 月 25 日，区水务局在潮白新河左堤黄庄洼分洪闸处进行河道堤防渗漏管涌、滑坡等险情抢险实战演习

▲2010 年 7 月 22 日，宝坻区在潮白新河组织防汛演习

▲2010 年 4 月 23 日，泃河应急度汛工程——堤防护砌

▲2006 年 1 月 13 日，宝坻区潮白新河里自沽蓄水闸除险加固工程施工现场

▲2007 年 4 月 26 日，宝坻区潮白新河里自沽蓄水闸全貌

▲2010 年，宝坻区鲍丘河清淤现场

▲2010 年 10 月 21 日，宝坻区白龙港二站站前闸闸墩浇筑现场

▲2005 年 5 月 22 日，宝坻区防渗渠道建设

▲2007 年 4 月 25 日，扩建后的潮白新河里自沽蓄水闸，为农业用水提供有力保障

▲2010 年，宝坻城区窝头河综合治理后景观

▲2009 年，小套扬水站更新改造后外观

▲2005 年，宝坻区农用闸涵

▲宝坻区小辛码扬水站

▲2008 年，宝坻区黄庄洼退水闸

▲2009 年，宝坻区东老口扬水站新站

▲2008 年，宝坻区牛家牌橡胶坝

▲2010 年 4 月 26 日，宝坻区胡各庄扬水站预防性试验

▲2010 年，泵站检修

▲2009 年 2 月 25 日，区水务局在排灌站举办首届职业技能大赛——电工技能大赛

▲2007 年，宝坻区里自沽灌区节水改造工程

▲2007 年，宝坻区防渗渠道

▲2009 年，里自沽灌区续建配套工程

▲2010 年，宝坻区大棚喷滴灌技术应用

▲2010 年 7 月 7 日，宝坻区黄庄稻区养殖

▲2010 年，宝坻区黄庄洼水稻喜获丰收

▲2010 年 5 月 31 日上午，举行天津市泉州水务有限公司揭牌仪式

▲宝坻区泉州净水厂

▲2008 年 12 月 4 日，宝坻区节水法制宣传

▲2009 年 5 月 12 日，“宝坻区节约用水宣传周”活动启动仪式在宝坻区文化广场举行

▲2018 年 1 月 5 日，《宝坻区水务志（1991—2010 年）》评审会现场

▲《宝坻区水务志（1991—2010 年）》编委会成员合影

▲《宝坻区水务志（1991—2010 年）》编辑合影

宝坻区水系示意图

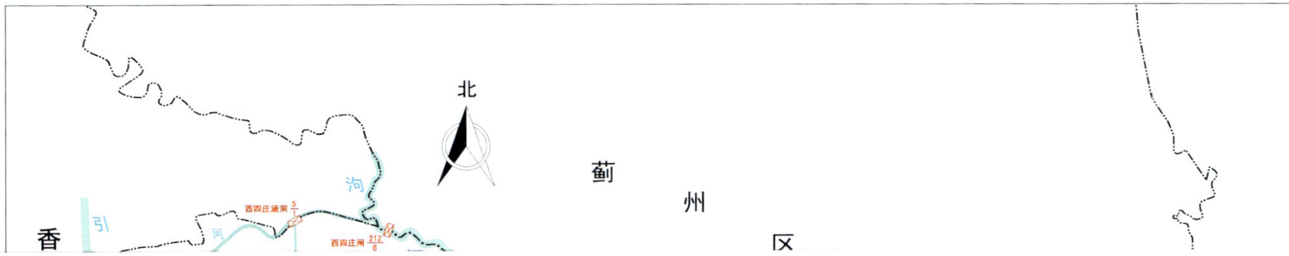

宝坻区水系概况

宝坻区水系水域面积109.9km^2。

一、一级行洪河道6条，河道总长度199.9km。

二、二级河道8条，总长度148km；干渠87条，总长度683km。

三、排涝泵站33座，机组220台套，排水能力509.8m^3/s。

四、黄庄洼蓄滞洪区我区面积332.275km^2，滞洪量4.52亿m^3，设计滞洪水位4.5m。

大黄铺洼蓄滞洪区我区面积114.16km^2(不包括尔王庄水库占地)，设计滞洪量0.913亿m^3，设计滞洪水位4.5m。

五、尔王庄水库面积11km^2，设计库容4530万m^3。

六、一级河道闸涵数量26个、二级河道闸涵数量18个、干渠闸涵数量

天津市宝坻区水利工程位置图

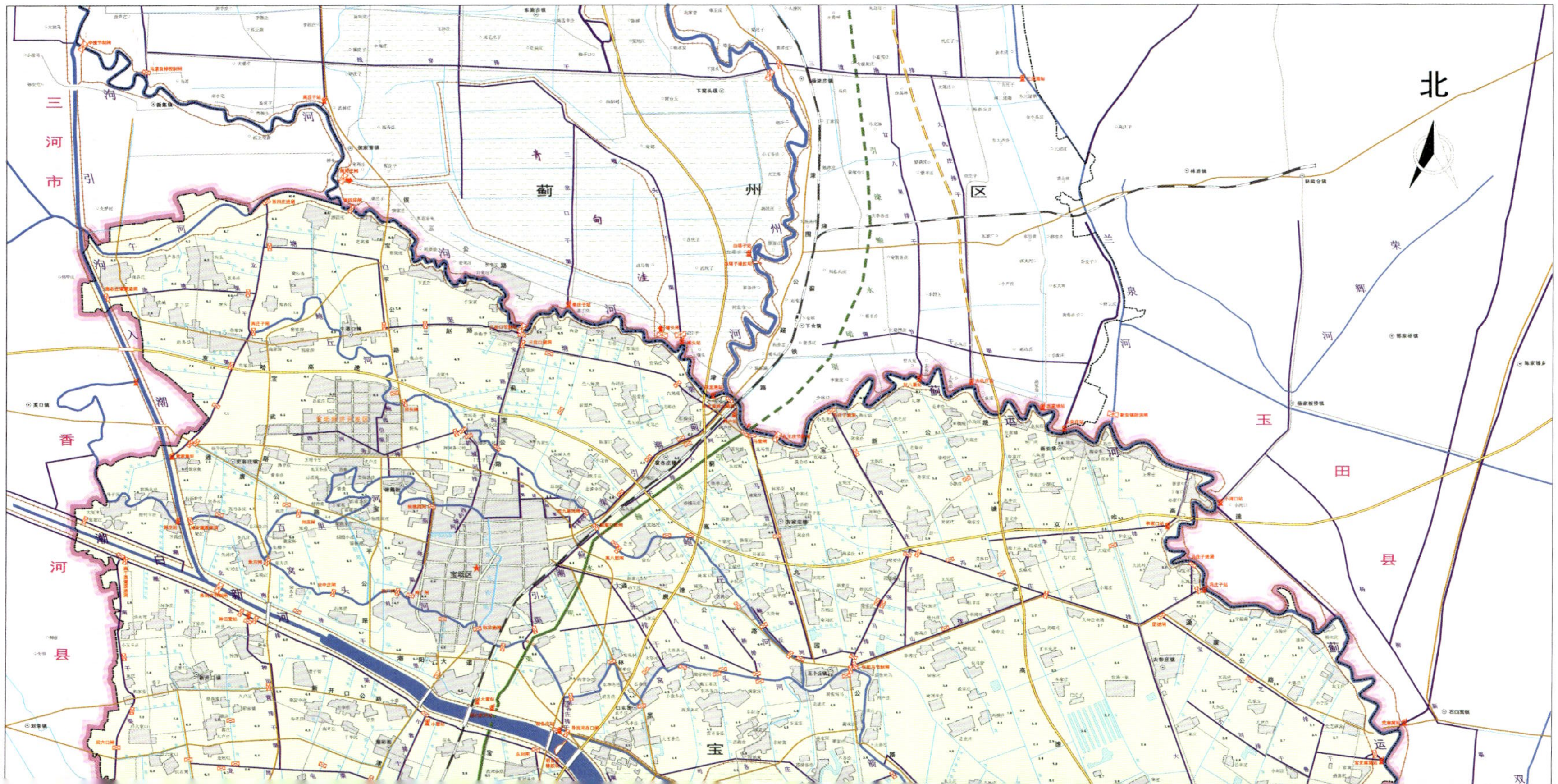

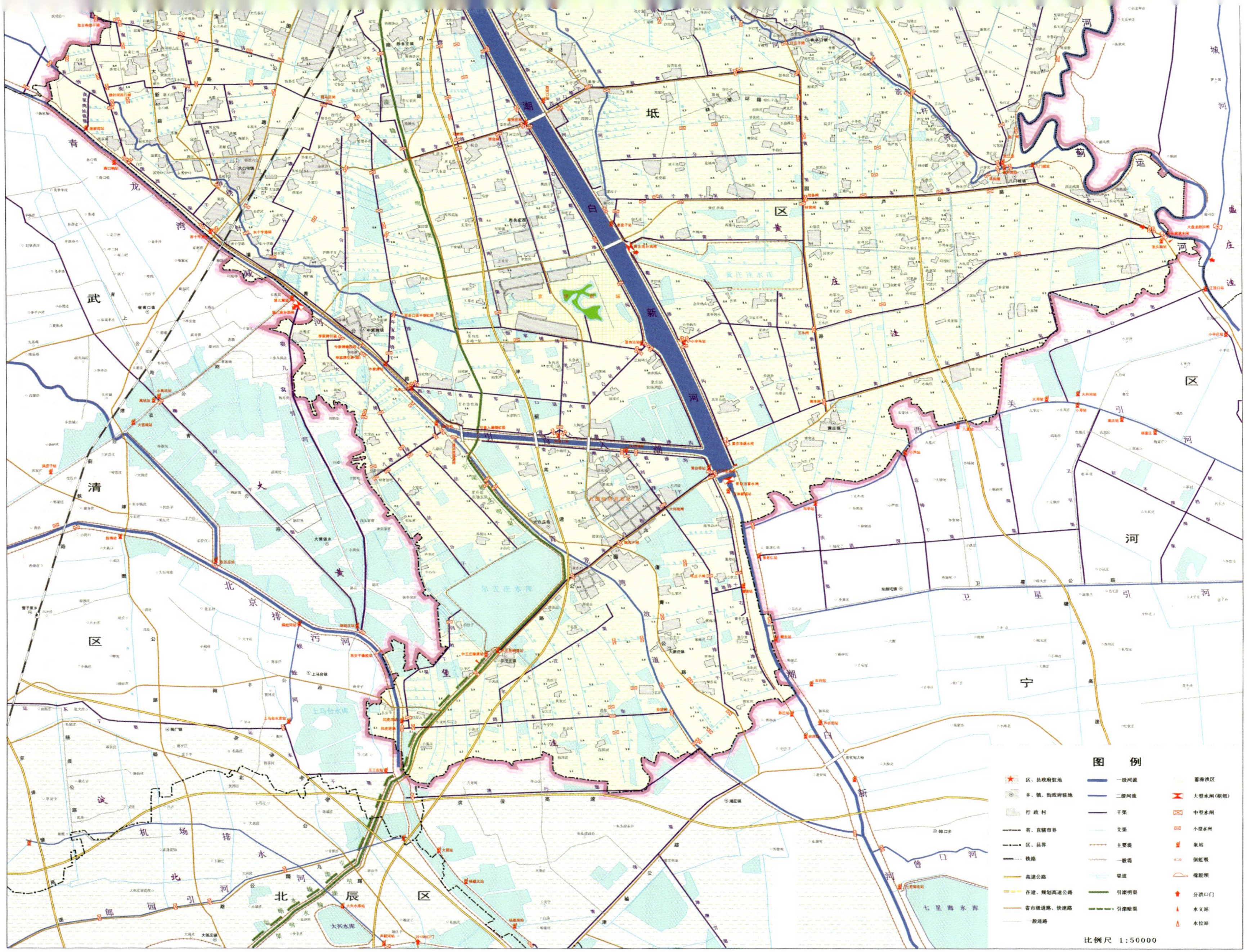

注 图中所绘各种界线仅供参考，不作正式行政区划依据。

天津水务志编纂委员会组成人员

（2018 年 10 月—　）

主　　任　张志颇

副 主 任　张文波　　刘学功　　丛　英（女）

委　　员　（以姓氏笔画为序）

于　强	王太忠	王永强	王立义
王志高	王丽梅（女）	王朝阳	邓百平
石敬皓	宁云龙	冯新民	邢　华
刘　威	刘　爽	刘太民	刘玉宝
孙　轶	孙建山	李　刚	李　桐
李　悦	李帅青（女）	李向东	李国良
李保国	李宪文	杨国彬	宋志谦
张　玮	张化亮	张林华	张绍庆
武文术	范书长	范继红	金　锐
周　军	周建芝（女）	周潮洪（女）	孟令国
孟庆海	孟祥和	赵万忠	赵天佑
赵考生	赵金会（女）	赵宝骏	胡　宇
顾世刚	徐宝山	高广忠	高孟川
高雅双（女）	阎凤寨	隋　涛	廉铁辉
蔡淑芬（女）	魏素清（女）		

编办室主任　丛　英（女）

天津水务志丛书《宝坻区水务志(1991—2010年)》
总编审人员

总　　编　张志颇

副 总 编　张文波

分志主编　丛　英(女)

分志编辑　丛　英(女)　艾虹汕(女)　王振杰

评审人员　(以姓名笔画为序)

丛　英(女)　李红有　杨树生　张　伟

张　芳(女)　孟祥和　赵应明

版面设计　丛　英(女)　张　岩

目录翻译　薛　浩

《宝坻区水务志（1991—2010 年）》编委会名单

第一届编委会（2008—2012 年）

主　任　张素旺

副主任　戴　洪

委　员　王玉峰　白云峰　邓文栓

第二届编委会（2012—2017 年）

主　任　何建华

副主任　刘福军

委　员　张　东　白云峰　邓文栓

第三届编委会（2017—2021 年）

主　任　闫秀余

副主任　胡　宇　张　东

委　员　张　岩　谢明华

第四届编委会（2021 年—　　）

主　任　张洪印

副主任　胡　宇　张　东

委　员　张　岩

《宝坻区水务志（1991—2010年）》编纂办公室成员名单

第一届编纂办公室成员（2008—2012年）

主　　任　戴　洪

副 主 任　王玉峰　白云峰

主　　编　邓文栓　谢明华

成　　员　吴铁祥

第二届编纂办公室成员（2012—2017年）

主　　任　刘福军

副 主 任　张　东　白云峰

主　　编　邓文栓

成　　员　吴彦杰(女)　窦金国　郑　帅

第三届编纂办公室成员（2017—2021年）

主　　任　闫秀余

副 主 任　胡　宇　张　东

主　　编　张　岩　谢明华

第四届编纂办公室成员（2021 年—　　）

主　　任　张洪印

副 主 任　胡　宇　张　东

主　　编　张　岩

提供资料　（以姓氏笔画为序）

丁海东	于兰凤(女)	于有会	于学刚
于洪远	马晓健	牛玉娥(女)	田士营
兰桂芹(女)	刘　娜(女)	刘云霞(女)	刘玉芝(女)
刘玉涛	刘汉富	刘春花(女)	许志娟(女)
李佑霞(女)	吴宝占	吴学菊(女)	张永刚
张素静(女)	陈莉丽(女)	苑朝辉	胡海鹏
高连英(女)	郭艳玲(女)	梁艳超(女)	蒋　虎
窦金国	薛广阔		

制　　图　于学军(女)

录　　入　谢雅娟(女)　焦凤萍(女)

摄　　影　冯立志　于学旺

凡　　例

一、《宝坻区水务志（1991—2010年）》（简称本志）是《天津水务志》系列丛书之一，本志坚持以马克思列宁主义、毛泽东思想、邓小平理论、“三个代表”重要思想、科学发展观、习近平新时代中国特色社会主义思想为指导，坚持实事求是的科学态度，力争做到思想性、科学性、资料性的统一。

二、本志为宝坻区水利专业志书，承接前志，上限为1991年1月，下限为2010年12月，为保持志书的连续性与完整性，可适当上溯和下延。

三、本志书遵循修志的规定和要求，记述地域以现行宝坻区行政区划为准。宝坻县于2001年9月29日更名为宝坻区，为与史实保持一致，凡志书中涉及区、镇、村名时一律按当时称谓记述或加注解。

四、本志采用述、记、志、传、图、表、录等体裁，以志为主，综合运用。结构为章、节、目。大事记以编年体为主，辅以纪事本末体。图表编号为章号-节号-序号，序号以全书为单位编排。

五、资料来源以档案及文献资料为主，外调材料、口碑资料为辅，坚持精推细敲，存真去伪。统计数字均采用市、区（县）统计局资料及水利部门各个时期的档案资料。

六、本志采用规范的语体文记述体。文字、标点符号、计量单位数字的使用均以国家规定为准。注释采用脚注。文中所记地面高程采用大沽高程，其他高程随文标明。

七、本志书坚持生不立传的原则，对在水利事业上有突出贡献的人物，以治水人物简介、人物表或以事系人的方式记述。

目　　录

第四章　农村水利

第五章　里自沽灌区

第六章　供水与排水

第七章　工程建设管理与移民

第八章 工程管理

第九章 水政监察

第十章 规划、科技、教育

第十一章 水利经济

第十二章　机构与队伍建设

Contents

Chapter 4 Rural Water Conservancy

Chapter 5 Lizigu Irrigation Area

Chapter 6 Water Supply and Drainage

Chapter 7 Project Construction Management and Resettlement

Chapter 8 Project Management

Chapter 9 Water Administration Supervision

Chapter 10 Planning, Science and Technology and Education

Chapter 11 Water Conservancy Economy

Chapter 12 Organization and Team Building

综　述

宝坻区位于天津市北部，地理坐标为北纬 39°21′～39°51′，东经 117°12′～117°40′。东及东南与河北省玉田县、天津市宁河区相邻，西及西北与河北省香河县、三河市毗邻，南及西南与天津市宁河区、武清区接壤，北及东北与天津市蓟县、河北省玉田县隔河相望。西北距北京市、南距天津市区、东距唐山市均在 100 千米以内，高速公路车程不超过 1 小时。2001 年 9 月，经国务院批准，宝坻撤县设区。2010 年，境域南北长 53.7 千米，东西宽 47.9 千米，总面积 1509 平方千米。辖海滨、宝平、钰华 3 个街道，霍各庄镇、史各庄镇、高家庄镇、牛道口镇、大口屯镇、马家店镇、新开口镇、郝各庄镇、大白庄镇、大唐庄镇、周良庄镇、王卜庄镇、方家庄镇、口东镇、林亭口镇、八门城镇、大钟庄镇、新安镇 18 个镇和牛家牌、尔王庄、黄庄 3 个乡，有 765 个村委会和 26 个居委会。2010 年，全区人口 67.39 万人。

宝坻区境内有 6 条一级河道，分别是潮白新河、蓟运河、青龙湾减河（含引青入潮段）、引泃入潮、北京排污河、泃河，河道总长 194.9 千米，堤防长 247.147 千米；8 条二级河道，分别是箭杆河、窝头河、鲍丘河、绣针河、青龙湾减河故道、百里河、武河、导流河，河道全长 161.686 千米，另有干渠 87 条，总长 659.869 千米，蓄水量 1705.91 万立方米；支渠 433 条，总长 1134.39 千米，蓄水量 1855.96 万立方米。蓄滞洪区 2 个，即大黄堡洼和黄庄洼。全区国有区管扬水站 33 座，其中 20 世纪 60 年代建站 6 座，70 年代建站 18 座，80 年代建站 6 座，2000 年以后建站 3 座，1991—2010 年，更新改造 11 座。全区区管中型水库 1 座（潮白河水库），小型水库 4 座，即西老口水库、大刘坡水库、狼尔窝水库和朝霞水库。大型灌区 1 处，即里自沽灌区，灌区总面积为 56000 公顷，耕地 32600 公顷，人口 13.4 万人，人均耕地 0.233 公顷，是宝坻区的重要粮食生产基地。截至 2010 年年底，全区共有机井 4955 眼，其中 1991—2010 年，新打生活用井 820 眼（含人畜饮水三年解困工程），新打农业用井 2610 眼，新打工业、企业用井 289 眼，总计新打机井 3719 眼。

至 2010 年，宝坻区有供水水厂 4 座，即泉州净水厂（原称净水厂）、应急水厂、天宝工业园地下水厂、周良项目水厂，日供水能力达 9.1 万立方米。4 座水厂除净水厂建于 1984 年并于 1995 年改扩建为泉州净水厂外，其余均建于 2003 年和 2005 年。2004 年建成处理能力 1.3 万吨每日的污水处理厂 1 座。

随着改革开放的全面推进和经济社会的稳步发展，水利工作向法制化、社会化、经济化、多元化方向迈进，服务面越来越宽，服务质量越来越好，服务标准越来越高，宝坻区突飞猛进的建设和发展，更加突显出水利工作的重要作用。1988 年，《中华人民共和国水法》颁布实施，标志着水利建设与管理进入了法制化轨道。依法治水是水利事业可持续发展的根本保证。水法制建设对增强全民的水患意识、提高全民的水法制观念、推动水利事业的发展有着十分重要的意义。2001 年 3 月 26 日，“宝坻县水利局”更名为“宝坻县水务局”，同年 9 月 29 日，“宝坻县水务局”更名为“宝坻区水务局”，水利工作结束了多龙治水的局面，实现了水务一体化管理。宝坻区水利规划及水务各项工作前瞻性更加规范化、科学化和人性化。农民用水者协会的形成，改变了过去单一的农村水利。水利工作受社会关注程度越来越高，水利工作的重要性越来越突出。

1991—2010 年，是宝坻水利事业全面发展时期，大体经历了以下三个阶段：

第一阶段：1991—1996 年，完善配套、提高效益阶段。

全县防汛抗旱、地下水资源开发、农业节水和田间渠系配套等工程进一步完善，水利由为农业服务发展到为经济建设服务，基本形成与社会主义市场经济相适应的可持续发展的水利建设新机制。

1991—1996 年完成干渠清淤 25 条，长 78 千米，动土 336.6 万立方米，恢复蓄水能力 337 万立方米，增加蓄水能力 639 万立方米。同时对 6 座国有县管扬水站进行了更新改造，包括老庄子、宝芝、冯庄子、胡各庄、菜芽庄和大刘坡扬水站。

斗毛渠清淤年平均控制面积 2.76 万公顷，年均动土方 435.96 万立方米。

平整土地 3.77 万公顷，动土 550.3 万立方米，年均平整土地 0.94 万公顷，年均动土 137.58 万立方米。

完成建筑物及配套工程 590 处，其中闸涵 67 座，生产桥 77 座，扬水点 88 座，渡槽 25 座，过道管 285 处，斗门 48 处，防渗渠道 17.5 千米，低压线 15 千米，工程总投资 1354.78 万元。

1994 年 7 月，由于宝坻上游地区遭遇大暴雨，7 月 13 日开始，境内 5 条一级河道相继出现洪峰，青龙湾减河最大泄洪 1030 立方米每秒，超出行洪标准 160 立方米每秒。面对灾情，县、乡镇领导奔赴抗洪一线坐镇指挥，出动抢险队伍 5 万人，奋战 3 昼夜，使洪峰平安出境，战胜洪水。

1995 年，在原净水厂基础上进行扩建，完成投资 1000 余万元，扩建日供水 2.5 万立方米，耗电量 500 千瓦时每千立方米的Ⅲ类地表水水厂 1 座。出厂水压力达到 0.4 兆帕。水厂净化处理主要采用常规处理工艺，其设计、设备、工艺基本满足净水厂建设标准。

1995 年 5 月，建成西老口水库并蓄水生效，水库总库容 119.76 万立方米。6 月建成大刘坡水库，占地面积 86.67 公顷，库容 157 万立方米。汛前完成狼尔窝水库，占地 37.5 公顷，库容 77.06 万立方米。

1995 年 6 月，完成潮白河水库增容工程，工程总投资 3947.73 万元。增容后最高蓄水位达7米，新增蓄水量2992万立方米，最大蓄水量9116万立方米。主要建设项目有：蓄水闸闸门改造、原护坡接高、整坡加固、闸涵维修加固、背坡截渗沟清淤。

1996年7月下旬，蓟运河上游和宝坻县境内连降大到暴雨，于桥水库水位骤涨，入库最大洪峰1484立方米每秒，为保水库安全，以200立方米每秒出库泄洪，蓟运河九王庄闸上水位一度达8.5米，下泄流量330立方米每秒。由于高水位运行加之风浪冲击，23处堤防出现严重险情。8月10日县防汛指挥部连夜召开紧急电话会议布置抗洪救灾，各级政府领导立即带领抢险队伍上堤抢险，出动1020人，最长时间历时20多天，险情得以控制。同期，7月28日至8月18日，境内遭受大到暴雨袭击，全县平均降雨达425.1毫米，最大降雨在新安镇729.4毫米。至8月18日全县扬水站全部开车，计开车62740小时，耗电1445.15万千瓦，排除沥水4.45亿立方米，最大限度的减少灾害损失。本次涝灾造成农田积水3.68公顷，成灾3.06公顷，农业绝收0.91万公顷。

第二阶段：1997—2001年，是宝坻区依法治水，推进水利事业持续发展的阶段。

1988年7月1日，《中华人民共和国水法》颁布实施后，国家先后颁布实施了《中华人民共和国水土保持法》《中华人民共和国防洪法》《中华人民共和国水污染防治法》等法律法规，标志着水利事业进入依法管理的轨道，为使水利部门转变职能，保证《中华人民共和国水法》的贯彻执行，宝坻县水利局于1991年5月成立水政监察科，设编7人。全局任命120名水政监察员，水政科人员为专职监察员，河道所、排灌站、地下水资源管理办公室、供水公司、乡镇水利站等基层单位人员为兼职监察员，形成县乡两级水政监察队伍。从1991年开始，每年制订执法工作培训计划，提高全县水政监察人员的执法能力。按照水利部关于队伍建设“八化”要求，宝坻县水政执法队伍不断得到加强，在全县范围内形成了一个上下一体的水政监察管理网络。利用法律手段，保护了水、水域和水工程，治理了在开发利用、保护、管理水资源及工程等方面的违法违章行为。

宝坻县人民政府依据相关法律、法规，结合本地实际，在水费计收、河道采砂、水工程保护、水资源管理等方面出台了相关规范性文件，为水行政执法提供了更具体的操作依据。1993年，按照国务院公布的《取水许可制度实施办法》对用水户全面进行取水登记，实施取水许可制度，并遵照国家颁布的法律、法规开展了水费、水资源费、防汛费、河道管理费的征收，水的价格逐步体现出水的价值，促进了节约用水和合理开发利用水资源。

坚持水政执法，加强水环境的治理，水事违法违章案件得到了及时有效的处理，避免了经济损失。1991—2001年，宝坻区水务局立案查处了违法案件195起，挽回经济损失198.5万元，避免经济损失498万元；查处宝坻区霍各庄镇津围公路两侧林立的水磨石厂用水、排水失控，治理了脏、乱、差，恢复了农村的环境和宝坻的形象；清理了青龙湾减河的阻水渔具等行洪障碍物。对拒缴地下水资源费的违法行为进行了立案查处。

本着“防调结合，预防为主，标本兼治”的工作精神，通过不断地严格执法使宝坻的水事秩序有了明显的好转。水利法律、法规的颁布与贯彻执行使水利事业发展走上了有法可依的道路，水利事业得到了长足发展。实践证明，水利事业可持续发展必须依靠科学的管理体制，立法是基础，执法是关键。依法治水是水资源可持续利用、维护社会稳定、促进社会和谐的有力保证。为确保农业生产和生活用水的需求，每年充分利用河道蓄水，引调周边水源、汛期后期河道存水等，改善水环境，为工业、农业用水和水产养殖业用水创造良好条件。

1997 年，全县出现罕见旱情，1—5 月降水量仅为 59 毫米，给农业用水造成很大困难，为确保高效农业发展用水，宝坻县积极组织地表水源和开采地下水，全年共调水 3.34 亿立方米。为进一步解决生产生活用水，开采地下水资源，宝坻县投资 170 万元用于机井工程建设和配套，全县共打机井 3325 眼，开采地下水 1.12 亿立方米，在天津地下水资源管理目标考核中被评为全市第一名。同时，投资 42 万元建成朝霞水库，占地 33.3 公顷，库容 50 万立方米，可灌溉面积 133.3 公顷。

1997—2001 年，每年都投入人力、物力对河道堤防进行加固维修。先后完成的工程有：沟河下午庄段浆砌石护坡工程，长 0.28 千米；泃河于家观险段浆砌石护坡工程，长 0.275 千米；潮白河水利三库堤顶砂石路面工程，长 2.50 千米；大黄堡蓄滞洪区安全房工程，建房 3000 平方米；泃河白龙港砌石护坡工程，长 0.40 千米。

为了加快水利建设，充分调动农民和社会力量办水利的积极性，鼓励农民个人投资建设管理、经营，产权归个人所有。

2000 年 4 月，宝坻县政府组织召开井灌工程产权制度改革研讨会，听取了赵各庄和沟头村进行井灌工程产权制度改革的做法和经验介绍。截至 2000 年年底，全县共完成 1802 眼机井产权制度的改革，把机井的所有权、使用权、管理权由原来的集体所有转交给了用水者。产权制度改革的机井占农田灌溉机井总数的 57%。

2000 年，宝坻县农田水利建设重点由以前的防洪排涝而治河挖渠转移到以雨洪资源开发利用为目标，蓄灌排相结合，进行多项综合治理配套工程。2000 年完成水利基建、农田水利等工程 49 项。2001 年完成里自沽灌区节水改造工程。工程涉及林亭口、黑狼口、糙甸、欢喜庄、大唐庄 5 个乡镇，完成衬砌防渗明渠 39.20 千米；建输水管道 92.70 千米；新建扬水站点 30 座，维修扬水点 7 座。通过综合治理，提高了减灾能力，推进了水利事业的持续发展。

第三阶段：2002—2010 年，是职能转变，水务事业全面发展的阶段。

由“水利”到“水务”，反映了管理职能和管理体制的重大变化。水作为一种自然资源和环境要素，是一个循环统一体。地表水和地下水之间相互转化，上下游、左右岸、干支流间的开发利用相互影响，灌溉、供水、发电、航运、水利旅游等功能之间相互联系，这种特点就要求对水的问题必须统筹考虑、全面安排。但在计划经济体制下，水资源管理涉及农业、水利、城建、环保、地矿等多个部门，这些部门利益分割、城乡脱离的“多龙管水”的管理体制有种种弊端。

2001 年 9 月，宝坻区水务局成立，对宝坻区水行政主管部门职能做了新的调整，增加了宝坻区人民政府节约用水办公室行政管理工作和宝坻区自来水公司城区供水行政管理和执法监督工作。至此，宝坻区水利工作结束了“多龙治水”的局面，实现了一体化水务管理。

宝坻区水务局成功从传统水利向现代水务转型的全面发展期，也正是国家经济的飞速发展时期，国家把水务事业列入民生工程之中，不断加大水务事业的投资，使宝坻区水务事业得到空前发展。

根据天津市政府提出的三年农村饮水解困问题的部署，制定了《宝坻区农村人畜饮水解困工程实施方案》，于 2002 年启动，2002—2004 年新打机井 474 眼，其中无饮水井村队新打机井 292 眼，更新机井 182 眼，完成投资 3080 万元，解决了 22 个乡镇、510 个村队、41.5 万人的饮水困难，按期完成了三年实施方案。2006—2007 年相继建成八门城镇、黄庄村、东田五庄和大唐庄镇 4 个村镇集中供水工程。2004—2010 年，市发展改革委及市水务（利）局分 10 个批次批复宝坻区（县）农村饮水安全及管网入户改造工程投资 2.79 亿元，铺设管网 10128 千米，安装水表及其他配套设备 20.22 万块，解决了 714 个村、55 万人的饮水安全问题，使农村群众生活幸福指数得到提高。

全区加大泵站闸坝建设力度，分别在 2003 年完成青龙湾减河修建牛家牌橡胶坝工程；2005 年完成里自沽蓄水闸除险加固工程，通过里自沽蓄水闸与牛家牌橡胶坝的联合运用，使里自沽蓄水闸最高挡水位达到 7.0 米，一次性蓄水能力达到 9600 万立方米，汛末拦截尾水为宝坻区农业发展以及经济增长提供了水源保证；2005 年完成东老口二站即东老口扬水站扩建工程；2007 年完成京津新城工业园扬水站建设、城区窝头河治理工程；2008 年完成胡各庄橡胶坝工程、箭杆河扬水站更新改造工程；2009 年完成小套扬水站更新改造工程、大套扬水站新建工程；2010 年完成城区水系治理工程、潮白新河城区段防洪治理工程、白龙港扬水站二站改造工程。

按照宝坻区政府基础建设的总体部署，解决城区内涝问题是城区百姓急切的愿望。2004 年建成处理能力 1.3 万吨每日的污水处理厂 1 座，宝坻城区设排污泵站 3 座、临时排污泵点 1 座。

泵站闸坝及城区基础设施工程建设，在宝坻区的防洪、排涝、灌溉方面发挥了显著效益，并且为水清岸绿、改善水环境发挥了巨大作用。

1991—2010年，宝坻水务行业发展成就巨大，成为全区国民经济发展必不可少的基础设施，但还存在一些问题：境内一级河道蓟运河一直没能得到有效治理，防洪标准和行洪能力需要进一步提高；二级河道多年来未得到有效治理，河道淤积严重；水资源保护和综合开发利用还很不够。

发展水利、防治水害，综合开发利用水资源，仍是今后的一项长期而艰巨的任务。只有通过深化改革，转变观念，扩大服务范围，为国民经济各行各业的发展提供一个优良的水环境，才能适应市场经济发展的需要，才能使水务摆脱困境，真正成为国民经济的基础产业。

大事记

1991 年

3 月 25 日　宝坻县水利局保卫科、计划生育科成立。

4 月 29 日　中登乡水利站招收管理人员 4 名，并解决农转非户口问题。

7 月 10 日　宝坻县防汛抗旱指挥部副指挥王俊志、杨家恭、刘连清，顾问赵继政、梁振扬亲临蓟运河八门城现场办公，就地解决度汛存在的问题。

7 月 21 日　普降大到暴雨，袁罗庄乡降雨 116.1 毫米，欢喜庄乡降雨 100 毫米，其余乡镇降雨均在 50 毫米左右，并伴有短时大风。全县农田积水 10156.67 公顷，积水深度 0.2～0.3 米。

8 月 27 日　天津市水利基本建设工程质量监督中心站以《关于建立宝坻县水利局质量监督站的批复》（1991 津水建质 11 号）批复，成立宝坻县水利局质量监督站，敬全礼任站长。

11 月 20 日　宝坻县下发《关于天津石化公司宝坻水源地裂补偿费使用办法的通知》，文件下发到各乡镇及县政府各部门，对天津市下拨的 173.95 万元资金，由宝坻县人民政府地下水资源管理办公室严格管理，专款专用，实行民主评议，群众监督。

1992 年

6 月 30 日　经县政府批准，组建“水利物资供应站”。

9 月 2 日　经天津市水利局批准，宝坻县水利局任命 120 名水政监察员，其中水政科人员为专职监察员，其余为兼职监察员，市政府颁发行政执法证。

是年　天津市有旱情记载 103 年以来第二次大旱年，1—5 月全县平均降雨 39.7 毫米，比大旱的 1972 年同期还少 0.8 毫米，河渠干枯，地下水位下降，大部分农田失墒欠墒。

是年　在原水利机井队的基础上，组建“天津市宝坻县基础工程公司”。

1993 年

1 月 6 日　经宝坻县抗旱防汛指挥部批准，同意宝坻县水利局《关于里自沽蓄水闸工作桥收取维护费的请示》。

春　遇到中华人民共和国成立以来的特大干旱，1—4 月全县平均降雨仅有 16.3 毫米，比大旱的1972年同期降雨减少35%。全县受灾面积为8513公顷，成灾面积5393公顷。

3月6日　县委组织部任命原宝坻县城关乡党委书记张俊清任水利局党委副书记。

4月5日　完成宝芝麻窝扬水站更新改造。更新为上海电机厂生产的JRL14－12型电机8台。同时对水泵及土建部分也进行了更新改造，总投资152万元。

10月19日　水利局局长刘连清调任宝坻县人大常委会副主任。原水利局党委副书记张俊清任水利局党委书记。

12月20日　宝坻县委组织部任命水利局党委书记张俊清兼任水利局局长。

1994年

5月20日　宝坻县政府颁布《关于收取驻宝单位农用水费的通知》。按照合理负担的原则，决定向各驻宝单位适当收取农用水费。收费标准按农田使用面积每亩收费5元。各用水单位在每年5月底以前向水利主管部门一次缴清，过期不交者，停止供水。

汛期　全县平均降雨433.5毫米，赵各庄地区降雨最大，为650毫米。

7月2日　县人大主任王广玉、县委副书记徐刚、副县长孙树芳等察看潮白新河堤防；副县长高永志同河道所技术人员察看引泃入潮堤防；县委副书记杨洪远、县纪委书记张永平等对青龙湾减河防汛情况进行检查。

7月4日　县委书记汪占琪和县委常委、县武装部政委王满圈在县水利局及河道所负责人的陪同下检查蓟运河堤防。

7月13日　5条一级河道和1条二级河道相继出现洪峰。青龙湾减河：5时土门楼闸下泄流量为660立方米每秒；14时下泄流量为1030立方米每秒；17时下泄流量达到1060立方米每秒。蓟运河，18时九王庄水文站下泄流量为117立方米每秒，7月15日8时最大洪峰流量为246立方米每秒。引泃入潮：19时最大洪峰流量为808立方米每秒。潮白新河：20时下泄流量为598立方米每秒。北京排污河：7月14日最大洪峰流量320立方米每秒。泃河主要支流武河（二级河道）最大洪峰流量为206立方米每秒。

7月14日　北京排污河最大洪峰流量为320立方米每秒。防汛形势十分严峻，指挥部连续发出了三道命令，指示沿河分指挥部、乡镇领导、抢险队、汛工立即上堤坚守岗位，封堵所有闸涵，堵搭道口，抢搭子埝等各种应急抢险措施，以确保大堤不决口。多数大堤发生险情，一级河道堤防出现险情16处，比较严重的是：蓟运河民会段堤防出现陷坑；大吴庄（原险堤段）发生大堤滑坡；引泃入潮黄家集段大堤出现裂缝；青龙湾减河洪峰流量超过设计行洪标准160立方米每秒；狼尔窝分洪闸水位达到8.52米，超过设计分洪水位。市防汛指挥部经过分析研究最后决定："固守大堤，强道行洪"。7月

14 日 10 时 30 分水位回落到 8.43 米。7 月 15 日水势继续回落，青龙湾减河大堤安然无恙。全县共出动抢险队 5 万人赶赴指定的抗洪抢险地段，经过三天三夜的奋战终于战胜洪水。

7 月 25 日　宝坻县水利局开始收缴鱼池水费和地下水供水费。

1995 年

5 月 10 日　西老口水库建成并生效蓄水。库区位于西老口村北、秃尾巴渠北、大白路农场以西，东西向长 600 米，南北向长 1100 米，呈长方形，占地 66.67 公顷，水库总库容 119.76 万立方米。

6 月 12 日　大刘坡水库建成。大刘坡水库位于大刘坡村东，南至黄白桥排干、东至渔场，北至北斗渠，占地 86.67 公顷，蓄水量 157 万立方米。

7 月 2 日　县委书记赵光明，县长、防汛抗旱指挥部总指挥张世琥，副县长、指挥部副总指挥杨家恭等县领导冒雨检查蓟运河堤防。

7 月 5 日　宝坻县政府下发《关于调整农田排水费标准的通知》，文件规定："按当年现有耕地面积计算，农田排水费每亩由 1.46 元提高到 2.50 元。"

7 月 12—13 日　县长、县防汛抗旱指挥部总指挥张世琥，副县长、县防汛抗旱总指挥部副总指挥杨家恭，顾问赵继政、刘连清，县武装部部长、指挥部副总指挥殷玉华对大洼地区农田排涝工作进行检查，检查重点是各地区河道水位情况，站前干渠捞草和渠道清挡、疏通情况。

1996 年

3 月 4 日　宝坻县交通局未经河道主管部门批准，擅自在潮白河左堤梅丰路大刘坡桥建收费站，违反《天津市实施〈水法〉办法》的有关规定，市中级人民法院强制执行撤销收费站，并对交通局作出处罚决定。

4 月 6 日　宝坻县政府发布《宝坻县农用地表水有偿使用暂行办法》（宝政发〔1996〕11 号）。收费标准：稻田、养殖水面一年 450 元每公顷，麦田、经济作物一年 60 元每公顷，其他作物一年 30 元每公顷。所收费用的 80%用于外购水和蓄水工程的维修改造，20%用于管理费。

4 月 10 日　县委组织部任命刘文林任水利局党委书记、局长职务。原水利局党委书记、局长张俊清调离水利局。

5 月 4 日　经宝坻县政府批准，组建"宝坻县农业供水服务公司"，该公司为局属科级事业单位，实行独立核算，自收自支。

6月18日　狼尔窝水库建成生效并蓄水。狼尔窝水库位于狼尔窝村西，北里支渠以北，西邻大唐庄排干。库区南北向长750米，东西向长500米，呈长方形，库区占地面积37.47公顷，库容60.6万立方米，工程总投资96.49万元。

7月11日　县委书记赵光明、县长张世琥等领导检查蓟运河堤防，参加检查的还有县政协主席赵继政，副县长杨家恭，县武装部部长朱子民，武装部政委刘开亮及县防汛指挥部河系分部领导和沿河各乡镇负责人。

8月3日　由于7月下旬蓟运河上游地区及宝坻县境内连降大到暴雨，12时九王庄闸提闸泄洪。

8月10日　蓟县、平谷等地区又连降大到暴雨，于桥水库水位陡涨，入库最大的洪峰流量达到1484立方米每秒，出库流量为200立方米每秒。蓟运河18时九王庄闸上最高水位8.5米，闸下泄流量为330立方米每秒。小河口水位6.41米，张头窝水位5.30米，水面距堤顶仅有0.5～0.7米。

由于风浪的冲击，大堤的迎水坡被洪水淘成很多直坎，河堤23处出现严重的险情，其中以南燕窝、鲁沽、南王庄、勾庄子、张头窝险情最为严重。市领导亲临一线指挥抗洪，县指挥部连夜召开紧急电话会议，部署抗洪抢险工作，各级政府主要领导立即带领抢险队上堤抢险，经过20多天的顽强拼搏，险情得到有效控制，防洪取得胜利。

12月31日　经宝坻县政府批准（宝党发〔1996〕133号文件），水利局建立宝坻县水利科技推广中心和抗旱防汛办公室。均为全额拨款的事业单位。

是年　全年汛期（6月15日—9月15日）降雨567.3毫米。雨量最大的新安镇乡降雨729.4毫米，最小的大唐乡降雨345.7毫米。成灾面积33060公顷，减产5～7成的6566.67公顷，绝收的9086.67公顷。

1997年

1月12日　宝坻县水利科技推广中心成立，为全额拨款科级事业单位。

3月20日　为确保汛期通信联络畅通，自3月20日至6月20日，投资24.2万元完成通信工程5项：①架设局分机至火车站通信电缆3千米每对；②更新火车站至大钟庄分机明线3千米每对；③维修调试电台10部，安装塔架1座；④检修局程控交换机1台；⑤维修分洪闸磁石交换机1台。

4月10日　胡各庄扬水站更新改造工程开工建设。更新电动机水泵15台套，油开关19组，电缆1500米，拦污栅875平方米，加固压力池进涵底板1390平方米，改善和恢复农田排涝面积7133.33公顷，投资500万元。5月15日完成工程施工。

5 月 15 日　大刘坡扬水站更新改造工程开工建设。更新电动机、水泵 5 台套，开关柜 7 面，拦污栅 200 平方米，改善和恢复农田排涝面积 3066.67 公顷，投资 224 万元。6 月 20 日完成工程施工。

11 月 20 日　以搞好井灌区配套、开发利用地下水资源、提高井灌效益为重点，截至 11 月 20 日，完成投资 745.5 万元，其中国补 340 万元，自筹 405.5 万元，完成主要工程 7 项：新打机井 264 眼，其中农用井 241 眼，生活井 5 眼，企业用井 18 眼；建地下水防渗输水管道 58.7 千米；配套潜水泵 312 台套；维修病坏机井 262 眼；架设低压输电线路 2 千米；打低氟井 1 眼；测试改造机井 250 眼。

全年开采地下水 1.12 亿立方米，在市地下水资源管理目标考核中被评为全市第一名。

12 月 10 日　宝坻县水利局水政科被水利部评为 1997 年度全国水利系统水政水资源先进集体。

12 月 20 日　为增加蓄水能力，扩大自备水源，结合农田基本建设，全年清挖干渠 4 条，长 20 千米，增加蓄水能力 75 万立方米；清挖支渠 174 条，长 163 千米，增加蓄水能力 400 万立方米；新建扬水点 3 座、节制闸涵 10 座、防渗渠道 8.9 千米、过道管 32 处、斗门 96 处、出水口 67 处，投资 162 万元。

是年　全县旱情严重，1—5 月降水量仅为 59 毫米，为确保高效农业发展用水，县水利局千方百计组织地表水和开采地下水源，全年调水 3.34 亿立方米。

1998 年

3 月 27 日　宝坻县水政监察大队成立，编制 10 人。

4 月 11 日　堤防植树 26200 株，投资 3 万元。

4 月 30 日　泃河下午庄险段浆砌石护坡竣工，长 0.28 千米，投资 91.01 万元；泃河于家观险段浆砌石护坡竣工，长 0.275 千米，投资 95.35 万元。

5 月 30 日　潮白河水利三库堤顶砂石路面竣工，长 2.50 千米，土方 3433 立方米，铺碎石 920 立方米，投资 33.57 万元。

6 月 30 日　大黄堡洼蓄滞洪区建安全房竣工，建房 3000 平方米，投资 240 万元。

10 月 7 日　经宝坻县水利局党委研究决定，水利车队向县政府申报破产，并申报县法院按法律程序办理。

12 月 30 日　全年总降雨量为 717.7 毫米，其中 6—9 月降雨量为 531.7 毫米，分别比多年平均降雨量增加 13.9％和 1.8％。

是年　全年最大的一次降雨过程发生在 7 月 12 日至 7 月 14 日 8 时，全县平均降雨

46毫米，降雨最大的新安镇为130毫米。

是年　宝坻县境内5条一级河道水势平稳，未出现超设计标准洪水。8月12日8时潮白新河吴村闸闸上最高水位12.94米。

1999年

3月2日　宝坻县水利局通讯站合并到水利局河道所，河道所内设通讯小组。

4月8日　排灌管理站在原宝坻县看守所旧址处建办公楼，建筑面积1975平方米，投资130万元，11月竣工，12月迁入新址办公。

4月10日　投资492.77万元，建成黄庄万亩节水工程。

4月12日　宝坻县委组织部任命张会林任水利局党委书记、局长职务。原水利局党委书记、局长刘文林调离水利局。

6月30日　天津市水利局党委书记王耀宗率天津市水利局水调处和工管处的负责人来宝坻县检查防汛工作，县长张世琥和副县长侯隽陪同检查。

9月6日　地下水资源费征收标准经宝坻县政府批准，由原来乡企0.05元每吨和独资、合资、国企0.0968元每吨，调整为0.5元每吨。由10月1日起执行。

12月10日　河道所迁入新楼办公。新楼址为原宝坻县看守所旧址，投资200万元，建筑面积2757平方米，施工时间1998年5月至1999年10月1日。

12月20日　水利工程完成总投资4738.18万元，其中除涝工程601.00万元，防洪工程981.61万元，农田水利工程3041.57万元，度汛工程114万元。

12月25日　宝坻县审计局对宝坻县水利局财务管理情况进行全面审计，经过审计宣布各方面均达到优良水平。

2000年

1月10日　宝坻县水利局属企业利维高服装运动用品有限公司实行水利股份有偿转让，转让金额300万元。华联服装旅游制品厂继续实行固定资产租赁经营，年租金10万元。

4月3日　宝坻县水利局供销公司宣布破产，公司人员分流到水利局下属其他单位。

4月12日　宝坻县政府组织召开井灌工程产权制度改革研讨会，听取了赵各庄乡和沟头村进行井灌工程产权制度改革的做法和经验介绍，水利局局长张会林讲了《关于井灌工程产权制度改革的实施意见（试行）》的说明，各乡镇主管农田建设的领导参加了会议，县政府办公室主任郭慧学代表副县长侯隽对井灌产权制度改革进行了部署。截至2000年年底，全县共完成改制机井1802眼，占农田灌溉机井总数的57.7%。

6月29日　里自沽灌区节水改造工程竣工。此工程为1999年度投资项目，由于国补资金下拨较晚，当年仅完成部分投资。2000年完成投资1744万元，建成配套工程7项，发展节水灌溉面积2066.67公顷。

7月2日　宝坻县政府组织召开宝坻县防汛除涝动员大会，副县长侯隽作了“统一思想、明确任务、开创防汛除涝工作新局面”动员报告。

11月3日　水利局水利车队宣布破产，人员分流到水利局下属其他单位。

是年　水利基建、农田水利等工程共完成49项，总投资4177.5万元，其中国家和天津市补助1741.6万元，宝坻县投资913.8万元，乡村自筹1522.1万元。

是年　因严重干旱，造成农作物减产或绝收，成灾面积36520公顷，其中粮食作物27140公顷。全年粮食总产2.76亿千克，比1999年减产2.53亿千克，其中秋粮减产2.49亿千克。

2001年

3月18日　经宝坻县政府批准，成立“宝坻县水利局里自沽灌区管理处”，与水利局农业供水服务公司为一个机构两块牌子。

3月22日　国务院批复天津市《关于撤销宝坻县设立宝坻区的请示》。同意撤销宝坻县成立宝坻区，以原宝坻县的行政区域为宝坻区行政区域，宝坻区各类机构要按照“精简、效能”的原则设置，所需人员编制和经费由天津市自行解决。

3月26日　宝坻县水利局更名为宝坻县水务局。

6月30日　里自沽灌区2000年度节水改造工程竣工。完成投资1500万元，涉及林亭口、黑狼口、糙甸、欢喜庄、大唐庄5个乡镇，完成衬砌防渗明渠39.20千米、建输水管道92.70千米，维修扬水点7座。

7月27日　天津市委、市政府发布《中共天津市委、天津市人民政府关于撤销宝坻县设立宝坻区的通知》（津党〔2001〕30号），宝坻撤县设区。

9月29日　宝坻区政府在宝坻影剧院召开撤县设区大会。

同日　宝坻县水务局更名为宝坻区水务局。

12月25日　完成全年蓟运河等除险加固工程11项，加固一级河道堤防9.7千米；维修病险闸5座。动土26.5万立方米，砌石1.8万立方米，总投资1534.5万元。

12月30日　完成全年农田水利工程27项，其中主要包括里自沽灌区节水改造工程、节水示范工程、除涝工程、机井及农田基本建设工程，总投资2536.5万元，其中国家和天津市补1236.7万元，宝坻区投资221万元，乡村自筹2078.8万元。

是年　全区严重干旱，造成农作物大面积受灾，全区农作物受灾面积达8913.33公顷，成灾面积达4373.33公顷，有329个村20.45万人生活用水困难。

2002年

3月22日　"世界水日"和"中国水周"期间，宝坻区水务局职工走上街头，充分利用舆论工具和新闻媒体开展多种形式的水法宣传活动。

4月2日　根据宝坻区人畜饮水工程实施方案和天津市人畜饮水解困办公室的要求，宝坻区2002年度人畜饮水工程全面启动。

5月10日　宝坻区委、区政府召开党政机构改革工作会议决定。将城市供水、管理排污站的职能交给水务局。对原城建委自来水管理所清产核资后，将该所的人、财、物转交水务局，将原城建委市政工程管理所管理排污泵站人员的20%（7人）转入水务局。

5月12日　蓟运河右堤险工治理西庄沽至小高庄段竣工。治理长3.908千米，工程投资450.87万元。

5月20日　因旱情严重，农作物失墒面积达5000公顷，欠墒面积达28200公顷，旱灾面积达2627公顷。

6月10日　宝坻区防汛抗旱指挥部总指挥、区长高永志，副总指挥、副区长贾凤山带队组织有关单位领导对一级河道堤防、扬水站、重要闸涵进行汛前检查。

6月15日　洵河右堤老高寨险工段护砌工程开工，护砌长0.30千米，于7月19日竣工，工程投资126.4万元。

8月19日　青龙湾减河（引青入潮段）右堤复堤工程开工。护砌长7.60千米，于10月31日竣工，工程投资296万元。

9月5日　天津市水利局举办节水图片巡回展，由副局长赵连铭带队，到宝坻城关南关大街参加展览，宝坻区副区长贾凤山参加活动并讲话，宝坻区水务局负责人现场解答群众的咨询事项。宝坻区水务局10名水政监察执法人员参加，发放各种宣传资料1万余份。

2003年

4月3日　青龙湾减河右堤应急度汛复堤工程竣工。该工程位于青龙湾减河48+600～51+750处，长3.15千米，工程投资100万元。

4月5日　董塔庄扬水站更新改造工程开工，建设内容：水泵、电机更新3台套，高压开关柜2面，综合柜3面，电容柜、低压柜、总控制屏、变压器各1台（面），土建工程若干，工程投资423万元。工程于6月15日完成。

6月20日　泃河右堤除险加固复堤工程竣工，该工程由西四庄北至老高寨北，全长2.50千米，工程投资269.29万元。

8月4日　泃河右堤西四庄段应急度汛工程开工。施工长度1.00千米，8月27日竣工，工程投资109万元。

8月21日　青龙湾减河牛家牌橡胶坝工程开工，于12月4日竣工，工程投资1167.41万元。

9月28日　宝坻区应急水厂工程竣工。该工程于2003年5月28日开工，主要建设项目为：新打机井11眼，铺设集水管道7.10千米，建蓄水3000立方米清水池1座，铺设输水管道1.20千米，建送水泵房1座。工程投资1050万元。

2004年

4月20日　石辛庄节水灌溉示范项目开工，10月20日竣工，工程总投资300万元。

5月7日　蓟运河险工治理工程（二标段）竣工。该工程治理长2.042千米，2003年10月17日开工，工程投资388.36万元。

5月17日　宝坻区机构编制委员会批复，宝坻区里自沽灌区管理处由挂靠在水务局农业供水服务公司改为独立设置，为自收自支科级事业单位，人员由水务局内部调剂解决。

6月1日　泃河左堤白龙港穿堤涵闸拆建工程开工，于6月16日竣工，完成工程投资25.52万元。

北京排污河左堤闫皮庄穿堤涵闸除险加固工程开工。6月16日竣工，完成投资28.14万元。

青龙湾减河左堤东老口穿堤涵闸除险加固工程开工。6月30日竣工，完成投资61.31万元。

6月30日　潮白新河左堤27＋500～32＋500段，长5.00千米灌浆加固工程竣工，完成投资60万元。

9月27日　八门城镇集中供水工程通过市水利局验收。主要工程内容为：打深井1眼，铺设主管道17.07千米，支管道19.80千米，工程总投资195万元。

2005 年

1 月 28 日　宝坻区水务局编制完成《宝坻区水务发展“十一五”规划》，该规划从供水、防洪和除涝、农业节水工程、水资源管理配置和节约与保护、水生态环境建设、队伍建设与水行政管理、科技发展与信息化建设八个方面对今后五年的发展目标和重点工作任务进行了总体规划。

3 月 20 日　蓟运河鲁沽至宽江段第七标段治理工程开工。完成复堤 2.21 千米，浆砌石护坡 0.25 千米，泥结石路面 5.00 千米，同时进行靳厂闸和勾庄子闸拆建，于 6 月 23 日竣工，工程投资 560 万元。

5 月 8 日　东老口扬水站扩建工程开工。该工程设计排水能力 20 立方米每秒，安装机组 6 台套。于 8 月 31 日竣工，工程投资 3060 万元。

6 月 30 日　蓟运河李家口段应急度汛工程竣工，工程投资 99.23 万元。

10 月 30 日　黄庄乡黄庄村集中供水工程竣工。

12 月 20 日　全区地表水蓄水总量达 1.47 亿立方米，为 2006 年农业生产储备了充足的地上水源。

12 月 30 日　为有效改善城区供水条件，2005 年宝坻区水务局组织完成了 46000 米供水管网改造任务。

2006 年

1 月 15 日　经宝坻区政府批准，宝坻区水务局水土保持管理站挂牌成立，同时取得物价部门颁发的收费许可证。

3 月 22 日　宝坻区水务局与北京科技大学天津学院共同举办了“转变用水观念、创新发展模式”为主题的大型水法宣传活动，和以“如何管理水资源、节约用水、构建人水和谐环境”为题目的演讲，并与大学生进行座谈。此次活动在宝坻电视台作为重大新闻播出。

4 月 10 日　宝坻区委组织部任命朱广义为区水务局党委书记；任命张素旺为区水务局局长、局党委副书记。原区水务局局长、党委书记张会林调离水务局。

7 月 1 日至 10 月 14 日　宝坻区水务局水政科和地下水资源办公室的执法人员依法对宝坻区城东津围公路两侧 87 户违章取用地下水的水磨石厂进行处理，责令其限期补办取水许可手续，缴纳地下水资源费。

7 月 31 日　里自沽蓄水闸除险加固工程竣工。完成混凝土 1047.6 立方米，混凝土防碳化处理9968.7平方米，更换闸门启闭机18台套，电气设备安装27台套。工程于2005年11月1日开工，完成工程投资3528.39万元。

12月21日　宝坻区政府发布《关于加强城区应急水源地保护工作的通知》，要求各乡镇和有关部门加强城区应急水源地保护，并规定了保护范围和保护要求。

2007年

3月27日　新建京津新城扬水站工程开工，建设规模为20立方米每秒，工程于11月30日竣工，工程投资2770.61万元。

4月5日　天津市尔王庄水库移民工作办公室成立，办公地点设在宝坻区水务局。

10月27日　窝头河改造工程竣工，完成河道清淤2.125千米，景观桥5座，砌石护岸0.4492千米，筑湖心岛1座，亲水平台11处，漫水闸1座。工程投资1200万元。

12月30日　全年完成植树任务4000株。其中潮白新河西河口村堤段树木更新长度1.15千米，种植速生杨1000株；潮白新河于古庄段树木更新长度1.1千米，种植速生杨1500株；潮白新河蓄水闸两侧树木更新，种植速生杨1500株。成立了10人美国白蛾防治专业队伍，出动车辆141辆次，人员695人次，工作71天，完成了2007年度宝坻区一级河道堤防树木病虫害防治工作。

同日　完成2007年维修工程，即：宝坻区青龙湾减河右堤41+400～46+550段堤顶硬化工程，长5.15千米，投资108万元；泃河右堤于家观维修加固工程，动土8620立方米，石方2397立方米，投资137.49万元；泃河右堤张古庄段浆砌石护坡工程，动土2025立方米，石方3049立方米，投资80万元；泃河西会段应急度汛工程，投资90万元；蓟运河管理段房屋维修工程，投资9.8万元；宝坻区潮白新河右堤22+500～27+500段灌浆工程，工程长5千米，动土2万立方米，已完成2.5千米，工程投资60万元。

同日　对宝坻区农村饮水安全及管网入户工程进行统计，2006—2007年完成投资4711万元，新增饮水安全达标人口12.11万人。

是年　宝坻区水务局水行政执法共查处违法案件43起。其中欠地下水资源费案40起，追缴地下水资源费22.6万元；河（渠）道案3起，收取赔偿费2万元；此外，依法收取河（渠）道补偿费408万元；收取水土保持费15万元；收取河（渠）道建设项目保证金25万元；处理来信来访9件。全年无行政复议和诉讼问题。

2008年

4月1日　里自沽灌区续建配套与节水改造工程（2006年度计划）开工，于6月25

日竣工，完成投资750万元。有效地减少了渠道渗漏损失，降低了渠道维护费，提高了土地利用率，增加节水灌溉面积0.09万公顷。

7月30日　潮白新河引水闸工程竣工，建设规模20立方米每秒，工程投资419.04万元。

8月15日　潮白新河左堤应急复堤工程开工，工程位置为潮白新河左堤19+850～23+350、23+700～42+800处，于10月15日竣工，工程投资442万元。

11月10日　宝坻区农村管网入户工程2008年部分建成，完成投资2076万元，新增饮水安全达标人口5.07万人。

11月17日　宝坻区农村饮水安全工程部分建成投产，完成投资474万元，新增饮水安全达标人口1.01万人。

11月20日　潮白新河胡各庄橡胶坝工程竣工，工程于2007年12月7日开工，建设规模3590立方米每秒，工程投资6432.65万元。

12月25日　大套扬水站工程竣工，建设规模20立方米每秒，工程投资3360万元。

2009年

1月17日　宝坻区水务局召开2009年工作会议，副区长艾玉昆、区农委主任袁宝仁等领导参加会议。

1月21日　天津市里自沽灌区续建配套与节水改造（2008年度新增中央预算内投资）工程开工，于3月31日竣工，工程总投资4500万元。主要建设工程项目：衬砌干支渠道87.7千米，建分水口780处，建防渗渠道节制闸188座，建过道管12处，建混凝土板过道80处，建节制蓄水闸6座，建扬水点18座，维修节制闸14座，建渡槽10座，对大刘坡排干、黄庄退水渠进行清淤，清淤总长23.84千米，并对黄庄洼退水渠进水口处两坡进行护砌，护砌长0.60千米。

3月10日　里自沽灌区续建配套与节水改造工程（2007年度计划）开工，于5月20日竣工，完成投资1900万元，新增节水灌溉面积0.15万公顷。

4月23日　市水利局副局长李文运带领由市防办调度会商专家组成员组成的检查组来宝坻区检查防汛准备工作，宝坻区水务局、北三河管理处的主要负责人陪同检查。重点查看了防汛物资储备和潮白新河南里自沽蓄水闸运行情况，详细听取了宝坻区2009年防汛准备工作情况汇报。

5月12日　宝坻区节约用水宣传周活动仪式在宝坻区文化广场举行。

6月1日　潮白新河及引青入潮综合治理工程开工，于8月30日竣工，工程投资840万元。

7月25日　区水务局干部职工70余人在潮白新河左堤黄庄洼分洪闸处和老庄子扬水站处进行防洪抢险演练。

8月18日　里自沽灌区节水改造工程开工，于2009年11月17日竣工，完成投资4500万元，新增节水灌溉面积0.61万公顷，新建防渗渠道长192.9千米。

9月5日　小套扬水站更新改造工程开工，恢复排水能力14立方米每秒，于12月28日竣工，工程投资1221万元。

12月5日　宝坻区农村管网入户改造工程部分竣工，完成投资7749万元，解决了11.51万人的饮水困难问题。

12月10日　宝坻区农村饮水安全工程竣工，完成投资8791万元，新增饮水安全达标人口15.89万人。

12月15日　台湾农田水利会联合会一行来宝坻区访问考察，重点考察了宝坻区京津新城扬水站、潮白新河里自沽蓄水闸、里自沽续建配套与节水改造工程等农田水利基本建设情况。市水务局农水处、宝坻区水务局等负责人陪同考察。

12月28日　箭杆河扬水站更新改造工程竣工，恢复排水能力28立方米每秒，第一次施工时间为2008年5月5日至7月15日，第二次施工时间为2009年10月8日至12月28日，工程投资1181万元。

2010年

5月18日　天津市水务局会同宝坻区水务局、天津农学院、宝坻区科委及相关节水技术公司人员在宝坻城区南关大街，开展了以“倡导节约用水观念，创新节水农业发展”为主题的节水技术推广及农村水利重点工作宣传活动。

5月26日　海河防汛抗旱总指挥部秘书长、海委副主任田友率海河防汛抗旱总指挥部、防汛抗旱检查组来宝坻区检查防汛工作。天津市水务局主管防汛工作的副局长及水调处、北三河处领导陪同检查，宝坻区副区长艾玉昆和区水务局主要负责人陪同检查。检查组一行重点查看了潮白新河南里自沽蓄水闸、蓟运河小苏庄险工险段治理等工程设施，并深入机房详细了解闸室运行、闸门启闭等情况，听取了有关单位防汛准备工作情况汇报。

5月31日　天津市泉州水务有限公司揭牌仪式在宝坻区举行。天津市水务局副局长王天生、李文运，宝坻区副区长艾玉昆，天津市水务局有关单位及宝坻区水务局负责人出席揭牌仪式。

7月1日　小型农田水利2010年中央投资项目开工，于年底竣工，总投资3044.3万元。改善灌溉面积300公顷，新增节水面积0.26万公顷，新增防渗渠道88.39千米。

7月20日　天津市防汛抗旱指挥部举行2010年永定新河军地联合防汛演习，宝坻区水务局40余名的抢险队员作为市机动抢险队第一分队参加了这次防洪抢险演习，为防大汛、抢大险积累实战经验。

8月5日　天津市水务局党委书记慈树成、局长朱芳清来宝坻区水务局调研，重点查看了潮白新河胡各庄橡胶坝、城区窝头河等处水利建设情况。区委书记王宏江，区委副书记、区长贾凤山，区委常委、区委办公室主任李国田，区水务局负责人参加调研，天津市水务局办公室、规划处、计划处、工管处、水调处等负责人陪同调研。

11月17日　天津市水务局副巡视员刘长平带队到宝坻区检查指导水利工程安全生产工作，实地查看了宝坻区农用桥、闸、涵重点工程设施建设情况，天津市水务局安监处、农水处、宝坻区水务局负责人陪同检查。

11月30日　白龙港扬水站更新改造工程开工，总投资2035万元，于2011年1月31日竣工。该工程的建设改善了7490公顷土地的排涝问题。

12月7日　宝坻区政府召开宝坻区第一次全国水利普查推动会议，安排部署水利普查工作。副区长艾玉昆出席会议，各乡镇街道及有关部门负责人参加会议。

12月28日　宝坻区委组织部任命张素旺为水务局党委书记；免去水务局党委书记朱广义职务，调离水务局；任命郝德坤为水务局党委副书记。

12月30日　宝坻区2010年农村管网入户改造工程竣工，总投资2206万元。该工程的实施解决了3.9984万人的饮水安全问题。

第一章

水利环境

宝坻区位于华北平原的东北部，天津中心城区北部，与河北省玉田、香河、三河县相邻，与天津武清、宁河、蓟州三区相连，隶属天津市。为河流冲积型和滨海型平原地貌，地势平坦，西北较高，东南较低。境内有一级河道6条，全长194.9千米，堤防长247.147千米；二级河道8条，全长161.686千米；干渠87条；支渠433条；中型水库1座；小型水库4座。宝坻区属北湿带半湿润大陆性季风气候，温度四季分明，降水量时空分布极为不均，年际和季节变化较大且地处海河流域下游，季节性遭遇春寒、干旱、洪涝自然灾害概率较多。土壤主要为潮土类型，根据发育过程不同分为普通潮土、湿潮土、盐化潮土和湿盐化潮土等。宝坻区除盛产小麦、玉米、水稻和棉花外，尤以盛产辣椒、大蒜、大葱“三辣”闻名遐迩。

第一节 自 然 环 境

一、地质地貌

（一）地质

宝坻区地层主要为多地质结构。按地质年代排列，有元古代的震旦系，古生代的寒武系、奥陶系、石炭系、二迭系以及新生代的第四系等。震旦系多分布于牛道口。寒武系多分布于县城东部的霍各庄、九王庄一带，岩性组织主要有中细砂夹砾石及页岩等。奥陶系多分布于境内东北部的刘举人庄、方家庄、九王庄一带，岩性组合主要分为石灰岩体，并有孔洞裂隙。石炭系和二迭系主要分布于东北部的张松庄、小赵庄、赵家铺、工部一线以东地区，主要岩性为砂面岩，风化破碎层的厚度一般在10米以上，并含有煤系地层。第四系遍于全县各地，其组成物质以黏性土沙、砾石互掺为主。

境内地质按其内部构造位置划分，以“宝坻断裂”为界，北部为阴山纬向构造带的东南缘，南部为新化复系第二沉降带的东北部。“宝坻断裂”为断层面向南倾的正断层，断距为1000米。断裂北部位置处在东西构造带的唐山隆起宝坻凸起点上，为燕山的山前地带，基岩埋深一般为90～300米，第四纪地层的冲洪积物较为发育，砂层颗粒粗，厚度较大。断裂南部第四幻地层松散冲积物厚度大，为总洪积、湖积等松散埋积物。

由于在松散岩层沉积的整个地质历史时期内，受地理环境和气候条件变化的影响，河流冲积的规模与古代海浸影响程度均有所不同，大体依随近山河流冲积扇的波及，全县划分成基岩浅埋区、古还乡河冲积扇区、古潮白河（现在的州河、洵河）河道带沉积区、河道间带区等四个分区。

基岩浅埋区。主要分布在区境北部，大体为新安镇、方家庄、杨家口、石桥、史各庄一线以北地区，基岩埋深为90～300米，岩性组合有石灰岩体、矽质灰岩、白云岩、页岩等，并有直径小于2.7米的已被充填的溶洞。砂层颗粒粗，地下水赋存、补给、径流条件好，为区内地下浅层淡水的主要开采区。

古还乡河冲积扇区。在新安镇、黑狼口、北里自沽一线以东地区，即大钟庄洼、黄庄洼的大部分地区，属古还乡河冲积扇的一部分。沉积物来源于北部山区，受古还乡河的冲积，在地下250～260米深度内，有60～100米的累厚砂层，单层厚度一般为5～17米，主要为中细砂夹砾石组成。该区地下水赋存量大，但补给条件差。

古潮白河河道带沉积区。在于家观、桥头、石佛营、郝各庄、赵家湾、大刘坡一线以南以西地区，为古潮白河河道带沉积区的一部分。受古潮白河的冲积，在地下300米深度内有80～90米的累厚砂层，单层厚度3～7米，主要为细砂。

河道间带区。在古潮白河河道带沉积区以东、基岩浅埋区以南、古还乡河冲积扇区以西地区，即区境中部地区。这一区域，受古还乡河、古潮白河交互沉积的影响，地层变化频繁，岩性垂直变化突然，砂层在地下深度不等，一般为130～300米，砂层累厚40～80米，单层厚3～10米，以细砂或中细砂为主，有些砂层并含有泥质。

（二）地貌

宝坻区位于华北平原的东北部，为河流冲积型和滨海型平原地貌，地势比较平坦，地形趋势为西北部较高，地面高程一般为5～7米（黄海高程），故有“高上地区”之称；东南部地势较低，分布有大钟庄洼、黄庄洼、里自沽和尔王庄洼等4个大型洼地，统称“大洼地区”，总面积达833平方千米，其高程一般为0.5～1米（黄海高程），洼底高程0.3米（黄海高程）。境内由西北至东南的自然坡降为1∶5000～1∶10000，形成区境西北高东南低的平原地貌，是退海成陆和河流冲积的结果。1975年，在区内黄庄村东北约0.5千米处地下发现一具保存完好的鲸鱼化石，经有关专家鉴定，认为是在6000年前进入渤海湾的鲸鱼化石，被风暴卷上海岸后被泥沙掩埋而保存下来的。另据钻探资料表明，从区内新安镇北，经城关镇南，至武清区崔黄口一线以东以南地区，距地面2～2.9米以下，有一层厚度达15米左右的海相地层，称为“第一海相层”。其中含有大量浅海或滨海动物化石，如中华青蛤、猫抓牡蛎、有孔虫、介形虫等。据测定，第一海相层的沉积时间距今已达5000～8000年之久。表明，宝坻区大部分地区在距今5000～8000年尚为汪洋大海或滨海，由于区域构造运动使海底升高，海岸线逐渐东移，大约在5000年前，宝坻陆地从海面中显露出来。又由于黄河几次北迁入海，大量泥砂冲积，约在4000～3000年前，宝坻陆地与其他沿海地区连成一处，形成广阔的平原。后来流经区境的古潮白河、古还乡河等主要河流多次决口、改道，又使地面因受到淤积而不断升高，自然形成县境内西北高、东南低的地貌。

二、气象气候

（一）气温

宝坻区属暖温带大陆性季风气候，冷暖干湿差异明显，四季分明。春季少雨，干旱现象突出；夏季地面吸收太阳辐射能多，又多雨高温；秋季降温迅速；冬季地面吸收太阳辐射能少，则少雪多风。据气象资料显示，1991—2010年，宝坻每年平均气温波动不大，每年略有增减，总体仍属上升趋势，说明气候在逐渐变暖。

1. 平均气温

1991年宝坻区的年平均气温为11.3℃，2010年宝坻区的年平均气温为11.2℃。1991—2010年，年平均气温为11.9℃，比1960—1990年31年间的平均气温上升0.4℃。年平均气温最高出现在1998年，平均气温为12.6℃；年平均气温最低出现在1991年，平均气温为11.4℃。一个年度中，温度最高的月份为7月，20年间平均气温为26.39℃；温度最低的月份为1月，20年间平均气温为－5.03℃。20年间，月平均气温最高出现在2000年7月，为29.2℃；月平均气温最低出现在2000年1月，为－8.2℃，月平均气温最高和月平均气温最低出现在同一年，在历史上少见。

2. 极端气温

1991—2010年，宝坻区的极端高温有两年达到40.8℃，分别出现在1999年的7月24日和2000年的8月1日，比1960—1989年30年间的极端最高气温40.3℃升高0.5℃。气温达到或超过38℃以上的高温天气出现6次，其中有4次分别出现在1997年、1999年、2000年和2001年的7月，有2次分别出现在2000年的6月和2001年的5月。20年间，极端最低气温为－22.1℃，出现在2010年1月6日，比1966年2月22日极端低温－27.4℃升高5.3℃。20年间，气温达到或低于－19℃的低温天气各3次，分别出现在1997年、2000年和2001年的1月。

（二）地温

1991—2010年，宝坻县年平均气温为11.9℃，而地下5厘米深度的平均地温则为12.8℃，最高为13.4℃，分别出现在1998年、1999年和2001年；最低地温年份出现在1996年，为12.2℃。历年7月，随着气温的升高，地下温度也随之升高，5厘米深度的平均地温为27.8 ℃，最高年份为2000年的30.9℃，最低年份1990年仅为26.3℃。历年1月，地下5厘米深度的平均地温为－3.86℃，最高年份出现在1999年，为－2.7℃；最低年份出现在1993年，为－5.0℃。20年间，地下10厘米深度的平均地温为12.78℃，最高年份出现在1998年和1999年，均为13.4℃；最低年份出现在1996年，仅为12.1℃。在气温最高的7月，地下10厘米深度的平均地温为27.2℃，最高年份出现在2000年，为29.9℃；最低年份出现在2010年，为25.7℃。在历年最冷的1月，地下10厘米深度的平均地温为－3.07℃，最高年份出现在1999年，为－1.8℃；最低年份出现在1993年，为－4.0℃。

（三）气候

宝坻区属北温带半湿润季风区，属大陆性气候，四季分明，多年平均气温为12.1℃，最冷的1月，月平均气温－5.8℃；最热的7月，月平均气温为25.9℃。春季升温最快的是4月，月平均升温值为8.9℃。秋季降温最快的是11月，月平均气温值为9.3℃。无霜期年平均190天，终霜最早出现在3月下旬，一般出现在4月上旬，最晚出现在4月下旬；初霜最早出现在10月上旬，一般出现在10月中旬，最晚出现在11月上旬。多年平均终霜期出现在4月8日，初霜期出现在10月16日。年零度以上积温平均为4463.4℃。日平均气温稳定通过5℃的时期一般在3月23日，止于11月8日，年平均大于5℃的积温为4344.9℃。日稳定通过10℃的时期一般为4月8日，止于10月23日，年平均大于10℃积温为4083.2℃。

宝坻区四季气候一般晴朗。年平均晴天117天，阴天80天，半阴半晴68天。年均日照2626小时，平均每天7.2小时，日照率59%，日照时间最长14.87小时，最短9.35小时。大于10℃期间的日照时数1518.9小时。年辐射量（计算值）为120.2千卡每平方厘米，年蒸发量1785毫米，相对湿度63%。

宝坻区四季气候特征如下：

春季（3—5月），自3月，南北暖冷交流交替，天气形势多变。主要气候特征为：干旱明显，升温迅速，冷暖变化剧烈，多风少雨，空气干燥。

春季大风（≥8级）年均9.3天，占全年大风总日数的22.7%，其中4月有3.6天，占全季大风日数的38.7%。春季年均降水量为57.8毫米。

春季日照时数为740.7小时，是全年最高季节。5月为光照高峰期，日照时数275.4小时。季内年均蒸发量630.4毫米，相对湿度55%。本季由于温度变化剧烈，故春寒、倒春寒时有发生，少数年份亦出现暴雨、冰雹、大雪。

夏季（6—8月），自6月，天气晴暖。强冷空气南下时常引起雷雨冰雹天气。6月底至7月初，雨季开始，常有夏涝发生。8月下旬，雨季基本结束。夏季气候主要特征为：高温多雨，降水高度集中且年际变化较大，雨水调和的年份很少，夏涝、伏旱等灾害时有发生。夏季也是小麦干热风、暴雨、连阴天等灾害天气比较集中的时段。

秋季（9—11月），9月初，降水减少，气候干燥，空气垂直层结构稳定，天气晴朗，秋高气爽。秋季气候特点是：降温快，降水量少。

冬季（12 月至次年 2 月）。受强大蒙古高压的控制，冬季大风较多，气候稳定少变。冬季气候特点是：干冷、少雪、多风。最低气温出现在 2010 年 1 月 6 日，其值为 −22.1 ℃，年季平均日气温为 −4.2 ℃，0℃以下积温为 391.7℃，季降水量为 11.4 毫米，蒸发量为 173.0 毫米，相对湿度 53%，年平均日照时数全季为 560.6 小时。全季多为风天，风天以 1 月最多。11 月 20 日前后土壤开始结冻，2 月 28 日前后解冻，3 月 21 日前后冻土化通。一般年份冻土深度达 49 厘米，年均霜冻期为 190 天。

三、土壤植被

（一）土壤类型

宝坻区境内土壤主要为潮土类型，根据其发育程度的不同和发育过程中的变化情况分为普通潮土、湿潮土、盐化潮土和盐化湿潮土等 4 个亚类，进而又分为 15 个土属、81 个土种，它们之间有着发育上的联系，具有潮土的共性。

普通潮土。有砂质潮土、壤质潮土、黏质潮土 3 个土属。主要分布于新安镇、王卜庄、黑狼口、大口屯一线以西的高上地区，面积 61400 公顷（包括河流、建筑物占地，下同），占全县总面积的 40.7%。这部分土壤肥力较高，水、肥、气、势比较协调，土层一般较厚，成土年龄长、颜色较浅，多为黄色或棕色，地下水埋深一般在 2 米左右。适合种植小麦、玉米、花生、棉花、瓜果、蔬菜、药材等多种作物。

湿潮土。是由湿土向潮土过渡的一种类型，包括砂质湿潮土、黏质湿潮土、壤质湿潮土 3 个土属。主要分布在八门城、欢喜庄、黄庄、袁罗庄、大钟庄、林亭口、周良庄、牛家牌、黑狼口等乡镇，面积 66933.99 公顷，占全县总面积的 44%。这种土壤成土母质为净水淤积物，质地黏重，地下水位较高，一般在 1 米左右，土色灰暗，结构不好，通透性不良，易板结，宜耕期短。适宜种植水稻、高粱、大豆等作物。

盐化潮土。主要有硫酸盐盐化土、重碳酸盐盐化潮土、硫酸盐氯化物盐化潮土、氯化物硫酸盐盐化潮土、氯化物盐化潮土 5 个土属。主要分布在城关、马家店、新开口、大口屯、三岔口、口东、高家庄、史各庄等乡镇的一些小洼淀内或地势较为低洼的块地上，面积 3200 公顷，占全县面积的 2.1%。这种土壤保肥保水力强，但通透性不好，耕作费力，易出坷垃，对作物有选择性。

盐化湿潮土。有硫酸盐氯化物盐化湿潮土、氯化物硫酸盐盐化湿潮土、硫酸盐盐化湿潮土、氯化物盐化湿潮土 4 个土属。主要分布在大唐庄、大白庄、尔王庄、欢喜庄、糙甸等乡镇，面积有 19266.67 公顷，占全县总面积的 12.8%。这种土壤中主要含有硫酸盐氯化物，宜耕期短，保苗困难，宜种植一些抗盐碱、抗潮湿的作物。

（二）土壤质地

区境内土壤因系河流冲积和退海成陆而成，故质地比较复杂，大部分为壤质，其次为黏质，砂质所占比重最小。1980 年宝坻县内列入第二次土壤普查范围的土地面积 144800 公顷，土壤质地总的情况是高上地区较轻，趋向洼下逐渐变重，高上地区一般为壤质土，大洼地区一般为黏质土。其种类和大体布局如下：

砂质。多为面砂，主要分布于高上地区及蓟运河沿岸的牛道口、三岔口等乡，在黄庄洼的糙甸乡也有分布，总面积约 800 公顷，占土壤普查总面积的 0.6%。这部分土壤黏结力小、宜耕期长、有机质含量小、保水能力差，但通气条件好、热容量小、升降温快，对作物有选择性。

砂壤质。主要分布于高上地区的牛道口、赵各庄等乡，大洼地区的糙甸、大白庄等乡镇也有分布，总面积 8666.67 公顷，占土壤普查面积的 6%。这类质地的土壤疏松、易耕作，但保肥、保水能力较弱，土壤养分含量偏低。适宜种植花生、瓜果等。

轻壤质和中壤质。统称为壤质土，全县除何仉庄、袁罗庄、周良庄 3 个乡镇外，其余各乡镇均有分布。轻壤质面积约 22666.67 公顷，占土壤普查面积的 15.7%。中壤质面积约 54400 公顷，占土壤普查面积的 37.6%。壤质土是较为理想的土壤，质土的土壤砂黏比例适当，结构较好，孔度适中，水、肥、气、热比较协调，保水保肥力强，通气、通水性也好，宜耕期长，耕作省力，对作物无选择性，宜于各种农作物的生长。

重壤质（即黏质）。主要分布于大洼地区，但全县除赵各庄、高家庄、大唐庄、大口屯、南仁垺、新开口、口东、黑狼口、中登、三岔口乡镇外，其余各乡镇均有分布，总面积约 58266.67 公顷，占土壤普查面积的 40.2%。这类质地的土壤保肥、保水力强、含水量高，但由于黏粒比例大，结构不好，故通透性差、易于失墒、宜耕期短、耕作费力、易出坷垃、保苗困难，对作物有选择性。

（三）土壤养分

宝坻区境内土壤母质为河流冲积物，在沉积过程中，携带一定数量的养分物质，土壤形成过程中，各种土壤均具备一定的养分和肥力基础。由于土壤类型、质地、成土因素和人为耕作的影响，特别是耕作时间的长短，施肥水平的高低，耕作制度以及种植形式等，对土壤养分消长的变化影响是很大的。各类养分含量也不一样，土壤熟化程度好、质地适中的地块养分含量较高。

随着土壤改良，宝坻区土壤养分肥力有所增加。据 1991 年全县土壤养分监测结果表明：土壤养分含量与 1980 年土壤普查结果相比，全县土壤有机质含量平均为 1.61%，比 1980 年增加 0.03 个百分点，全氮含量平均 0.104%，比 1980 年增加 0.014 个百分点，碱解氮含量平均 0.173‰，比 1980 年增加 0.094‰，速效磷含量平均 0.0115‰，比 1980 年增加 0.00662‰，速效钾含量平均 0.123‰，比 1980 年减少 0.0624‰。pH 值一般为 7.5～8.5。

虽然土壤的各项养分含量值数有所提高，但土壤有机质含量不高，速效钾含量急剧下降，仍有60%为农作物的中、低产土壤，主要分布在东南部大洼地区和西北高上地区的部分地块上，需加强对土壤的改良利用，改善土壤的理化性状，采取措施提高土壤肥力，才能提高农业的综合生产力和整体经济效益。

（四）植被

宝坻区属于华北温带落叶、阔叶林及草甸植物植被和人工植物植被类型，境内荒地、坑塘、堤埝路旁、林间田间隙地仍为自然植被区，生长着多种野生植物。2001年，区内尚有未开垦荒地9000余公顷。荒地主要分布在大白庄、尔王庄、牛家牌等大洼地区，占全区荒地的72.2%。其他荒草地多为零星地块或者分布在河渠路边、坑塘、田间、林地中。荒地中自然生长的木本植物以酸枣树等丛生灌木为主，草本植物以丛生杂草为主。有名的野生草类有68种，旱地主要有芥草、苍耳、白茅草、蒲公英、车前子、香蒿、葎草等；湿地沟旁主要有芦苇、水稗草、狗尾草、蒲草等。大洼地区荒草以野生芦苇为主。野生草本植物中有相当一部分可以用作饲料，有的可以入药或作建筑材料等，更多的可作为燃料。

人工植被类型主要依据自然条件适宜性，发展粮菜、果菜、果粮等多种立体种植模式。中东部地区为小麦、玉米、棉花、蔬菜、瓜果、油料等主要种植区。区内蔬菜瓜果植物群落，以大白菜、韭菜、芹菜、菠菜、豆角、辣椒为主，20世纪80年代后，引进西兰花、甘蓝、奶白菜、小金瓜等几十个新品种，90年代，大面积推广温室大棚设施性农业种植方式，突破了人工植物的春种秋收，蔬菜瓜果种类更加丰富。

区内木本植物群落以多年造林绿化栽植的树木为主，形成以城乡绿化为主体，河、路及农田林网为框架，果树为内涵的网、带、点、片相结合的生态经济型林网结构。林木主要有乔木、灌木。树种有杨树、槐树、榆树等。果树以苹果、梨、桃为主栽树种。

第二节 社 会 经 济

一、行政区划和人口

宝坻区境南北通长53.70千米，东西横距47.90千米，面积1509平方千米。2001年3月22日宝坻撤县设区前的行政区划有35个乡镇，其中镇为19个，乡为16个。2001年11月1日，宝坻区召开乡镇行政区划调整工作会议，研究撤乡并镇方案，安排部署行政区划调整。撤乡并镇后辖19个镇、3个乡，即：城关镇、大口屯镇、林亭口镇、大白庄镇、王卜庄镇、方家庄镇、八门城镇、大钟庄镇、新安镇、霍各庄镇、高家庄镇、新开口镇、大唐庄镇、口东镇、马家店镇、牛道口镇、史各庄镇、郝各庄镇、周良庄镇，牛家牌乡、尔王庄乡、黄庄乡。

2006年，撤销城关镇，设立海滨、钰华和宝平3个街道。

截至2010年，宝坻区现辖海滨、宝平、钰华3个街道，霍各庄镇、史各庄镇、高家庄镇、牛道口镇、大口屯镇、马家店镇、新开口镇、郝各庄镇、大白庄镇、大唐庄镇、周良庄镇、王卜庄镇、方家庄镇、口东镇、林亭口镇、八门城镇、大钟庄镇、新安镇18个镇和牛家牌、尔王庄、黄庄3个乡，有765个村委会和26个居委会。2010年，全区人口67.39万人。出生人口6784人，出生率10.08‰；死亡人口5471人，死亡率8.13‰。自然增长率1.95‰，计划生育率98.08%。

二、工业、农业

1991—2010年，经济社会持续快速发展，整体经济实力显著增强。2010年，工农业生产持续协调发展，1991年工农业生产总值是39.59亿元，2010年完成工农业生产总值515.39亿元，20年间，工农业生产总值增长了13倍，其中工业产值2010年完成465.10亿元，农业产值完成50.29亿元。

工业经济增量升级，产业结构取得重大进展。2010年新增工业固定资产投资105亿元，新能源、新材料、新型装备制造等新兴产业快速兴起，纺织服装、文体用品、家具等传统产业壮大提升。大力发展品牌经济，争创中国驰名商标2个，天津市著名商标25个。倾力打造4个示范工业园（天宝、九园、口东及马家店）和7个特色工业区（分别坐落在大口屯、新开口、新安镇、高家庄、林亭口、大钟庄、八门城），完成开发面积2713公顷，吸纳和承载项目能力不断增强。2010年完成工业总产值465.10亿元，实现利税总额43.74亿元。

农业发展水平不断提高。设施种植业、林业循环经济、稻区湿地立体种养等特色农业加快发展。截至2010年，设施种植业面积4333公顷，林业循环经济667公顷，稻区湿地立体种养667公顷。引进现代农业创业园、中粮健康生猪、台湾食用菌、宝迪食品等龙头项目，发展农民专业合作社295家，80%以上的农户进入产业化体系。推进标准化生产，无公害农业面积2.13万公顷。实施农业综合开发、土地整理、灌区节水改造等农建工程，推广农机新技术，加强气象服务，农业生产条件进一步改善。

农、林、牧、渔业持续发展。2010年，完成农业产值50.29亿元，比2009年增长16.30%，其中种植业产值26.50亿元，比2009年增长19.90%，牧业产值18.60亿元，渔业产值4.04亿元，其他产值1.15亿元。2010年，粮食作物播种9.22万公顷，粮食总产63.25万吨，经济作物播种6700公顷，植树100.83万株。2010年末，有林地2.68万公顷，林木覆盖率24.20%。畜牧业生产平稳发展，生猪饲养107.58万头，出栏 71.67 万头。渔业发展步伐减缓，水产品养殖 3573 公顷，水产品产量 3.80 万吨。

农业现代化水平提高。2010 年，农机总动力 85.40 万千瓦，机耕、机播、机收面积分别为 7.47 万公顷、8.55 万公顷和 5.99 万公顷，化肥施用量 9.20 万吨，农药使用量 628 吨，农业生产用电量 1.22 亿千瓦时。有效灌溉面积 6.56 万公顷，当年实际灌溉面积 6.56 万公顷，节水灌溉面积 5.77 万公顷。

三、交通运输业

1991—2010 年，交通、运输、邮电、通信业保持稳定发展。2010 年，实现增加值 14.70 亿元，比 2009 年增长 12%。公路客运量 65.15 万人次，客运周转量 442.38 万人千米；公路货运量 114.02 万吨，货运周转量 629.37 万吨千米。邮电、通信业平稳发展，交换机总容量 22.55 万门，电话机总量 14.09 万部，其中农村电话机量有 10.09 万部。宽带网用户发展到 8.05 万户，比 2009 年增加 3.17%。

四、商贸服务业

1991—2010 年，以休闲旅游、商贸物流、会议会展、文化教育等为特色的现代服务业初具规模。农业品、机动车、五金机电、粮食仓储物流中心等专业市场投入使用，劝宝超市不断壮大，农村“三进”工程实现全覆盖，家电下乡、家电和汽车以旧换新等工作扎实开展，城乡市场更加繁荣。2010 年实现服务业增加值 96.67 亿元，比 2009 年增长 25.07%，其中批发、零售贸易、餐饮业实现增加值 29.36 亿元，比 2009 年增长 33.09%。社会消费品零售额 99.27 亿元，比 2009 年增长 28.66%。

利用内资、外资继续保持较强增势。2010 年吸引内资协议额 286 亿元，实际到位额 160 亿元，分别比 2009 年增长 113.27%和 45.51%；合同外资额 1.87 亿美元，实际到位额 1.74 亿美元，分别比 2009 年增长 41.67%和 58.33%。

第三节 河流水系

境内有一级河道 6 条，分别是潮白新河、蓟运河、青龙湾减河（含引青入潮段）、北京排污河、引泃入潮、泃河；二级河道 8 条，分别是箭杆河、窝头河、鲍丘河、绣针河、青龙湾故道、百里河、武河、导流河；干渠 87 条。

一、一级河道

（一）潮白新河

潮白新河上游与潮白河相接，起于河北省香河县吴村闸，由宝坻区史各庄镇张贾庄西南入境，从大唐庄镇东杜庄村东南出境，入天津市宁河县境。沿途穿过史各庄镇、新开口镇、城关镇、马家店镇、郝各庄镇、口东镇、周良庄乡、黄庄乡、大白庄镇、大唐庄镇计10个乡（镇），全长48.3千米。设计流量2100～3220立方米每秒，设计水位6.99～12.84米，设计底宽70米（现状42～166米），设计底高程－0.96～5.64米（现状－2.50～5.4米），纵坡比为1∶4000、1∶6000、1∶10000，边坡比张甲庄西至津蓟铁路桥为1∶5、胡各庄扬水站至宁宝界为1∶4，设计堤顶高程8.99～14.8米（现状8.7～14.7米），河滩地高程3.0～8.0米，左右堤距420～800米，迎水坡戗台宽4～10米，背水坡戗台宽10米，迎水坡比1∶4，背水坡比1∶3。张甲庄西至官庄放淤闸，设计标准为20年一遇，黄庄洼分洪闸至宁宝界设计标准为5年一遇。

潮白新河宝坻区段堤防长97.2千米，其中左堤长45.1千米，桩号为0＋000～45＋100，右堤长52.1千米，桩号为0＋000～52＋100。

潮白新河有涵闸（橡胶坝）11座，分别是南干渠灌溉涵闸、东流闸、朱刘庄低水闸、潮白河引滦倒虹吸、石佛营引水闸、官庄放淤闸、黄庄洼分洪闸、黄庄洼退水闸、大刘坡引涵、里自沽蓄水闸、胡各庄橡胶坝。其中潮白河引滦倒虹吸，官庄放淤闸、黄庄洼分洪闸、黄庄洼退水闸、里自沽蓄水闸为市管闸涵。

左堤坐落扬水站5座，分别是大套扬水站、胡各庄扬水站、西河口扬水站、老庄子扬水站、小辛马扬水站。右堤坐落扬水站7座，分别是种田营扬水站、小套扬水站、菜芽扬水站、里自沽扬水站、黄白桥扬水站、京津新城扬水站、董塔扬水站。

左堤顶硬化长29.1千米，硬化段位置为津围公路桥至千米桥。右堤顶硬化长7.2千米，硬化段位置为津围公路桥至十四户。

左堤坡绿化长45.1千米，绿化位置为香宝界至宁宝界，0＋000～45＋100段。右堤坡绿化长52.1千米，绿化位置为香宝界至宁宝界，0＋000～52＋100段。

潮白新河宝坻区段沿河跨河桥梁有6座，分别是津围公路桥、津蓟铁路桥、津蓟高速公路桥、宝白路桥、宝武路桥和千米桥。

潮白新河存在问题如下：

由于潮白新河堤防土质密实度较差，堤防渗透现象严重，已对堤防从下游向上游逐段进行灌浆处理，但剩余堤段仍存在渗透现象，其中以左堤11＋000～12＋000段及右堤36＋100～37＋700段渗透情况较为严重。

潮白河左堤 8+500 处的石佛营涵闸，此闸为 2008 年新建，因建闸时曾破堤施工，闸身与大堤结合处未曾经受洪水考验，增加了堤防安全的不确定性。

在潮白新河右堤四库至黄白桥之间堤脚以外有较多的鱼塘，常年进行生产经营，鱼塘的边缘已经侵蚀到堤脚，在堤脚附近形成了陡坎，深度达到 2.5 米，形成了两水夹一堤，汛期出现险情难以及时发现，对堤防的安全造成极大隐患。

官庄放淤闸闸门锈蚀严重，止水老化，闸身侧渗漏，闸门闭合不实，有漏水现象。

黄庄洼分洪闸闸门止水老化，1 孔、4 孔、7 孔、9 孔闸门漏水；2001 年将原 3 台移动平车式卷扬启闭机改为 13 台双吊点启闭机，分洪时应分组提闸并注意观察。

（二）蓟运河

蓟运河源于州河和泃河，宝坻段起自霍各庄镇张古庄村东北泃河、州河汇流口，止于八门城镇张头窝村宝宁（宝坻、宁河）界。是宝坻区与天津市蓟县、河北省玉田县的界河，宝坻区为右堤界，途经宝坻区的霍各庄镇、方家庄镇、新安镇、大钟庄镇、八门城镇 5 个镇，河道长 83.8 千米，堤防长 59.232 千米，设计标准 20 年一遇，九王庄至小河口段设计流量 377 立方米每秒，小河口至宝宁界段设计流量 477 立方米每秒，设计水位 5.84～9.0 米，设计底宽 5.0 米（现状 18～53 米），设计底高程－0.862～1.0 米（现状－2.12～0.5 米），河道纵坡比九王庄段为 1∶11000，新安镇至宝宁界为 1∶2500；边坡比九王庄段为 1∶2，新安镇至宝宁界为 1∶4，设计堤顶高程 6.84～10.18 米（现状 5.51～9.96 米），设计堤顶宽度 5 米（现状 3～5 米），河滩地高程 1.73～5.80 米，迎水坡 1∶2，背水坡 1∶3。蓟运河宝坻区段有大部分未进行根本治理，由于冲刷、淤积等原因，行洪能力比原设计降低 30%～40%，险工险段较多，是历年的防汛重点。

蓟运河宝坻区段沿堤有闸涵 6 座，分别是白龙港引水涵洞、马营引水涵洞、马营节制闸、金厂庄涵洞、张头窝退水闸、引滦明渠九王庄进水闸，其中白龙港引水涵洞、马营引水涵洞、马营节制闸、张头窝退水闸、引滦明渠九王庄进水闸为市管闸涵。

沿堤坐落 10 座扬水站，分别是白龙港二站、网户扬水站、李家口扬水站、冯庄子扬水站、宝芝麻窝扬水站、宽江一站、宽江二站、八门城扬水站、箭杆河扬水站、张头窝扬水站。堤顶硬化段 2 处，分别是北芮庄至小高庄段 4 千米和焦王庄至宽江段 7 千米。堤坡绿化从九王庄至宝宁界全长 59.232 千米。

蓟运河存在的问题如下：

蓟运河虽已治理部分堤段，但剩余堤防堤顶高程大多低于设计高程 0.5 米以上，且坑洼不平。同时，各类小型涵管分布在全段堤防，大多年久失修。

堤防现有险工险段为：新安镇至小苏庄险段，长 12.21 千米，堤防弯曲狭窄，堤段顶高程低于设计标准 0.5～1.0 米，是历年汛期防守重点，特别是左家铺险工、王善庄险工和孙家口险工情况最为严重，其中左家铺险工位于左家铺村东北，堤段弯曲，冲刷严重，原干砌石护坡已严重损坏，失去了工程作用。王善庄险工位于村北，全长850米，此段险工位于河道弯曲处，行洪时冲刷主堤，且堤身薄窄。孙家口险工位于孙家口村南，堤身单薄，河道断面狭窄，虽有浆砌石护坡，但经多年运行，年久失修，大部分损毁严重，已达不到行洪要求，此外张头窝段背水坡堤脚处有多个鱼池，长达1.6千米，形成两水夹一堤的情况。

虽然堤防治理多年，但治理部分大多没有经过洪水考验，特别是搬堤段，更是防汛的重点，具体搬堤段位置及长度见表1-3-1。

表1-3-1 **搬堤段位置及长度**

序号	搬堤段	位　置	长度/千米
1	西庄沽搬堤段	北芮庄村东	0.2
2	北坛搬堤段	北坛村东	0.15
3	辛庄子搬堤段	辛庄子村北	0.35
4	小高庄搬堤段	小高庄村西北	0.30
5	鲁沽新筑堤段	前鲁沽村东	0.875
6	南王庄搬堤段	南王庄村东南	0.20
7	长汀搬堤段	长汀村东	0.34
8	冯庄子扬水站搬堤段	冯庄子村东	0.31
9	西走线窝搬堤段	西走线村东	0.861
10	原北芮庄涵洞拆除新复堤段	北芮庄村北	0.02

（三）青龙湾减河（含引青入潮段）

青龙湾减河又称王家务引河、上引河。起自河北省香河县土门楼，于宝坻区庞家湾扬水站西入境，经大口屯、牛家牌、大白庄3个乡镇，由大白庄乡大刘坡入潮白新河。境内河道全长32千米（含引青入潮11千米）。青龙湾减河自入境至狼尔窝分洪闸段是与武清区的界河，此段左堤在宝坻区境内。境内堤防长53.15千米，其中左堤33.5千米，右堤狼尔窝分洪闸以下堤防长19.65千米。河道设计标准狼尔窝分洪闸以上20年一遇，狼尔窝分洪闸以下5年一遇。设计流量狼尔窝分洪闸以上1330立方米每秒，狼尔窝分洪闸以下900立方米每秒。设计水位7.6～10.93米，设计底宽50～140米（现状40～60米），设计底高程0.04～4.1米（现状0.9～4.3米），设计纵坡比狼尔窝分洪闸以上1∶7000，狼尔窝分洪闸以下1∶7740，边坡比1∶4，设计堤顶高程9.64～12.43米（现状9.0～13.3米），河滩地高程3.6～7.9米，左右堤距250～272米，背水坡戗台宽5.0米，迎水坡比1∶4，背水坡比1∶3。

青龙湾减河坐落闸涵（橡胶坝）6座，分别是庞家湾闸、李家牌引涵、李家牌引水涵闸、八道沽故道涵闸、引滦明渠青龙湾倒虹吸、牛家牌橡胶坝。其中引滦明渠青龙湾倒虹吸为市管闸涵。

左堤沿堤坐落扬水站6座，分别是庞家湾扬水站、西十扬水站、牛家牌扬水站、西老口扬水站、东老口扬水站、东老口二站。右堤沿堤坐落扬水站2座，分别是八道沽扬水站和大刘坡扬水站。

左堤顶硬化情况：香宝界至津围公路桩号为0＋000～9＋300，9.3千米；桩号为9＋500～12＋500，3千米；八道沽桥至大杨庄桥，桩号为23＋010～28＋600，长5.59千米。右堤顶硬化情况：武宝界至牛家牌橡胶坝，桩号为32＋260～35＋300，9.04千米；八道沽至潮白新河千米桥12.7千米。

左堤坡绿化段长33.5千米，即桩号0＋000～33＋500。右堤坡绿化段长19.49千米，即桩号32＋260～51＋750。

跨河桥梁有5座，分别是津蓟铁路桥、牛家牌低水桥、八道沽桥、津蓟高速公路桥、宝白路大杨庄桥。

青龙湾减河（含引青入潮段）存在的问题如下：

河道淤积严重，特别是牛家牌橡胶坝以下至入潮口段淤积深度在1米以上；左堤东老口段，新建东老口扬水站进水涵闸与堤防结合处未经高水位运行考验；引青入潮八道沽扬水站至大杨庄桥段41＋000～46＋800，由于长时间高水位蓄水，且堤防没有防护工程，冲刷现象严重，已将堤脚冲刷成1～2米高的直坎；左堤八道沽桥堤脚外鱼池多处，鱼池常年运营，形成两水夹一堤，为防汛带来隐患；牛家牌至八道沽桥害堤动物较多，堤身内部隐患不详，2008年雨季曾出现多处塌陷坑。

（四）北京排污河

北京排污河由宝坻区西南部尔王庄乡东安子村北武清区界入境，穿过尔王庄乡再入武清区境。境内河道全长2.1千米，堤防总长5.4千米，左堤3.3千米，桩号为63＋400～66＋600，右堤2.2千米，桩号为64＋900～67＋100，设计标准为10年一遇，设计流量282立方米每秒，设计水位5.66米，设计底宽48米（现状45～48米），设计底高程0.13～0.23米（现状0.47～0.61米），纵坡比1∶16800，边坡比1∶3，设计堤顶高7.4米（现状7.2～7.6米），河滩地高程3.6～3.9米，左右堤距360米，堤顶宽度6米，迎水坡比1∶3，背水坡比1∶3。设计堤顶高7.4米（现状7.2～7.6米）

左堤坐落扬水站1座，即闫皮庄扬水站。

左堤坡绿化段长3.2千米，桩号为63＋400～66＋600；右堤坡绿化段长2.2千米，桩号为64＋900～67＋100。

跨河建筑物1座，即东安子漫水桥。

北京排污河存在问题：堤顶坑洼不平，由于远离管理范围，右堤东安子村穿堤涵管1处，紧急情况难以发现；东安子漫水桥横跨河道，高水位行洪时形成阻水障碍。

（五）引泃入潮

引泃入潮是引泃河入潮白新河的一条连通河道，北起蓟县辛撞村西，经河北省三河县境向南，于宝坻区庞各庄村西北进入宝坻区境内，途经牛道口镇西部香宝边界地区，由牛道口镇宜城北界流出宝坻区，至史各庄镇黄家集村西北再次入境，途经史各庄镇境内由卫国庄入潮白新河，沿途有两段穿越宝坻区。在宝坻区境内的河道长7.1千米，堤防长13.7千米，其中左堤7.4千米，右堤6.3千米。设计流量830立方米每秒，校核流量1080立方米每秒，设计水位12.07～12.92米，设计底宽100～114米（现状95～110米），设计底高程4.94～7.64米（现状3.5～4.8米），纵坡比1∶5500，边坡比1∶4，设计堤顶高程14.07～14.77米（现状13.3～14.48米），河滩地高程6.25～10米，左右堤距200～214米，堤顶宽6米，迎水坡比1∶4，背水坡比1∶3。

左堤沿堤有涵闸2座，分别是：庞各庄灌溉涵洞和褚庄灌溉涵洞。

左堤坐落扬水站1座，即黄家集扬水站；右堤坐落扬水站1座，即郭庄扬水站。

左堤坡绿化长7.4千米，位置为：庞各庄村前至庞各庄村后、黄家集至入潮口；右堤坡绿化长6.3千米，位置为：庞各庄村前至庞各庄村后、黄家集至入潮口。

引泃入潮宝坻区段坐落跨河建筑物1座，即泃河桥。

引泃入潮存在的问题：堤顶高程普遍低于设计高程0.5米以上，且坑洼不平；褚庄灌溉涵洞3孔，新换的铸铁闸门有待高水位运行考验。

（六）泃河

泃河源于河北省兴隆县大青山南侧的青灰岭，宝坻区段西起西四庄村东北与武河交汇口，东止张古庄村东北州河口。泃河是宝坻区与蓟县的边界河，境内途经牛道口镇、高家庄镇、霍各庄镇3个镇，河道长21.6千米，堤防长18.465千米，左堤属蓟县境，右堤属宝坻区境，桩号为0＋000～18＋465，河道设计标准20年一遇，设计流量250立方米每秒，设计水位10.44～12.56米（现状1.49～3.21米），河道纵坡比1∶10000，设计堤顶高程11.3～13.56米（现状10.92～12.15米），河滩地高程9.78米，左右堤距离90米，堤顶宽4米（现状3～4米），迎水坡比1∶2，背水坡比1∶3。

泃河上坐落涵闸2座，分别是三岔口涵洞和三岔口节制闸。其中三岔口节制闸为市管闸涵。堤防绿化长度18.465千米，桩号为0＋000～18＋465。

跨河桥梁3座，即宝平公路老高寨桥、宝三路三岔口闸带桥、津蓟高速公路桥。

泃河存在的问题：津蓟高速公路桥桥墩阻水，行洪时水流必定产生涌高，给上游堤防造成行洪压力，桥上游350米应视为险段。

2010年一级河道闸涵基本情况和一级河道橡胶坝工程见表1－3－2和表1－3－3。

表 1-3-2

2010 年一级河道闸涵表

名称	所在位置	流量/立方米每秒	结构型式	主要结构尺寸			主要高程				建成年份	完好程度
				孔数	孔高/米	孔宽/米	设计洪水位/米	闸底高程/米	堤顶高程/米	设计河底/米		
一、潮白新河河系												
南干渠灌溉涵闸	潮白新河右堤	10	砌石拱涵	3	1.85	1.7	12.3	4.6	14.3	5.0	1971 年秋至 1972 年春建，2017 年更换复合闸门	轻损
朱刘庄低水闸	潮白新河	240	开敞式	15	4.0	4.0	11.8	3.5	13.8	4.5	1976 年建，2006 年更换钢闸门	轻损
潮白河引滦倒虹吸	潮白新河	50	箱涵	3	2.5	2.5		0.51			1983 年（引滦）	轻损
东刘引涵闸	潮白新河右堤	5	拱涵	1	2.55	2.0		1.2	11.6		1982 年建，2011 年改建	轻损
石佛营引水闸	潮白新河左堤			1	2	1.5						
官庄放淤闸	潮白新河右堤	50	砌石盖板方涵	4	2.4	2.0	8.7	1.8	10.7	1.825	1971 年建，2013 年更换平板钢闸门	完好
黄庄洼分洪闸	潮白新河左堤	1360	方涵	7	7.6	7.0	6.7（85 基准）	−0.63（85 基准）	10.0	0.833	1971—1972 年建，2012 除险加固	完好
黄庄洼退水闸	潮白新河左堤	110	砌石盖板方涵	5	4.65	3.0	6.0	−1.65	8.0	−2.3	1971 年建，1995 年改建，2006 年更换平板钢闸门	轻损

续表

名称	所在位置	流量/立方米每秒	结构型式	主要结构尺寸			主要高程				建成年份	完好程度
				孔数	孔高/米	孔宽/米	设计洪水位/米	闸底高程/米	堤顶高程/米	设计河底/米		
大刘坡引涵	潮白新河右堤	40	箱涵	3	3.0	3.0	7.5	−0.3	9.5	−1.0	1981年建，2013年更换平板钢闸门	轻损
里自沽蓄水闸	潮白新河	2100	分离井柱式	16+ 2+2	8.0 5.6	9.0	7.5	−1.0 1.4	9.4	−1.0	2006年除险加固	
二、青龙湾河系												
庞家湾闸	青龙湾左堤	10	拱涵	3	2.0	2.0	8.65	3.3	12.29	3.96	1972年建，2015年改造	重损
李家牌引涵	青龙湾右堤	10	砌石拱涵	3	2.5	2.0	8.3	1.5	10.3	1.7	1972年建，2015年改造	完好
李家牌引水涵闸	青龙湾右堤	5	箱涵	1	2.5	2.5		3.0			2009年新建	
三、引青入潮河系												
八道沽故道涵闸	引青入潮右堤	15	砌石盖板涵	3	2.5	2.0	7.8	1.02	9.82	0.97	1971年建，2000年改造，2015年更换复合钢闸门	完好
青龙湾倒虹吸	引青入潮	50		3	3.0	3.0		3.6			1983年（引滦）	完好
四、蓟运河、泃河河系												
三岔口节制闸	泃河	250	开敞	3		8.0	9.3	设1.5 实1.8	11.8		1983年（引滦）	轻损
三岔口涵洞	泃河右堤	5		1	1.9	2.3		0			1983年建，1993年改造，2008年更换平板钢闸门	重损

续表

名　称	所在位置	流量/立方米每秒	结构型式	主要结构尺寸			主要高程				建成年份	完好程度
				孔数	孔高/米	孔宽/米	设计洪水位/米	闸底高程/米	堤顶高程/米	设计河底/米		
白龙港引水涵洞	蓟运河右堤	12	方涵	3	2.0	2.0	8.5	0.35	10.3	1.0	1973年（引滦）	完好
马营引水涵洞	蓟运河右堤	6	拱涵	1	2.55	2.2	9.0	−0.5	10.1	1.0	1975年（引滦）	完好
马营节制闸	蓟运河	500	分离井柱式	6	8.0 5.6	9.0	9.0	−0.5 1.9	10.0	上−0.5 下0.5	1979年（引滦）	完好
金厂庄涵洞	蓟运河右堤	20	箱涵	3	2.5	2.0	4.55	−2.65 （85基准）	7.8		2005年建	重损
张头窝退水闸	蓟运河右堤	100	开敞式	5				1.0	5.5	−1.6	1952年建， 2018年改建	完好
引滦明渠九王庄进水闸	蓟运河右堤	50	井柱方涵	3	2.5	2.5		−1.3			1983年（引滦）	完好
五、引泃入潮河系												
庞各庄灌溉涵洞	引泃入潮左堤	6	砌石拱涵	2	2.1	1.8	12.4	5.7	14.4	6.0	1971年建，2017年更换复合钢闸门	完好
褚庄灌溉涵洞	引泃入潮左堤	10	砌石拱涵	3	2.1	1.8	12.05	4.8	14.65	5.1	1971年建，2018年更换复合闸门	轻损

表 1-3-3 **2010年一级河道橡胶坝工程**

<table>
<tr><th>名称</th><th>所在位置</th><th>设计流量</th><th>结构形式</th><th>坝长/米</th><th>坝顶高程/米</th><th>底板高程/米</th><th>坝高/米</th><th>坝袋充水时间/小时</th><th>坝袋放水时间/小时</th><th>备注</th></tr>
<tr><td>牛家牌橡胶坝</td><td>青龙湾减河</td><td></td><td>双向斜坡式橡胶坝</td><td>110</td><td>7.0</td><td>2</td><td>5.0</td><td>6</td><td>6</td><td>2003年建</td></tr>
<tr><td rowspan="2">胡各庄橡胶坝</td><td rowspan="2">潮白新河</td><td rowspan="2">3590（50年一遇）</td><td>斜坡式双锚固线袋体（深槽段坝）</td><td>110</td><td>7.5</td><td>2.5</td><td>5.0</td><td>80</td><td>1∶2.5</td><td rowspan="2">2008年建</td></tr>
<tr><td>枕式双线锚固型式（滩地段坝）</td><td>左滩4孔净跨72.5米，右滩3孔净跨80米</td><td>7.5</td><td>5.5</td><td>2</td><td></td><td></td></tr>
</table>

二、二级河道

（一）箭杆河

箭杆河起于王卜庄村西南窝头河、鲍丘河、箭杆河3条河道汇合口处，止于蓟运河入口，沿途流经王卜庄镇、林亭口镇、八门城镇3个镇，河道长25.893千米，可通过流量50立方米每秒，蓄水量131.2万立方米，其中王卜庄至林亭口段长8.50千米，堤距40～50米，河底高程0.0米，河底宽度20～28米，堤顶高程3.7～6.2米，蓄水位2.5米，蓄水量64.7万立方米；林亭口至大靳庄闸段长8千米，堤距50～94米，河底高程0.0～0.5米，河底宽15～28米，堤顶高程4.0～6.2米，蓄水位2.5米，蓄水量34.4万立方米；大靳庄闸至蓟运河段长9.393千米，堤距58～108米，河底高程0.5米，河底宽度14～29米，堤顶高程4.2～6.6米，蓄水位2.5米，蓄水量32.1万立方米。

箭杆河上有跨河桥梁8座，分别是前张桥、下王庄桥、张庄子桥、林亭口桥（村西）、林亭口桥（村东北）、小靳庄桥、周庄子桥、前鄌桥。

箭杆河左右堤及河槽中建有闸涵18座，分别是任庄子闸、杨岗庄闸、张司马节制闸、司各庄闸、宽江东头闸、小靳庄闸、小靳庄 1 闸、大靳庄闸、眼镜闸（西）、眼镜闸（东）、小杨庄涵洞、苏庄子闸、大新支渠闸、后鄾闸、双庄涵洞、张五店涵洞、下王庄闸、后张涵洞。

箭杆河左右堤上坐落扬水点 10 座，总流量 2.98 立方米每秒，分别是前张扬水点、邢各庄扬水点、小靳庄扬水点（村北）、林二扬水点、小靳庄扬水点（村东南）、前鄾扬水点（村西）、前鄾扬水点（村北）、车辕轴扬水点、林五队扬水点、张庄扬水点。

（二）窝头河

窝头河为跨境河道，起于北京通州窝头庄，经香河县由本区史各庄镇马于庄村西北香宝界入境，1972 年“引泃入潮”河道开挖后，在褚庄村西将该河切断，至此“引泃入潮”以西的宝坻区段的窝头河废除，故宝坻区窝头河段起自“引泃入潮”左岸褚庄闸，沿途流经史各庄、城关、口东、王卜庄 4 个镇，河道全长 27.186 千米，可通过流量 20 立方米每秒，蓄水量 40.3 万立方米，其中褚庄闸至宋辛庄闸段长 6.386 千米，堤距 21～27 米，河底高程 3.2～4.0 米，河底宽度 4～7 米，堤顶高程 6.0～7.8 米，蓄水位 5.5 米，蓄水量 7.7 万立方米；宋辛庄闸至安桥段长 10.2 千米，堤距 40～60 米，河底高程 1.4～3.8 米，河底宽 0～5 米，堤顶高程 3.5～7.0 米，蓄水位 3.0～4.5 米，蓄水量 12.0 万立方米；安桥至王卜庄段长 10.6 千米，堤距 50～80 米，河底高程 0.5～2.0 米，河底宽 2～20 米，堤顶高程 4.5～6.0 米，蓄水位 3.0～4.5 米，蓄水量 20.6 万立方米。

窝头河有跨河桥梁 19 座，分别是方庄桥（村西）、朱方庄桥（村南）、彪家店桥（村东）、彪家店桥（村西）、彪家店桥（村北）、马于庄桥、大刘辛桥、朱楼下桥、史各庄桥、安桥桥、杨家桥、亮水桥、石桥公路桥、铁路桥、歇马台公路桥、东李桥、口东桥、大张桥、王卜庄桥。

窝头河左右堤及河槽中建有闸涵 10 座，分别是钰华街闸（窝头河漫水闸）、鞋厂闸（窝头河节制闸）、宋新庄闸、胡各庄闸、于桥闸、彪家店闸、安桥倒虹吸、老君堂闸、朱方庄闸、胡庄子闸。

（三）鲍丘河

鲍丘河在宝坻区境内起于北干渠芮家庄闸，止于王卜庄村西南窝头河、箭杆河、鲍丘河 3 条河道汇合口处，沿途流经牛道口、高家庄、城关、霍各庄、方家庄、王卜庄 6 个镇，全长 30.75 千米，蓄水量 103.9 万立方米，可通过流量 35 立方米每秒，其中芮家庄闸至焦山寺段长 9.75 千米，堤距 26～42 米，河底高程 2.0～3.5 米，河底宽度 16～49 米，堤顶高程 3.8～7.5 米，蓄水位 4.0～6.5 米，蓄水量 31.6 万立方米；焦山寺至西河务段长 4.90 千米，堤距 26～46 米，河底高程 2.0 米，河底宽度 19～20 米，堤顶高程 3.8～6.4 米，蓄水位 4.0 米，蓄水量 16.6 万立方米；西河务至北埑段长 7.5 千米，堤距25～43米，河底高程1.5～2.0米，河底宽度15～25米，堤顶高程2.4～7.0米，蓄水位3.0～4.0米，蓄水量15.5万立方米；北埝至王卜庄段长8.6千米，堤距40～50米，河底高程0～1.5米，河底宽度14～43米，堤顶高程3.0～7.3米，蓄水位3.0米，蓄水量40.2万立方米。

鲍丘河有跨河桥梁12座，分别是郭家深桥、黄沙务桥、铁路桥、北埝桥、后白庙桥、新河桥、肖家埝桥、桥头桥、西河务桥、杨家口桥、王卜庄桥（村北）、王卜庄桥（村中）。

鲍丘河左右堤及河槽中建有闸涵7座，分别是高八埝闸、西河务闸、九新桥闸、蓟潮引渠闸、芮家庄闸、桥头闸、鲍丘河闸。

（四）绣针河

绣针河源于香绣渠与南排干渠口，起自南排干左堤绣针河西口闸，止于引滦明渠西堤，沿途流经大口屯、牛家牌2个乡镇，全长20.67千米，可通过流量50立方米每秒，蓄水量116.1万立方米，其中南干渠至东十闸段长10.30千米，堤距50～65米，河底高程0～2.0米，河底宽度6～23米，堤顶高程2.6～6.6米，蓄水位4.5米，蓄水量106.6万立方米；东十闸至引滦明渠段长10.37千米，堤距53～92米，河底高程0.5～2.0米，河底宽度7～17米，堤顶高程3.2～6.9米，蓄水位2.0米，蓄水量9.5万立方米。

绣针河有跨河桥梁12座，分别是赵辛庄桥、赵家牌桥、铧尖桥、树尔窝桥、镇西桥、东锈桥、南苑桥、薄庄子桥、西寨桥（村中）、西寨桥（村北）、铁路桥、津围公路桥。

绣针河左右堤及河槽中建有闸涵5座，分别是绣针河倒虹吸、绣针河西口闸、东十闸、吴家牌闸、西老口排干倒虹吸。

绣针河左右堤上坐落扬水点4座，总流量1.32立方米每秒，分别是东寨扬水点、西寨扬水点、西护路扬水点、赵家牌扬水点。

（五）青龙湾故道

青龙湾故道为跨界河道，宝坻区起自引青入潮右堤八道沽故道涵闸，止于宝宁界入宁河县境，沿途流经大白庄、尔王庄、大唐庄3个乡镇，境内河道长17.427千米，可通过流量20立方米每秒，蓄水量17.1万立方米，其中八道沽至高庄户公路桥段长8.50千米，堤距35～64米，河底高程0.4～2.5米，河底宽度4～17米，堤顶高程4.6～6.8米，蓄水位2.5米，蓄水量6.5万立方米；高庄户公路桥至宝宁界段长8.927千米，堤距35～45米，河底高程1.4～2.5米，河底宽度6～22米，堤顶高程4.0～7.4米，蓄水位2.5米，蓄水量10.6万立方米。

青龙湾故道有跨河桥梁5座，分别是东淀桥、大唐庄桥、大白庄桥、九园路桥、高庄户桥。

青龙湾故道左右堤及河槽中建有闸涵 7 座，分别是东淀闸、东淀节制闸、彭元庄闸、小淘庄闸、鲫鱼淀涵洞、小淘庄涵洞、八道沽倒虹吸。

青龙湾故道左右堤上坐落扬水点 14 座，总设计流量 5.82 立方米每秒，其中大唐庄 6 座，东淀 2 座，高庄户 3 座，鲫鱼淀 2 座，运家庄 1 座。

（六）百里河

百里河以窝头河为上源，起于宝坻区史各庄镇朱方庄村西与窝头河相接处，止于幸福渠，沿途流经窦家桥村、陈甫村、朝霞店子村、丁家套村、前莲花村、前西苑村、后西苑村、贾渠村、胡家园村、李家园村、高家庄村、核桃园村，到幸福渠，全长 16.0 千米，可通过流量 15 立方米每秒，蓄水量 60.8 万立方米，其中窝头河至香宝公路桥段长 4.10 千米，堤距 25～32 米，河底高程 1.5～2.7 米，河底宽度 7～16 米，堤顶高程 3.0～7.4 米，蓄水位 4.5 米，蓄水量 21.2 万立方米；香宝公路桥至胡家园桥段长 6.90 千米，堤距 28～34 米，河底高程 2.0～3.5 米，河底宽度 11～20 米，堤顶高程 2.5～7.0 米，蓄水位 4.5 米，蓄水量 27.2 万立方米；胡家园桥至幸福渠段长 5.0 千米，堤距 41 米，河底高程 1.5～3.0 米，河底宽度 10～12 米，堤顶高程 3.0～6.4 米，蓄水位 4.5 米，蓄水量 12.4 万立方米。

百里河有跨河桥梁 13 座，分别是纪家园桥、西台桥、尚庄桥、窦家桥、张辛庄桥、高家庄桥、李家园桥、朝霞桥、胡家园桥、艾杨庄桥、后莲花桥、贾渠村桥、管曲村桥。百里河左右堤及河槽中建有闸涵 2 座，分别是王庄子闸和尚庄闸。

（七）武河

武河为跨境河道，源于鲍丘河，起于河北省香河县韩窦庄北（又称五河、午河），由宝坻区牛道口镇庞各庄村西北入境，至西四庄村北入泃河，全长 9.5 千米，可通过流量 212 立方米每秒，蓄水量 40.1 万立方米，其中庞各庄至沟头桥段长 6.0 千米，堤距 350～1130 米，河底高程 3.0～6.0 米，河底宽度 0～24 米，堤顶高程 12.0～12.7 米，蓄水位 7.5 米，蓄水量 40.1 万立方米；沟头桥至西四庄段长 3.5 千米，堤距 350～1130 米，河底高程 3.0 米，河底宽度 3～24 米，蓄水位 7.5 米。

武河有跨河桥梁 4 座，即卢各庄桥、沟头桥（村北）、沟头桥（村东北）、庞各庄桥。

武河左右堤及河槽中建有闸涵 2 座，分别是西四庄低水闸和西四庄涵洞。

（八）导流河

导流河起自潮白新河左岸胡各庄扬水站，在口东镇境内向东南方向延伸至老庄子村东南止，全长 14.26 千米，设计流量 10 立方米每秒，蓄水量 19.6 万立方米，其中胡各庄至新寨闸段长 9.00 千米，堤距 30～40 米，河底高程 0～4.0 米，河底宽度 0～12 米，堤顶高程 3.5～9.0 米，蓄水位 3.5 米，蓄水量 14.1 万立方米；新寨闸至老庄子段长 5.26 千米，堤距 40～45 米，河底高程 0～2.0 米，河底宽度 0～14 米，堤顶高程 5.6～6.0 米。蓄水位 2.0 米，蓄水量 5.5 万立方米。

导流河有跨河桥梁 9 座，分别是上王庄桥、王庄子桥、邹寺后桥、八台港东桥、老庄子桥、黑狼口桥、于古庄桥、东庄桥、八台港东南桥。

导流河河中建有闸涵 6 座，分别是新寨闸、富王庄闸、八台港闸、鲁文庄排水闸、西河口排水闸、西河口—老庄子闸。

导流河左右堤坐落有扬水点 5 座，总设计流量 1.6 立方米每秒，分别是于古庄扬水点、八台港扬水点（1）、八台港扬水点（2）、老庄子扬水点、帐房鄚扬水点。

2010 年二级河道统计和二级河道闸涵见表 1－3－4 和表 1－3－5。

三、干支渠

（一）干渠

宝坻区有干渠 87 条，1985 年以前按河系分为 5 个灌区，以后按行政管辖区域设置为 7 个灌区，即城关、史各庄、王卜庄、大口屯、大白、林亭口、大钟灌区，灌区内干渠总长 659.869 千米，蓄水量 1705.91 万立方米。

城关灌区分布干渠 7 条，总长 44.043 千米，蓄水量 189.89 万立方米；史各庄灌区分布干渠 4 条，总长 43.108 千米，蓄水量 70.15 万立方米；王卜庄灌区分布干渠 10 条，总长 47.522 千米，蓄水量 98.57 万立方米；大口屯灌区分布干渠 25 条，总长 168.127 千米，蓄水量 523.61 万立方米；大白灌区分布干渠 21 条，总长 144.395 千米，蓄水量 385.44 万立方米；林亭口灌区分布干渠 12 条，总长 129.227 千米，蓄水量 255.93 万立方米；大钟灌区分布干渠 9 条，总长 83.447 千米，蓄水量 182.32 万立方米。其中坐落于王卜庄灌区的潮左截渗沟与林亭口灌区的潮右截渗沟为一条干渠的两段；坐落于大口屯灌区的潮右截渗沟与大白灌区的潮右截渗沟为一条干渠的两段。

干渠上建有区管闸涵 87 座（二级河道除外）。

2010 年干渠统计表和干渠闸涵统计表见表 1－3－6 和表 1－3－7。

（二）支渠

宝坻区有支渠 433 条，总长 1134.39 千米，蓄水量 1855.96 万立方米，建有闸涵 139 座，2010 年支渠闸涵统计表见表 1－3－8。

表 1－3－4

2010 年二级河道统计表

河名	河段起止地点	河道长度/千米	堤距/米	河底高程/米	河底宽度/米	堤顶高程/米	流量/立方米每秒	蓄水水位/米	蓄水量/万立方米
箭杆河	小计	25.893	40～108	0.0～0.5	14～29	3.7～6.6	50		131.2
	王卜庄至林亭口	8.50	40～50	0.0	20～28	3.7～6.2		2.5	64.7
	林亭口至大靳庄闸	8.0	50～94	0.0～0.5	15～28	4.0～6.2		2.5	34.4
	大靳庄闸至蓟运河	9.393	53～108	0.5	14～29	4.2～6.6		2.5	32.1
窝头河	小计	27.186	21～80	1.4～4.0	1～20	3.5～7.0	20		40.3
	褚庄闸至宋辛庄闸	6.386	21～27	3.2～4.0	4～7	7.8～6.0		5.5	7.7
	宋辛庄闸至安桥	10.20	40～60	1.4～3.8	0～5	3.5～7.0		3.0～4.5	12.0
	安桥至王卜庄	10.60	50～80	2.0～0.5	2～20	4.5～6.0		3.0～4.5	20.6
鲍丘河	小计	30.75	25～50	1.5～3.5	14～49	2.4～7.5	35		103.9
	芮家庄闸至焦山寺	9.75	26～42	2.0～3.5	16～49	3.8～7.5		4.0～6.5	31.6
	焦山寺至西河务	4.9	26～46	2.0	19～20	3.8～6.4		4.0	16.6
	西河务至北埝	7.5	25～43	1.5～2.0	15～25	2.4～7.0		3.0～4.0	15.5
	北埝至王卜庄	8.6	40～50	0～1.5	14～43	3.0～7.3		3.0	40.2
锈针河	小计	20.67	50～92	0～2.0	6～23	2.6～6.9	50		116.1
	南干渠至东十闸	10.3	50～65	0～2.0	6～23	2.6～6.6		4.5	106.6
	东十闸至引滦明渠	10.37	53～92	0.5～2.0	7～17	3.2～6.9		2.0	9.5

续表

河名	河段起止地点	河道长度/千米	堤距/米	河底高程/米	河底宽度/米	堤顶高程/米	流量/立方米每秒	蓄水水位/米	蓄水量/万立方米
青龙湾故道	小计	17.427	35～64	0.4～2.5	4～22	4.0～7.4	20		17.1
	八道沽至高庄户公路桥	8.50	35～64	0.4～2.5	4～17	4.6～6.8		2.5	6.5
	高庄户公路桥至宁宝界	8.927	35～45	1.4～2.5	6～22	4.0～7.4		2.5	10.6
百里河	小计	16.0	25～41	1.5～3.5	7～20	3.0～9.0	15		60.8
	窝头河至香宝公路桥	4.10	25～32	1.5～2.7	7～16	3.0～7.4		4.5	21.2
	香宝公路桥至胡家园桥	6.90	28～34	2.0～3.5	11～20	2.5～7.0		4.5	27.2
	胡家园桥至幸福渠	5.0	41	1.5～3.0	10～12	3.0～6.4		4.5	12.4
武河	小计	9.50	350～1130	3.0～6.0	3～24	12.0～12.7	212		40.1
	庞各庄至沟头桥	6.0	350～1130	3.0～6.0	24	12.0～12.7		7.5	40.1
	沟头桥至西四庄	3.5	350～1130	3.0	3～24	堤顶高程未到蓄水位，河道与附近地面已齐		7.5	
导流河	小计	14.26	30～45	0～4.0	5～14	3.5～9	10		19.6
	胡各庄至新寨闸	9.00	30～40	0～4.0	0～12	3.5～9		3.5	14.1
	新寨闸至老庄子	5.26	40～45	0～2.0	0～14	5.6～6		2.0	5.5

表 1-3-5

2010 年二级河道闸涵表

序号	闸涵名称	所在河系	所在位置	流量/立方米每秒	结构形式	主要技术指标				建成年份
						孔数/个	孔高/米	孔宽/米	闸底高程/米	
1	钰华街闸（窝头河漫水闸）	窝头河	窝头河河中，津围公路石桥桥东 140 米	20	开敞	3	2.9	2.5	0.8	2010
2	彪家店闸		村东南河中	4	拱涵	1	2.2	2	3.6	1979 年建，现如今已拆除
3	鞋厂闸		区种猪场南	20	开敞	3	3	2.5	0.8	
4	宋辛庄闸		村东河中	10	拱涵	2	2.55	2.2	—0.5	1974
5	朱方庄闸		史各庄镇朱方庄西南	10	拱涵	2	2.5	2.2		2012
6	老君堂闸		窝头河河中，钰华街道老君堂村南	14	开敞	2	2.9	2.5	0.6	2010
7	安桥倒虹吸		窝头河河中，引滦明渠西侧	10	拱涵	2	1.6	2	2	1969 年建，2010 年更新
8	胡各庄闸		窝头河河中，胡各庄村北，东外环路东 165 米	55	拱涵	6	3.5	2.5	—2	1976 年建，2015 年更新 3 孔
9	于桥闸		窝头河左堤，于桥排干渠南端	5	涵管	1	ϕ1.5		0.2	1981
10	胡庄子闸		窝头河右堤，司各庄三分干渠北端，胡庄子村东北 527 米	25	拱涵	5	2	2	—1	2011
11	王庄子闸	百里河	百里河河中，环城北路 370 米，东城北路 260 米	15	开敞	1	2	2		1979 年建，约 2015 年拆除

续表

序号	闸涵名称	所在河系	所在位置	流量/立方米每秒	结构形式	主要技术指标				建成年份
						孔数/个	孔高/米	孔宽/米	闸底高程/米	
12	尚庄闸	百里河	百里河河中，尚庄村南，香宝路南430米	10	拱涵	2	2.2	2	3	1995
13	西河务闸	鲍丘河	鲍丘河河中，西河务一村西310米	10	开敞	2	4.5	2.48	1.26	1980
14	芮家庄闸		河道起点	10	拱涵	2	2.55	2.2	3	1974年建，2012年重建1孔
15	桥头闸		鲍丘河河中，宝平公路东侧，京哈高速宝平入口南280米	5	开敞	1	3.4	2.5	3.12	1978
16	蓟潮引渠闸		鲍丘河右堤，新河桥西南134米，津蓟铁路南侧23米	26	开敞	3	3.5	2.5	—0.3	1980
17	高八垈闸		鲍丘河河中，引滦渠东南485米，东外环590米，新河桥东南925米	55	开敞	6	3.5	2.5	—0.5	1976
18	九新桥闸		鲍丘河左堤，九园公路九新桥西北210米	10	拱涵	2	2.55	2.2	1.27	1979
19	鲍丘河闸		大角甸西河中	30	拱涵	5	2.55	2.2	—0.5	1975年建，2012年拆除
20	张司马节制闸	箭杆河	箭杆河王卜庄镇前张村北，通唐路南	100	开敞	14	3.3	2	0.5	1973年建，2007年重建

续表

序号	闸涵名称	所在河系	所在位置	流量/立方米每秒	结构形式	主要技术指标				建成年份
						孔数/个	孔高/米	孔宽/米	闸底高程/米	
21	眼镜闸（西）	箭杆河	箭杆河张司马节制闸东侧 42 米	10	拱涵	2	2.8	2.5	−1	1961
22	眼镜闸（东）		箭杆河张司马节制闸东侧 95 米	5	拱涵	1	2.8	2.5	−1	1961
23	司各庄闸		箭杆河右堤，司各庄村北 485 米	10	拱涵	2	2.8	2.2	0.28	1978
24	下王庄闸		左堤，下王庄村东南 850 米，九园公路南 115 米		拱涵	1	2.8	2.5	0.34	1980
25	任庄子闸		右堤，任庄子东侧，九园公路箭杆河桥西侧	14	拱涵	2	3.6	2.2	−0.8	1969
26	杨岗闸		箭杆河右堤，村东北 230 米	10	开敞	6	1.6	1.2	−0.8	1970
27	后张涵洞		后张村北	10	拱涵	2	2.55	2.2	−0.5	1981
28	宽江东头闸		宽江村东	15		3				
29	大靳闸		王山村西	5	拱涵	1	1.5	1.5		
30	小靳庄 1 闸		小靳庄村委会	5	节制闸	1	2.5	2.2	−1	2009
31	小靳闸		王山村北	1	涵管	1	1.5	1.5	−1	1974

续表

序号	闸涵名称	所在河系	所在位置	流量/立方米每秒	结构形式	主要技术指标				建成年份
						孔数/个	孔高/米	孔宽/米	闸底高程/米	
32	小杨庄涵洞	箭杆河	村东右堤	0.5	涵管	1	ϕ0.8		−1.2	1975
33	苏庄子闸		村东河左堤	5	拱涵	1	2.55	2.2	−2	1977
34	大辛庄支渠闸		南堤	5	拱涵	1	2.55	2.2	−2	1977
35	后鄞闸		村西东堤	1	涵管	1	ϕ0.9		−1	1980
36	双庄涵洞		村西北右堤	1	涵管	1	ϕ0.8		−1.5	1970
37	张五店涵洞		村东右堤	1	涵管	1	ϕ0.8		−1.2	1975
38	东十闸	绣针河	河中，东十村西北 98 米，西十村东 330 米	50	开敞	6	3.5	2.5	1	1976
39	绣针河倒虹吸		大口屯西（西十排干）	10	开敞	2	ϕ2.0		0	1975
40	绣针河西口闸		杨庄西北河中（源头）	25	开敞	7	3.5	2.5	1	1975
41	吴家牌闸带桥		河中	50	开敞	6	3.5	2.5	1	1976
42	西河口排干倒虹吸		西河口村西	10	开敞	2	3.5	2		1967
43	东淀节制闸	青龙湾故道	河中	20	拱涵	4	2.55	2.2	−0.4	1972
44	东淀闸		右堤	1	涵管	1	ϕ1		1	1978
45	鲫鱼甸涵洞		左堤	1	涵管	1	ϕ1		1	1978
46	小淘庄涵洞		村西	1	拱涵	1	ϕ1.2		0	1979

续表

序号	闸涵名称	所在河系	所在位置	流量/立方米每秒	结构形式	主要技术指标				建成年份
						孔数/个	孔高/米	孔宽/米	闸底高程/米	
47	小淘庄闸	青龙湾故道	河中	2	开敞	2				1979
48	彭元庄闸		彭元庄村西河中		涵管	2	ϕ1.5		2.17	1998
49	八道沽倒虹吸		八道沽村东		涵式	1				1983
50	西四庄涵洞	武河	武河右堤，村西1200米	5	开敞	1	2.55	2.2	2.5	1977
51	西四庄低水闸		武河河中，村北160米	212	拱涵	6	5	3	3	1976
52	新寨闸	导流河	导流河中，新寨村西北侧，黑狼口村东北侧	10	拱涵	2	2.55	2.2	—1	1975
53	富王庄闸		富王庄村委会	10	排（退）水闸	2		2		2008
54	八台港闸		八台港村委会	5	排（退）水闸	1		2		2009
55	鲁文庄排水闸		鲁文庄村委会	5	排（退）水闸	1		2		2009
56	西河口排水闸		西河口村委会	5	排（退）水闸	1		2		2009
57	西河口—老庄子闸		西河口村委会	5	节制闸	1		2		2008

表 1-3-6

2010 年干渠统计表

干渠名称	灌区名称	起止地点	长度/千米	高程/米		宽度/米		边坡	蓄水量/万立方米
				地面	渠底	下口	上口		
蓟潮引渠	城关灌区	蓟运河至窝头河	11.22	5.3～5.4	0.5	5～4	28～32.5	1∶2	88.01
网户排干		网户扬水站至高八庄	4.95	4.6	2	2.5	14	1∶2	10.62
西台渠		百里河至窝头河	3.388	6.2	−0.5	4	27	1∶2	35.18
幸福渠		苏家屯至鲍丘河南	1.22	5.3	0.5	2	12	1∶1.5	3.10
宝三路西沟		塘白渠至单庄北	4.7	7	0	2	26	1∶2	18.80
护城河排干		鲍丘河至百里河	2.845	5.4	2.65	5	17	1∶2.5	4.48
潮北南排干		引滦闸至香河县界	15.72	5.3～6.7	1.0～4.0	3～6	20～21	1∶2	29.70
北干渠	史各庄灌区	武河至潮北南排干	12.05	9.5～7.0	2.5～4.0	3～8	20～30	1∶2	15.74
塘白渠		北干渠至蓟潮引渠	18.148	8.1～5.0	3.2～1.0	3～8.68	22～36	1∶2.5	37.60
庞塘渠		引泃入潮至北干渠	5.2	8.3	4	2.5	21	1∶2	0.91
鲍西引渠		鲍丘河至西河务排干	1.75	5.6	3	3	15	1∶3	2.40
西河务排干		西河务扬水点至西李庄北	5.96	5.6	2.8	5	19	1∶2.5	13.50
西河口排干	王卜庄灌区	西河口扬水站至导流河	2.562	3.5	0.2	6	24	1∶2	2.86
鲍丘河排干		张司马三支至张司马排干	4.37	3.6～3.8	1.57～0	3	14.6～18	1∶1.5	4.54
于桥排干		窝头河至老鸦台村南	2.27	4.5	1	8	18	1∶1.5	3.08
张司马排干		箭杆河至北芮庄渠	4.5	4	2.3	3	23	1∶1.5	3.46
司各庄排干		箭杆河至导流河	8.38	4	−0.5	4	20	1∶1.5	19.00
马营排干		马营闸至鲍丘河排干	8.15	4.7	1.34	6	17.5	1∶1.5	24.00

续表

干渠名称	灌区名称	起止地点	长度/千米	高程/米		宽度/米		边坡	蓄水量/万立方米
				地面	渠底	下口	上口		
一八渠	王卜庄灌区	于桥排干至安桥村东	7.4	4.3～4.8	1.0～2.1	4～6.5	16～18.2	1∶1.5	12.14
大张排干	王卜庄灌区	窝头河至引滦明渠	4.24	4.3	1	4	16	1∶1.5	10.15
胡各庄排干	王卜庄灌区	胡各庄扬水站至窝头河	1.15	5.2	0.4	14	45	1∶3	12.89
潮左截渗沟（1）	王卜庄灌区	老庄子扬水站至于古庄北	4.59	2.5～3.8	−0.7～1.2	4～8	16～20	1∶2	6.45
潮南北排干	大口屯灌区	香河县界至小套扬水站	13.02	5.5～7.0	0.0～2.0	3～4	20～26	1∶1.5～1∶2	60.80
牛家牌一分干	大口屯灌区	树尔窝至大白洼渠	8.9	4	0.5	2	17	1∶2	15.58
小套排干	大口屯灌区	小套扬水站至龙尾屯渠	2.7	5	−0.5	8	41	1∶3	11.52
龙尾屯渠	大口屯灌区	一号渠至小套排干	6.84	5.5～6.5	0	3～6	28～33.5	1∶2～1∶2.5	32.15
牛家牌二分干	大口屯灌区	绣针河至后贾庄	6.7	4	−0.3～0.5	2～7	17～25.2	1∶2	18.51
牛家牌排干	大口屯灌区	牛家牌扬水站至绣针河	2.036	4	−1.3	7	28.2	1∶2	10.99
菜芽庄排干	大口屯灌区	菜芽庄扬水站至引滦明渠	5.082	3.3	−2	5	36	1∶2.5	37.20
中登渠	大口屯灌区	潮右截渗沟至柴家铺排干	12.15	3.3～3.4	−0.3～0.1	7～5	27～30	1∶2.5	44.63
西鄺分干	大口屯灌区	西十排干至双王寺排干	4.45	5.1～5.4	2.4～2.2	9.5～7	23～30	1∶2.5	9.93
庄头排干	大口屯灌区	津蓟铁路至引滦明渠	9.218	4.2～4.0	0.5～0.0	4	22～28	1∶2.5～1∶2	34.28
庞家湾站前渠	大口屯灌区	庞家湾扬水站到香绣渠	1.25	6.5	1.5	8	31	1∶2.5	4.45
庞西干渠	大口屯灌区	西十扬水站至南干渠	4.95	4.0～5.7	2.6～3.4	8～16	30	1∶2.5	7.83
西十排干	大口屯灌区	庞西干渠至西鄺排干	4.48	5.2	2.3	9.3	30	1∶2.5	11.33
东鄺排干	大口屯灌区	八一渠至西十排干	2.85	4.7	2.5	7	25	1∶2.5	4.60
西老口退水渠	大口屯灌区	西老口扬水站至引滦明渠	3	3.5	0.37	4	18	1∶2.7	3.90

续表

干渠名称	灌区名称	起止地点	长度/千米	高程/米		宽度/米		边坡	蓄水量/万立方米
				地面	渠底	下口	上口		
香绣渠	大口屯灌区	香河县界至南干渠	2.6	6	4	36	50	1∶2.5	15.50
战斗渠		南干渠至西鄱分干	3.8	5.2～6.2	2.2～2.5	6	22～25	1∶2.5	6.46
西老口排干		大白洼渠至西老口扬水站	11.256	3.1～4.0	0～0.25	2～10	17～23	1∶1.7～1.2	33.28
南干渠		潮南北排干至庞西干渠	16.95	6.5～7.0	2.5～4.0	5～12	21～30	1∶2.5	34.75
大白洼渠		引滦明渠至津围公路	6.45	3.8～4.2	0	8～20.8	35～44	1∶2.5～1∶2	45.58
双王寺排干		南干渠至津围公路西沟	7	6.0～4.5	2.0～0.5	3～4	23～22	1∶2.5～1∶2	20.00
种田营排干		种田营扬水站至龙尾屯渠	5.645	6.5	1.02	7	35	1∶2.5	23.60
八一渠		西鄱分干至公路西沟	3.5	4.3	2	5	15	1∶2	2.78
青龙湾减河左截渗沟		津围公路至引青入潮	13.3	4.0～3.8	1.0～0.5	2	14～13	1∶2	21.57
潮右截渗沟（1）		小套扬水站至菜芽扬水站	10	4.6～3.3	0～1.3	4～11.5	28～38	1∶2～1.25	12.39
东老口排干	大白灌区	东老口扬水站至柴家铺排干	3.96	2.9	−0.1	10	28	1∶2	19.30
马营渠		潮右截渗沟至柴家铺排干	15.2	4.2～3.3	−0.5～0.2	5～2	20～18	1∶2	56.12
里自沽排干		里自沽扬水站至小刘坡退水渠	3.146	2.7	0	10	22	1∶2	13.00
小刘坡退水渠		东老口退水渠至引青入潮截然渗沟	2.284	2.8	0.1	5	16	1∶2	6.30
东老口退水渠		引滦明渠至里自沽排干	3.96	2.8	0.1	7	18	1∶2	11.50
大唐庄排干		九园路至小陶庄	9.3	3.2	−2.0～1.0	2	25.2～18.8	1∶2	29.07
闫东干渠		青龙湾减河故道至闫皮庄站	1.2	4	−2	8～3	38	1∶2.5～1∶2	13.70

续表

干渠名称	灌区名称	起止地点	长度/千米	高程/米		宽度/米		边坡	蓄水量/万立方米
				地面	渠底	下口	上口		
董塔排干	大白灌区	董塔扬水站至大唐庄排干	1.2	3.9	−1	4	23.6	1∶2	4.62
大刘坡排干		大刘坡排干至黄白桥排干	2.84	2.7	0.1	8	20	1∶2	11.00
八道沽一分干		八道沽排干至尔王庄水库截渗沟	5.9	2.8	0.2	4	16	1∶2	15.30
八道沽排干		八道沽站至大尔路东沟	3.4	3.5	0.1～0	12～3	28	1∶2～1∶3	14.80
闫杜干渠		闫东干渠至尔王庄水库西堤	6.4	3.3	−0.5	2	15	1∶1.5	9.90
黄白桥排干		黄白桥扬水站至尔王庄村北	11.35	2.8～4.0	−0.2～2.0	15～8	29～38	1∶2.5	45.00
尔王庄干渠		闫东干渠至青龙湾减河故道	8.4	4	−2	8	38	1∶2.5	35.00
八道沽二分干		八道沽排干至尔王庄水库截渗沟	5.6	3.2～3.6	−0.5～0.5	2～5	14～16	1∶2.5～1∶2	9.35
大宝排干		西王庄支渠至八道沽排干南	5.8	4.5	1.4	4	16	1∶2	11.60
引青入潮右截渗沟		黄白桥扬水站至彭元庄支渠	9.5	3	0	2	20	1∶2	8.10
引青入潮截渗沟		引滦明渠倒虹吸至潮右截渗沟	11.5	3.3	0.4	2	22	1∶2	21.60
樊庄子渠		潮右截渗沟至柴家铺排干	8.355	3.3	0.3	2	12	1∶1.5	8.30
潮右截渗沟（2）		菜芽扬水站至引青入潮	17.25	4.6～3.3	0～1.3	4～11.5	28～38	1∶2～1.25	21.38
柴家铺排干		里自沽排干至引滦明渠	7.85	3.1～3.2	−0.4～0.4	5～4	24～20	1∶2.5	20.50
林黄一分干	林亭口灌区	林黄渠至导流河	8.3	3.4～2.8	1.2～0.7	3.0～4.5	16～19	1∶2～1∶3	19.32
林黄二分干		林黄渠至导流河	8.45	2.7	−1	2	16	1∶2	12.68
黄庄一分干		退水渠至水库中心渠	6.4	2.5	−0.7	4	17	1∶2	9.01
黄庄二分干		退水渠至水库南堤	7.68	2.3	−1	5	20	1∶2	14.40
黄庄洼退水渠		潮左截渗沟至六五九支	21	2.1	−1	4	22	1∶2.5	43.31

续表

干渠名称	灌区名称	起止地点	长度/千米	高程/米		宽度/米		边坡	蓄水量/万立方米
				地面	渠底	下口	上口		
小辛马排干	林亭口灌区	小辛马扬水站至林黄渠	5.87	2.1	−1	4	22	1∶3	13.94
林黄渠		箭杆河至黄庄	15.61	2.6～2.2	−0.5～−1.0	4	21～21.5	1∶2.5	27.66
战备渠		战备渠至张头窝扬水站	15.66	2.2	−1.1	2	17.5	1∶2.5	30.54
六五渠		林黄渠至张头窝闸	15.3	2.2	−0.5	7	27	1∶2.5	26.01
老庄子排干		林黄渠至老庄子扬水站	9.757	2.5	−0.95	22	40	1∶2.5	36.74
林黄二分干		林黄渠至潮左截渗沟	7.75	2.5	−1	2	18	1∶2	11.63
潮左截渗沟（2）		蓄水闸至老庄子扬水站	7.45	2.5～3.8	−0.7～1.2	4～8	16～20	1∶2	10.69
大钟排干	大钟灌区	冯庄子排干至宽江扬水站	13.17	2.7	−2	5	28	1∶2.5	63.38
鲁沽排干		宝芝排干至大钟排干	6.79	2.7	−1.5	2	20	1∶2	14.26
冯庄子排干		北芮庄渠至冯庄子扬水站	10	3.2～2.7	−1.0～1.5	5～4	22～24	1∶2～1∶2.5	23.86
宝芝排干		冯庄子排干至蓟运河	9.8	2.4	−1.5	6	24	1∶2.5	30.87
小刘排干		鲁沽排干至九支渠	5	2.4	−1.5	2	19	1∶2.5	12.75
李家口排干		蓟运河右堤至冯排二支	7.93	2.5	0.2～0.4	2～4	16	1∶2	3.68
北芮庄排干		北芮庄闸至陈山排干	8.957	4.0～3.7	−0.5～0.4	4～4.8	22～18	1∶2	8.39
陈山排干		冯庄子排干至箭杆河	6.8	3.1～3.8	−0.44～0.0	6.24～3	20	1∶2～1∶1.5	7.84
箭杆河北排干		宽江扬水站至零支渠	15	2.8～3.5	−1.0～0.0	5～2	20～11	1∶2	17.29

表 1-3-7

2010 年干渠闸涵统计表

序号	名称	坐落地点	所在渠系	流量/立方米每秒	性质	结构形式	主要结构尺寸			闸底高程/米	启闭机/(吨/台)	完好程度	建成年份	管理单位
							孔数	孔高/米	孔宽/米					
1	刘辛庄闸	村南	西台渠	10	蓄排	拱涵	2	2	2	0.00	10/2	完好	1992	城关镇水利站
2	三岔口闸	村北	塘白渠	15	节制	开敞	3	2.55	2.2	1.4	20/3	严损	1980	高家庄镇水利站
3	宝三路涵洞	三岔口村南	塘白渠	2	进水	涵洞	1	2	2	0		完好	1974	高家庄镇水利站
4	焦山寺闸	焦山寺村北	塘白渠	5	节制	拱涵	1	2.55	2.2	2.1	5	较好	1979	牛道口镇水利站
5	宋辛闸	村南	潮北南排干	3.6	节制	拱涵	1	2	1.8	3.0	3/1	完好	1978	史各庄镇水利站
6	大刘辛闸	村西南	潮北南排干	1	节制	涵管	1	1	1	4.0	2/1	损坏	1987	史各庄镇水利站
7	李家深闸	李家深村南	北干渠	10	节制	拱涵	2	2.2	2.25	2.0	10	完好	1999	牛道口镇水利站
8	塘白渠闸	塘头村北	塘白渠	5	进水	拱涵	1	2	2			损坏	2007	牛道口镇水利站
9	塘头闸	塘头村北	庞塘渠	5	进水	拱涵	1	2.55	2.2	3.0	10	损坏	1980	牛道口镇水利站
10	东霍涵洞	东霍村南	网户排干	4.2	进水	拱涵	1	1.5	2.0	1.0		损坏	1982	霍各庄镇水利站
11	哈喇涵洞	哈喇村南	网户排干	4.2	进水	拱涵	1	1.5	2.0	1.0		损坏	1983	霍各庄镇水利站
12	网户涵洞	网户村西	网户排干	4.2	进水	拱涵	1	1.5	2.0	1.0		损坏	1983	霍各庄镇水利站
13	西霍涵洞	西霍村南	网户排干	4.2	进水	拱涵	1	1.5	2.0	1.0		损坏	1983	霍各庄镇水利站
14	西套闸	津围路西	潮北南排干	6	节制	涵管	2	2	2	1.0	20/2	完好	1980	排灌站
15	司各闸	司各村东	司各庄排干	10	节制	拱涵	2	2	2			良好	2009	王卜庄镇水利站
16	六各闸	六各村东	司各庄排干	10	节制	拱涵	2	2.2	1.8	0.60	10/2	完好	1996	王卜庄镇水利站
17	大口子坑闸	王卜庄村北	鲍丘河排干	10	节制	拱涵	2	2.8	2.5	0.21	10/2	完好	1979	王卜庄镇水利站
18	于桥闸	胡庄北	于桥排干	5	节制	拱涵	1	2	1.8	0.2	5/1	完好	1981	王卜庄镇水利站

续表

序号	名称	坐落地点	所在渠系	流量/立方米每秒	性质	结构形式	主要结构尺寸			闸底高程/米	启闭机/(吨/台)	完好程度	建成年份	管理单位
							孔数	孔高/米	孔宽/米					
19	陈山排干闸	后张北	陈山排干	5	节制	拱涵	1	2.8	2.5	−1.0	10/1	完好	1961	王卜庄镇水利站
20	张司马排干闸	前张村北	张司马排干	10	节制	拱涵	2	2.8	2.5	−1.0	10/2	完好	1961	王卜庄镇水利站
21	张会闸	张会村西	马营干渠	20	节制	拱涵	2	2.5	2	0.0	20/2	损坏	1983	方家庄镇水利站
22	刘台闸	刘台村北	西河口排干	5	节制	拱涵	1	2.0	2.5	0.0	5/1	无启闭机	1972	口东镇水利站
23	西河口闸	村北	潮左截渗沟	3	节制	开敞	1	1.6	2.0	0.5	3/1	损坏	1979	口东镇水利站
24	西河务闸	村西	西河务排干	5	节制	拱涵	1	3	2.3	2.33	5/1	损坏	1980	高家庄镇水利站
25	西河务干渠西口闸	艾各庄渠交口处	西河务排干	2.5	节制	开敞	1	2	1.2	3.7	3/1	损坏	1980	高家庄镇水利站
26	西河务闸	村西	护城河排干	5	节制	拱涵	1	3	2.3	2.33	5/1	损坏	1980	高家庄镇水利站
27	贾庄闸	肖家堼村南	宝三路西沟	2.5	节制	开敞	1	1.4	1.8	3.5	3/1	损坏	1980	高家庄镇水利站
28	桥头闸	宝平路东	鲍西引渠	1.5	节制	开敞	1	1.5	1.0	3.9	2.5/1	损坏	1980	高家庄镇水利站
29	镇西闸	绣针河西埝	西十排干	5	节制	拱涵	1	3	2.2	1.5	10/1	完好	1992	大口屯镇水利站
30	白庄闸	白庄村南	庞西干渠	16.8	节制	开敞	3	3	2.2	1.5	20/3	完好	1976	大口屯镇水利站
31	程庄闸	程庄村北	牛家牌一分干	3	节制	拱涵	1	2.0	1.5	1.5	5/1	完好	1983	大口屯镇水利站
32	树尔窝闸	村东北	牛家牌一分干	3	节制	开敞	1	2.0	1.5	1.0	3/1	完好	1997	大口屯镇水利站
33	1号闸	大黑路南	西老口排干	5	节制	拱涵	1	2.5	2.0	0.5	5/1	完好	1998	大口屯镇水利站
34	2号闸	大黑路南	西老口排干	10	节制	拱涵	2	2	2			完好	2010	大口屯镇水利站
35	庞家湾闸	扬水站前闸	庞家湾站前渠	15	节制	开敞	3	2.55	2.2	1.5	15/3	完好	1982	排灌站

续表

序号	名称	坐落地点	所在渠系	流量/立方米每秒	性质	结构形式	主要结构尺寸			闸底高程/米	启闭机/(吨/台)	完好程度	建成年份	管理单位
							孔数	孔高/米	孔宽/米					
36	蔡家铺闸	蔡家铺南	潮右截渗沟	3	节制	开敞	1	2.55	2.2	−0.6	5/1	重损	1982	周良庄镇水利站
37	赵聪庄闸	村东	中登渠	10	节制	开敞	3	2.5	2.2	−2.0	15/3	重损	1974	周良庄镇水利站
38	王草庄闸	王草庄东南	马营渠	10	节制	开敞	2	2.55	2.2	−0.6	20/2	重损	1982	周良庄镇水利站
39	李山庄闸	李山庄南	樊庄子渠	10	节制	开敞	2	2.55	2.2	−0.6	20/2	重损	1982	周良庄镇水利站
40	官庄节制闸	官庄村东	潮右截渗沟	5	节制	拱涵	1	2.5	2	−1.0	10/1	完好	1983	郝各庄镇水利站
41	官庄节制闸	官庄村西	马营渠	5	节制	拱涵	1	2.5	2	0	10/1	完好	1994	郝各庄镇水利站
42	侯家庄闸	侯家庄东南	马营渠	10	节制	拱涵	2	2.5	2	0	10/2	完好	1998	郝各庄镇水利站
43	庞桥头闸	庞桥头村西南	庄头排干	10	节制	拱涵	2	2.5	2	0	10/2	完好	1994	郝各庄镇水利站
44	广林木闸	小广林木村东	庄头排干	5	节制	拱涵	1	2	2			良好	2007	马家店镇水利站
45	潮南北排干渠首闸	南干渠南闸东	潮南北排干	3	节制	开敞	1	2	1.8	2.5	3/1	损坏	1975	新开口镇水利站
46	种田营扬水站西坡闸	扬水站西坡	潮南北排干	5	节制	开敞	1	2.55	2.2	2.0	10/1	损坏	1983	新开口镇水利站
47	种田营扬水站东坡闸	扬水站东坡	潮南北排干	3	节制	涵管	1		1.5	1.5		良好	1995	新开口镇水利站
48	后六口闸	后六口村西	南干渠	5	节制	拱涵	1	2.6	2.2	2.0	5/1	良好	1980	新开口镇水利站
49	双王寺排干闸	后六口村南	双王寺排干	5	节制	拱涵	1	2	2			完好	2007	新开口镇水利站
50	李台闸	宝白路	中登渠	7	节制	拱涵	2	2	1.8	−1	10/2	损坏	1976	郝各庄镇水利站
51	马营渠南口闸	宝白路	马营渠	2.5	节制	涵管	1	1.8	1.8	1	3/1	损坏	1978	郝各庄镇水利站
52	马营渠北口闸	宝白路	马营渠	7	节制	涵管	2	2	1.8	−1	10/2	损坏	1982	郝各庄镇水利站

续表

序号	名称	坐落地点	所在渠系	流量/立方米每秒	性质	结构形式	主要结构尺寸			闸底高程/米	启闭机/(吨/台)	完好程度	建成年份	管理单位
							孔数	孔高/米	孔宽/米					
53	王庄子闸	村东	西酈分干	10	节制	拱涵	2	2.55	2.2	1.5	20/2	轻损	1980	大口屯镇水利站
54	北口闸	刘举村东	西酈分干	3.0	节制	涵管	1	2	2.0	2.0	10/1	轻损	1978	大口屯镇水利站
55	大千闸	大千村南	双王寺排干	10	节制	拱涵	2	2.55	2.2	1.5	20/1	轻损	1982	大口屯镇水利站
56	战斗渠闸	西南仁埒村西南	战斗渠	3.0	节制	拱涵	1	2.0	2.0	1.0	5/1	损坏	1978	大口屯镇水利站
57	八一闸1	东酈村北	八一渠	5.0	节制	拱涵	1	2.5	2.0	1.5	5/1	完好	1995	大口屯镇水利站
58	八一闸2	王庄子村东	八一渠	3.0	节制	拱涵	1	2.0	1.5	1.8	3/1	损坏	1982.9	大口屯镇水利站
59	羊码头闸	北羊村北	里自沽排干	25	节制	开敞	4	2.8	2.2	−1.1	40/4	完好	1968	大白庄镇政府
60	朱窝闸	村西北	东老口排干	10	节制	拱涵	2	2.55	2.2	−2.0	20/2	完好	1982	大白庄镇政府
61	北羊码头东闸	村东	潮右截渗沟	5	节制	拱涵	1	2.55	2.2	−1.1	10/1	完好	1982	大白庄镇政府
62	辛庄子闸	村北	牛家牌二分干	10	节制	拱涵	2	2.5	2	0.2	10/2	完好	2000.5	牛家牌乡政府
63	宽江闸	村内	箭杆河北排干	20	节制	开敞	4	2.8	2.2	−0.8	20/4	完好	1969	排灌站
64	金厂闸	村西	大钟排干	25	节制	开敞	5	2.8	2.2	−0.8	25/5	完好	1969	排灌站
65	团结闸	宝芝排干西头	宝芝排干	16	节制	拱涵	3	2.2	2.55	−2.0	15/3	重损	1974	大钟庄镇
66	拉叭架闸1	赵家铺南	北芮庄渠	10	节制	拱涵	2	2.8	2.2	−0.1	10/2	轻损	1969	王卜庄镇
67	拉叭架闸2	赵家铺南	冯庄子排干	10	节制	开敞	2	2.8	2.2	−0.8	10/2	完好	1969	王卜庄镇
68	陈山扩孔闸	村东	冯庄子排干	15	节制	拱涵	3	2.8	2.2	−0.9	15/3	完好	1972	王卜庄镇
69	陈山庄闸	村北	冯庄子排干	10	节制	拱涵	2	3.1	2.2	−0.2	10/2	严损	1968	王卜庄镇
70	南高闸	村南	陈山排干	10	节制	拱涵	2	2.8	2.2	−0.8	10/2	损坏	1968	王卜庄镇

续表

序号	名称	坐落地点	所在渠系	流量/立方米每秒	性质	结构形式	主要结构尺寸			闸底高程/米	启闭机/(吨/台)	完好程度	建成年份	管理单位
							孔数	孔高/米	孔宽/米					
71	小靳庄北排干闸	小靳庄村东	箭杆河北排干	6	节制	开敞	2	2.5	2	−0.7	6/2	损坏	1973	林亭口镇水利站
72	恒辛闸	恒辛庄东	林黄一分干	2	节制	开敞	1	1.4	1.2	−0.5	3/1	完好	2001.5	林亭口镇水利站
73	黄庄闸	村北	林黄一分干	3	节制	拱涵	1	2	1.5	1.0	3/1	轻损	1987	林亭口镇水利站
74	林黄节制闸	张秀庄南	林黄渠	15	节制进水	开敞	3	5.48	3	−2.0	15/3	完好	1973	排灌站
75	战备闸	张秀庄南	战备渠	30.7	节制进水	开敞	3	5.48	3	−2.0	卷扬机	完好	1974	排灌站
76	退水渠节制闸	黄庄北	黄庄洼退水渠	9	节制	开敞	2	4	3	−2.0	20/2	完好	1974	排灌站
77	六五渠节制闸	王木庄南	六五渠	15	节制	开敞	3	4	2	−2.0	45/3	完好	1971	排灌站
78	八门城渡槽	村东	战备渠	3	输水	矩形	5	2	2.3	−1.5		一般	1974	八门城镇水利站
79	毛家庄闸	村西	大唐庄排干	5	节制	拱涵	1	2.25	2.2	−1	3/1	完好	1976	大唐庄镇
80	随家庄闸	村南	黄白桥排干	16	节制	开敞	4	3.5	2.5	−2	40/4	严损	1968	大白庄镇
81	小刘坡闸	村东南	大刘坡排干	10	节制	开敞	2	2.55	2.2	−1.0	10/2	完好	1983	大白庄镇
82	八道沽闸	村西	八道沽一分干	5.0	节制	开敞	1	2.55	2.2	−0.5	10/1	完好	1983	大白庄镇
83	南河闸	村东南	大宝排干	2	灌溉	管涵	1	1.5	1.5	1.4	5/1	完好	1999	牛家牌乡
84	后坨子闸	村东	大宝排干	2	灌溉	管涵	1	1.5	1.5	0.8	5/1	完好	1990	牛家牌乡
85	高庄户闸	村西南	黄白桥排干	5.0	节制	开敞	1	2.5	2.5	−2	5/1	良好	1985	村管
86	西杜庄闸	村西	闫杜渠	2	节制	开敞	1	1.5	2.5	−2	1.5/1	良好	1990	村管
87	前坨子闸	村东	八道沽二分干	2	灌溉	管涵	1	1.5	1.5	0.4	5/1	完好	1998	牛家牌乡

表 1-3-8 **2010 年支渠闸涵统计表**

序号	名称	坐落地点	所在渠系	流量/立方米每秒	性质	结构形式	主要结构尺寸			闸底高程/米	启闭机/(吨/台)	完好程度	建成年份
							孔数	孔高/米	孔宽/米				
1	王庄子闸	王庄子村	护城河渠	5	蓄排	开敞	1	2	2	−0.5	5/1	轻损	1979
2	焦山寺闸	焦山寺村南	宝候渠	2	节制	拱涵	1	1.3	1.5	4.0	2/1	轻损	1978
3	口东闸	口东庄西	司各 6 支	5	排灌	涵管	1	2	2			良好	2009
4	梁胡闸	梁胡村北	司各 5 支	1	排灌	涵管	1	1	1	0	2/1	良好	1977
6	东李闸	东李村东	窝头河六支	5	排灌	拱涵	1	2.5	2.2	0	10/1	良好	1980
7	石各庄闸	石各庄	8 支渠	3	排灌	拱涵	1	2.2	1.5	2.0	5/1	重损	1980
8	大张闸	大张村东	老鸦台支渠	10	排灌	拱涵	2	2.5	2.2	0	10/2	一般	1980
9	南王闸	梁胡东	司各四支	0.8	排灌	拱涵	1	1	1	1	2/1	良好	1976
10	尚庄闸	村中	苏淀洼排水渠	2	排灌	拱涵	1	1.5	1.5	4.0	5/1	损坏	1978
11	四支渠闸	北干渠左堤	四支渠	4	排灌	拱涵	1	2	2	4.0	3/1	完好	1977
12	香宝公路北沟闸	北干渠东堤	香宝路北沟	4.8	排灌	拱涵	1	2	2.4	3.0	5/1	损坏	1975
13	西马闸	村西	史各庄竖渠	5	排灌	拱涵	1	2	2.5	3.0	5/1	完好	1979
14	彪家店闸	村东	彪店村排水渠	4.4	排灌	拱涵	1	2	2.2	4.0	3/1	完好	1979
15	杨庄闸	村东	杨庄排水渠	0.8	排灌	涵管	1	1	1	4.5	2/1	完好	1992
16	香宝路南沟闸	北干渠东堤	香宝路南沟	0.8	排灌	涵管	1	1	1	4.5	2/1	完好	1993
17	龙景渠闸	李家深村南	龙景渠	2.5	排灌	拱涵	1	1.5	1.5	3.5	5/1	完好	1998
18	五支渠闸	李家深村南	五支渠	2.5	排灌	拱涵	1	1.5	1.5	2.0	5/1	完好	2001

续表

序号	名称	坐落地点	所在渠系	流量/立方米每秒	性质	结构形式	主要结构尺寸			闸底高程/米	启闭机/（吨/台）	完好程度	建成年份
							孔数	孔高/米	孔宽/米				
19	王台涵洞	王台村东	王台支渠	2	排水	拱涵	1	1.7	2.2	1.0		完好	1990
20	张丰涵洞	张丰村北	革命渠	2	排水	拱涵	1	1.7	2.2	1.0		完好	1990
21	刘举涵洞	刘举村北	革命渠	2	排水	拱涵	1	1.7	2.2	1.0		完好	1990
22	张凤闸	张凤村南	宝新路沟	5	节制	拱涵	1	2.5	2	0.5	5/1	损坏	1983
23	北封闸	村东	南四支渠	2	节制	开敞	1	1.5	1.5	0.5	5/1	完好	2001.4
24	丁字渠闸	津围公路边	丁字渠	3	节制	开敞	1	2.2	1.8	0.5	5/1	完好	2000.5
25	一支节制闸	北一支渠口	北一支渠	5	节制	开敞	1	2.4	2.0	1.0	5/1	轻损	1978.6
26	二支节制闸	北二支渠口	北二支渠	5	节制	开敞	1	2.4	2.0	1.4	5/1	轻损	1978.6
27	三支节制闸	北三支渠口	北三支渠	5	节制	开敞	1	2.4	2.0	1.0	5/1	轻损	1978.8
28	北封闸	村西北	香铺王支渠	5	节制	开敞	1	1.5	2.0	0.5	8/1	完好	2001.4
29	香铺王闸	鲍邱河堤	南三支渠	2	节制	开敞	1	1.5	1.2	0.5	3/1	完好	2001.4
30	石桥闸	石桥村西	庄西渠	2	排水	拱涵	1	1.5	1.2	2.0	3/1	完好	1994
31	田顾闸	田顾村南	田顾一支	2	排水	管涵	1	1.5	1.5	0.5	3/1	严损	1996
32	前张一支闸	前张村北	司各一支	1	节制	拱涵	1	1.3	1	1.76	3/1	严损	1980
33	耶各闸	耶各村北	司各二支	4	节制	拱涵	1	2	1.8	1.6	5/1	严损	1981
34	胡庄三支闸	胡庄村北	司各三支	5	节制	拱涵	1	2.7	2	0.28	3/1	完好	1971
35	杨家口闸	村西	宝新路沟	2	节制	涵管	1	1.65	1.5	0.5	5/1	完好	1980

续表

序号	名称	坐落地点	所在渠系	流量/立方米每秒	性质	结构形式	主要结构尺寸			闸底高程/米	启闭机/(吨/台)	完好程度	建成年份
							孔数	孔高/米	孔宽/米				
36	大角甸村闸	村西	宝林路南沟	5	节制	方涵	1	2.55	2.2	0.5	5/1	完好	1978
37	张凤闸	张凤村东	白虎洼一支	5	节制	节制	1	2.5	2	0.5	10/1	完好	2000
38	新河桥闸	桥北	宝九路北沟	3	蓄排	拱涵	1	1.5	1.5	0.5	10/1	好	2001.6
39	刘举涵洞	刘举村南	水源渠	3	进水	涵管	1	1.7		0.5		完好	1977
40	方中涵洞	方中东洼	水源渠	3	进水	涵管	1	1.7		0.5		完好	1977
41	方于涵洞	方于村南	水源渠	3	进水	涵管	1	1.7		0.5		完好	1977
42	丁木闸	丁木村南	司各庄三支	5	节制	拱涵	1	2.5	2.0	0.522	5/1	损坏	1979
43	艾各庄排灌闸	苑庄村北	艾各庄排灌渠	1.5	节制	开敞	1	1.45	0.9	3.8	3/1	损坏	1975
44	大芮涵洞	大芮北洼	杨喜桥下渠	2	进水	涵管	1	1		0.5		完好	1985
45	大芮涵洞	大芮村西	宝新路沟	2	进水	涵管	1	1		0.5		完好	1985
46	大芮涵洞	立交桥下	杨喜桥下	1	进水	涵管	1	1		0.5		完好	1985
47	苑庄南涵洞	水源	张洪路沟	0.5	进水	涵管	1	0.8		0.5		完好	1992
48	苑庄东涵洞	苑庄东洼	田苑渠	0.5	进水	涵管	1	0.8		0.5		完好	1992
49	何庄涵洞	何庄村北	工字渠西口	5	进水	拱涵	1	2.55	2	0.5		完好	1977
50	杨喜涵洞	杨喜村东	杨喜前渠	3	进水	涵管	1	1.8		0.5		完好	2000
51	褚亮高速路北涵管	褚亮庄西	张凤西渠	0.8	进水	涵管	1	0.8		0.5		完好	2000
52	褚亮高速路支涵管	褚亮庄西	张凤西渠	0.5	进水	涵管	1	0.8		0.5		完好	2000

续表

序号	名称	坐落地点	所在渠系	流量/立方米每秒	性质	结构形式	主要结构尺寸			闸底高程/米	启闭机/(吨/台)	完好程度	建成年份
							孔数	孔高/米	孔宽/米				
53	长排闸	绣针河北埝	铁路东沟	5.0	节制	拱涵	1	2	2.0			完好	2009
54	白水坨东闸	白水坨村东	长排渠	10	节制	拱涵	1	2.0	1.7	1.0	3/1	完好	1998
55	前贾闸	前贾村南	古河渠	10	节制	拱涵	1	2.0	1.7	1.0	3/1	完好	1985
56	东鄞闸	东鄞村东	东鄞渠	2	节制	拱涵	1	2.5	2.0	1.5	5/1	完好	1995
57	张岗铺闸	张岗铺村西	二支渠	1	节制	开敞	1	1	1	0	5/1	损坏	1993
58	张岗铺闸	张岗铺村西	五支渠	1	节制	开敞	1	1	1	0	5/1	损坏	1993
59	官庄南二闸	官杜引渠	官杜引渠	1.5	节制	拱涵	1	1.5	1.5	0	5/1	轻损	1994
60	庞头东闸	村东	庞头北支	2	节制	拱涵	1	1.5	1.3	0	5/1	轻损	1991
61	秦各庄北闸	村北	秦各庄北支	1.5	节制	涵管	1	1.5	1.5	0.5	5/1	完好	2000
62	官庄南闸	村南	官杜引渠	1.5	节制	涵管	1	1.5	1.5	0	10/1	完好	2000
63	郭家洼闸	双王寺南	郭家洼渠	3	节制	开敞	1	2.5	1.8	0.5	5/1	重损	1975
64	艾各庄闸	艾各庄西南	艾各庄渠	3	节制	开敞	1	2	1.5	0.5	3/1	良好	2000
65	辛庄闸	辛庄南	辛庄渠	5	节制	开敞	1	2	1.4	0.5	3/1	良好	1989
66	江石窝闸	江石窝村东	一号渠	10	节制	开敞	2	2	2			良好	2007
67	彩家铺闸	彩家铺村西	二号渠下段	5.0	节制	开敞	2	2.5	1.0	1.5	10/2	良好	1978
68	二号渠南口闸	龙尾屯村东南	二号渠下段	5.0	节制	开敞	1	2.0	2.3	1.8	3/1	良好	1995
69	焦庄闸	焦庄村北	王家洼渠	0.75	分水	拱涵	1	2.0	1.25	3.65	3/1	良好	1991

续表

序号	名称	坐落地点	所在渠系	流量/立方米每秒	性质	结构形式	主要结构尺寸			闸底高程/米	启闭机/(吨/台)	完好程度	建成年份
							孔数	孔高/米	孔宽/米				
70	彭家务闸	彭务村东南	卷子村南渠	5	分水	拱涵	1	2.0	2.0			完好	2010
71	八户闸	八户村东北	新开口村南渠	3.0	节制	开敞	1	1.5	2.0	3.3	3/1	损坏	1984
72	龙家洼渠南口闸	前六口村南	龙家洼渠	5.0	节制	开敞	1	2.0	2.3	3.2	5/1	损坏	1984
73	韩庄东一支闸	刘举东北	韩庄东支	1.0	节制	拱涵	1	1.2	1.0	3.0	5/1	完好	1979
74	西寨节制闸	西寨村北	西寨支渠	0.78	节制	拱涵	1	1.0	1.0	2.0	3/1	轻损	1996
75	东南仁垺节制闸	村西	东南仁垺引水渠	0.78	进水	管涵	1	1.0		2.0	3/1	完好	1996
76	石辛庄闸	村北	石辛庄北渠	0.78	进水	管涵	1	1.0		1.5	3/1	完好	1991
77	石辛庄闸	村南	石辛庄南渠	3.0	节制	拱涵	1	2.0	1.5	2.0	5/1	完好	1996
78	双千南口闸	小千村东	双千渠	5.0	进水	拱涵	1	2.55	2.2	1.5	10/1	损坏	1983
79	双千北口闸	小千村北	双千渠	5.0	节制	拱涵	1	2.55	2.2	1.0	10/1	损坏	1983
81	八支闸	宝芝排干八支口	八支	3	进排	拱涵	1	2	2	1.5	5/1	轻损	1977
82	大苑庄闸	村东	西五支	8	节制	拱涵	2	2.5	2	−2	10/2	损坏	1975
83	左家铺闸	村西	冯排三支渠	1	节制	涵管	1	1.2	1.2	0	1/1	损坏	1991
84	艾家口闸	村南	冯排二支渠	5	节制	涵管	1	2	2			完好	2010
85	王善庄涵洞	村西	李排二支	1	排水	涵管	1	1.8	1.8	0		完好	1997
86	左家铺涵洞	村西	冯排三支	1	排水	涵管	1	2	2	0		完好	1977
87	一支闸	一支终点	冯排一支	5	排水	开敞	1	2.3	2	−1	5/1	完好	1973

续表

序号	名称	坐落地点	所在渠系	流量/立方米每秒	性质	结构形式	主要结构尺寸			闸底高程/米	启闭机/(吨/台)	完好程度	建成年份
							孔数	孔高/米	孔宽/米				
88	陈庄闸	村东	冯排二支	4	排水	拱涵	1	2	1.8	0	5/1	完好	1979
89	方郑闸	方郑渠西	方郑渠	5	进水	开敞	1	2.1	2	−0.5	2/1	完好	1975
90	方郑二支涵	大高庄	冯排二支	3	排水	涵管	1	1.2		0		完好	1975
91	方郑一支涵洞	老张庄北	方郑渠	3	排水	涵管	1	1.2		0		完好	1975
92	方郑老张涵	老张庄北	冯排一支	1	排水	涵管	1	1		0		完好	1975
93	南里沽涵洞闸	村北	潮右截渗渠	1.0	灌溉	开敞	1	1.2	1.2	−1	3/1	严损	1997
94	董塔闸	村东	潮右截渗渠	1.0	灌溉	涵管	1	1.0	1.0	−1	3/1	严损	1982
95	大唐闸	村北	北涵洞支渠	1.0	灌溉	开敞	1	1.2	1.2	−1	3/1	严损	1976
96	鲫淀闸	村北	南涵洞支渠	1.0	灌溉	开敞	1	1.2	1.2	−1	3/1	严损	1979
97	小陶庄闸	村西	小陶庄涵洞支渠	1.0	灌溉	开敞	1	1.2	1.2	−1	3/1	严损	1979
98	大唐闸	村西	大唐支渠	1.0	灌溉	涵管	1	1.2	1.2	−1	3/1	严损	1971
99	大唐闸	村西	大唐支渠	1.0	灌溉	开敞	1	1.2	1.2	−1	1.5/1	完好	1995
100	东淀闸	村东	南涵洞支渠	1.0	灌溉	开敞	1	1.2	1.2	−1	1/1	严损	1972
101	东淀闸	村南	东淀南渠	1.0	灌溉	开敞	1	1.2	1.2	−0.5	1.5/1	完好	1995
102	东淀闸	村西	零支渠	1.0	灌溉	开敞	1	2	2			完好	2010
103	鲫淀闸	村南	小淘庄涵洞支渠	1.0	灌溉	开敞	1	1.2	1.2	−1	3/1	严损	1979
104	鲫淀闸	村西南	小淘庄涵洞支渠	1.0	灌溉	开敞	1	1.2	1.2	−1	3/1	严损	1979

续表

序号	名称	坐落地点	所在渠系	流量/立方米每秒	性质	结构形式	主要结构尺寸			闸底高程/米	启闭机/(吨/台)	完好程度	建成年份
							孔数	孔高/米	孔宽/米				
105	大张庄闸	村西北	一支渠	1.0	灌溉	开敞	1	1.2	1.2	—1	3/1	严损	1978
106	彭元庄节制闸	村西	彭元支渠	2	灌溉	涵管	1	1.5	1.5	—1.0	3/1	完好	2000
107	彭元庄公路涵	村西	彭元支渠	2	灌溉	涵管	1	1.5	1.5	—1.0	3/1	完好	2000
108	彭元庄节制闸	村西南	彭元支渠	2	灌溉	涵管	1	1.5	1.5	—1.0	3/1	完好	2000
109	宝白路沟支渠涵	靳家庄西北	宝白路支渠	2	灌溉	涵管	1	1.5	1.5	—0.5	3/1	完好	1996
110	潘套闸	村东	一支渠	1.2	节制	涵管	1	1	1	—2.0	1.5/1	良好	1978
111	潘套闸	村北	一支渠	0.8	节制	涵管	1	1	1	—0.5	1/1	良好	1997
112	西杜庄闸	村西	大尔路西沟	0.8	节制	涵管	3	1	1	—0.5	1/1	良好	1997
113	四棵树闸	村东	一支	1.2	灌溉	涵管	1	1.2	1.6	—0.5	1.5/1	良好	1982
114	南河闸	村东南	西王村支渠	5	节制	拱涵	1	2.55	2	0.5	5/1	完好	1999
115	西老口闸	青龙湾河南	青龙湾右截渗渠	1	灌溉	管涵	1	1.2	1.2	1.8	3/1	完好	1998
116	赵家湾闸	村北	赵湾东一支	2	节制	管涵	1	1.5	1.5	0.5	5/1	完好	1996
117	南河闸	村东南	大尔路西沟	1	节制	管涵	1	1.2	1.2	1.5	3/1	完好	1998
118	后坨子闸	村北	大尔路东沟	1	节制	管涵	1	1.2	1.2	1.0	3/1	完好	1996
119	前坨子闸	村东	大尔路东沟	2	节制	管涵	1	1.5	1.5	0.2	5/1	完好	1998
120	八道沽二支闸	村西	八道沽二支	2	节制	管涵	1	1.5	1.5	0.5	5/1	完好	1998
121	小洛沽涵洞	两村台中	四支渠	1.5	排水	涵管	1	1		—0.5		一般	1994

续表

序号	名称	坐落地点	所在渠系	流量/立方米每秒	性质	结构形式	主要结构尺寸			闸底高程/米	启闭机/(吨/台)	完好程度	建成年份
							孔数	孔高/米	孔宽/米				
122	张庄子涵洞	两村台中	四支渠	1.5	排水	涵管	1	1		-0.5		一般	1998
123	于家沽涵洞	村南	五支渠	3	排水	涵管	1	2		-0.5		一般	1990
124	鲁家铺涵洞	村西	五支渠	3	排水	涵管	1	2		-0.5		一般	1990
125	丁字闸	八门城村西	五支渠	30	节制	开敞	5	2	2	-2	15/5	一般	1974
126	羊岗庄东闸	村东	五支渠	15	节制	开敞	6	1.8	1.5	-0.8	18/3	一般	1973
127	王家铺涵洞	村北	六支渠	1.5	排水	管涵	1	1		-1		一般	1991
128	菱角沽节制闸	村东	六支渠	4	节制	开敞	2	3	2	0	4/2	一般	1971
129	小淀八支口涵洞	村西	八支渠	2	排水	管涵	1	1		-0.5	3/1	一般	1987
130	中鄚涵洞	村南	东鄚南支	2	排水	管涵	1	1.2		-1	3/1	良好	1999
131	陈塘庄闸	村东	北三支	2.5	节制	开敞	1	1.2	1.2	-1	3/1	良好	1999
132	东鄚闸	村东南	东鄚南支	3	节制	开敞	1	1.4	1.4	-0.7	3/1	良好	1972
133	北清沟闸	村北	糙淀支渠	3	节制	拱涵	1	2	1.5	-0.5	3/1	轻损	1990
134	石臼闸	村南	二支渠	3	节制	拱涵	1	2	1.5	-0.5	3/1	轻损	1990
135	南史闸	村东	增良渠	2	节制	开敞	1	2	1.5	-1	3/1	轻损	1988
136	前后辛闸	村东	三八渠	3	节制	拱涵	1	1.2	1	-0.5	3/1	轻损	1990
137	牛蹄河闸	村北	牛蹄河渠	3	节制	拱涵	1	2	1.5	-1	3/1	完好	2000
138	白毛闸	村北	白毛庄渠	3	节制	拱涵	1	2	1.5	-1	3/1	完好	2000
139	邢各庄闸	村东北	邢各庄支渠	3	节制	开敞	1	2	1.5	-1	3/1	完好	1994

第四节 自 然 灾 害

宝坻区地处海河流域下游北部地区，地势低洼，有6条一级防洪河道和8条二级河道流经境内，当上游遭遇强降雨形成沥水下泄，行洪河道水位抬高易为本区造成洪水灾害；全区降水具有年际变化大，降水空间分布差异大，分布不均匀等特点，主要降水集中在汛期（6—9月），雨量大而集中，易造成沥涝灾害，行洪期和本地强降雨同时发生概率很大，形成洪水顶托排沥困难，从而加重沥涝灾害损失，而冬春季降水少易成旱灾。因此，春旱夏涝灾害常有发生。

一、洪涝灾害

1991—2010年，宝坻区由于降雨而形成洪涝灾的年份有7年，为1991年、1994年、1996年、2005年、2006年、2007年、2008年。

1991年7月21日，全区普降大雨，袁罗庄乡降雨116.1毫米，欢喜庄乡降雨100毫米，其余各乡镇降雨均在50毫米左右，并伴有短时大风，雨后农田积水面积10156.7公顷，积水深度0.2～0.3米。

1994年7月，上游地区普降大到暴雨，形成洪水下泄。7月13日开始，境内6条一级河道相继出现洪峰，其中青龙湾减河、北京排污河、引泃入潮、武河流量和水位均达到历史最高纪录，行洪量19.59亿立方米，洪水造成部分堤防31.05千米、护岸9处、水闸3座、桥涵1座、管理设施2处、扬水站15座等水利工程和通信设施遭受不同程度损坏，直接经济损失2065.16万元。

1994年，降雨集中出现在7月22日至8月14日，主要降雨过程有6次（7月22—23日、7月29日4—14时、8月2日零时至8月3日6时、8月4日8时至8月5日16时、8月9日15时至10日8时、8月13日5—8时）。期间平均降水600.1毫米，降雨量最大乡镇为新安镇乡，降雨量达729.4毫米；降雨量最小乡镇为大唐庄乡，降雨量为345.7毫米。农田积水面积1486.7公顷。

1996年7月28日至8月18日连降大到暴雨，加之一级河道相继行洪，河道水位持高不下，造成本地沥水无法排出。全县农田积水面积达到36800公顷，减产1～2成的有7160公顷，减产3～4成的有7820公顷，减产5～7成的有6567公顷，绝收9086公顷。

1996 年 7 月底至 8 月中旬，由于上游地区连降暴雨及下游泄流不畅等原因，造成境内蓟运河、泃河、潮白新河、北京排污河堤防共出现 23 处险情。截至 9 月 15 日，6 条一级河道上游来水总量为 20.66 亿立方米。造成 18 个乡镇河滩地农作物被淹，受灾总面积 2911 公顷，其中武河 1069 公顷、蓟运河 450 公顷、潮白新河 1112 公顷、青龙湾减河 227 公顷、北京排污河 53 公顷。

2005 年汛期局部降雨偏多，有 17 个乡镇 4100 公顷农田积水。

2006 年汛期，宝坻区多次出现暴雨、特大暴雨，且降雨比较集中，6—9 月降水量 400 毫米以上的乡镇 9 个，300 毫米以上的乡镇 16 个，致大部分河渠水位偏高，农田受托，局部农田积水。

2007 年 1—6 月连续降雨，全区平均降雨量 61.5 毫米，最大降雨量为 72.7 毫米，是宝坻区 50 年来同期降雨量最大一次，致使农田出现积水、河渠水位偏高，农田托地。汛期宝坻区出现暴雨、特大暴雨，部分地区出现农田积水现象。

2008 年汛期，暴雨和局部暴雨天气过程有 3 次，6 月 27 日至 7 月 4 日降雨频繁，降雨量达到 103.1 毫米，致使新安镇、口东镇、大白庄镇、郝各庄镇 4 个多镇农田出现积水，7 月 14—15 日，全区普降暴雨，降雨量 44.3 毫米，造成大唐庄镇、大白镇、尔王庄乡 3 个乡镇农田积水。8 月 10—12 日，全区平均降雨 73.1 毫米。

二、旱灾

旱灾是宝坻区主要自然灾害之一，进入 20 世纪 90 年代，旱灾呈现频发和多年连发的趋势。

旱灾按其发生的时段可分为春旱、初夏旱、伏秋旱三种。其标准为：以 3—5 月降雨量小于 88 毫米为春旱；以雨季开始（5 月中旬降雨量大于 20 毫米，降雨过程的第一天称雨季开始日）延至 6 月 25 日基本无雨为初夏旱；以 8 月降雨量小于 110 毫米或 8 月降雨量在 110～200 毫米之间且 9 月上旬降水量又小于 50 毫米为伏秋旱。据此推算，宝坻区 1991—2010 年 20 年间春旱的成灾年份有 17 个，伏秋旱的成灾年份有 16 个。

春旱比较严重的年份有 5 次，分别为：1992 年、1993 年、1996 年、2001 年、2010 年，其中 1992 年 3—5 月降水量为 39.7 毫米，比多年同期降水平均值少 22.48 毫米，减少 37%；1993 年 3—5 月降水量为 15.7 毫米，比多年同期降水平均值少 45.78 毫米，减少 74.5%；1996 年 3—5 月降水量为 14.7 毫米，比多年同期降水平均值少 46.78 毫米，减少 76.1%；2001 年 3—5 月降水量为 10.3 毫米，比多年同期降水平均值少 51.18 毫米，减少 83.2%；2010 年 3—5 月降水量为 35.5 毫米，比多年同期降水平均值少 25.98 毫米，减少 42.26%。

伏秋旱比较严重的年份共 7 次，分别为：1991 年、1993 年、1997 年、1999 年、2001 年、2002 年、2007 年，其中 1991 年 8—9 月降水量为 118.3 毫米，比多年同期降水平均值少 88.4 毫米，减少 42.8%；1993 年 8—9 月降水量为 100.5 毫米，比多年同期降水平均值少 106.24 毫米，减少 51.4%；1997 年 8—9 月降水量为 107.4 毫米，比多年同期降水平均值少 99.34 毫米，减少 48.1%；1999 年 8—9 月降水量为 104.5 毫米，比多年同期降水平均值少 102.24 毫米，减少 49.5%；2001 年 8—9 月降水量为 66 毫米，比多年同期降水平均值少 140.7 毫米，减少 68.1%；2002 年 8—9 月降水量为 60.6 毫米，比多年同期降水平均值减少 146.1 毫米，减少 70.7%，为 1991—2008 年 8—9 月降水量最少的一年；2007 年 8—9 月降水量为 119.2 毫米，比多年同期降水平均值少 87.54 毫米，减少 42.34%。

1991—2010 年，宝坻区较严重的旱灾共发生 8 次，分别是：

1992 年，是天津市有旱情记载 103 年以来第二个大旱年，1—5 月全县平均降雨量 39.7 毫米，比大旱的 1972 年同期还少 0.8 毫米，河渠干枯，地下水位下降，大部农田失墒欠墒。

1993 年，是中华人民共和国成立以来的特大干旱年，1—4 月全县平均降雨量 16.3 毫米，比 1972 年同期减少 35%，全县受灾面积 8513 公顷，成灾面积 5393 公顷。

1997 年，全县平均降水量 397.7 毫米，其中 6—9 月平均降水量为 286.4 毫米，分别比多年平均值减少 21.58%和 41.04%，给全县工农业生产带来很大困难。

1999 年，全县平均降水量 329.5 毫米，6—9 月平均降水量为 198.7 毫米，分别比多年平均值减少 32.96%和 59.09%，全县受灾面积 33333 公顷，成灾面积 7047 公顷。

2000 年，全县平均降水量 360.2 毫米，6—9 月平均降水量 248.1 毫米，分别比多年平值减少 39.28%和 48.92%，全县农作物减产或绝收成灾面积 36520 公顷，其中粮作物 27140 公顷，全年粮食总产量 2.76 亿千克，比 1999 年减产 2.53 亿千克，其中秋粮减产 2.49 亿千克。

2001 年，全区 1—5 月平均降水量 24.7 毫米，比大旱的 1972 年同期减少 39%，由于严重干旱，农作物大面积受灾，全区农作物受灾面积 8913.33 公顷，成灾面积 4373.33 公顷，有 329 个村 20.45 万人生活用水困难。

2002 年严重干旱，5 月底统计资料显示，全区农作物欠墒面积达 28200 公顷，失墒面积达 5000 公顷，旱灾面积达 2627 公顷。

2003 年入春后，降雨持续偏少，6—9 月全区平均降水量 227.7 毫米，仅相当于多年同期平均值的 46.88%，其中 6 月平均降雨 56.4 毫米，7 月平均降雨 68 毫米，全区 1—9 月平均累计降水 303.7 毫米，相当于多年平均值的 53.7%，比干旱年 2002 年同期减少 113.3 毫米。

第二章

水资源

宝坻区水资源属严重短缺地区，城镇及农村生活和工农业用水主要源于地表水（自产水、入境水、外调水）和地下水两部分。多年来，本地区由于没有较稳定的固定水源地，自蓄能力较弱，地表水难以满足用水需求，故大量开采地下水来补充用水需求，使地下水超采严重。宝坻区在管理上严格执行取水许可管理、控制地下水开采及节约用水等制度的同时，采取河渠拦蓄、坑塘储水工程配套等雨洪资源开发利用和节水灌溉防渗渠道改造及推广普及节水型用水器具等措施，使有限的水资源更好地发挥最大效益。截至2010年，全区基本满足了生活、工农业生产和水生态环境用水，为宝坻区经济发展和社会文明提供了水务支撑。

第一节 水资源概况

宝坻区水资源主要为地表水和地下水。地表水主要为自产水、入境水和外调水。地下水主要为全淡水及微咸水，可开采总量为23816.23万立方米每年。

一、地表水

（一）自产水

宝坻区地处中国东北部的北温带半湿润季风区，属大陆性气候，四季分明，冷暖干湿差异明显，春季干旱多风，夏季高温多雨，秋季降温较快，冬季寒冷少雪。

1. 降水四季分布不均

根据宝坻气象站1950—2010年气象资料分析，年内各季节之间降水分布极不均匀，季节性差异明显。1950—2010年多年平均降水量为593.26毫米，夏季6—8月降水量为437.35毫米，占全年降水量的73.71%，而冬季12月至次年2月降水量为10.59毫米，占全年降水量的1.79%，春季3—5月降水量为61.48毫米，占全年降水量的10.36%，秋季9—11月降水量为83.76毫米，占全年降水量的14.12%。

2. 降水年际变化大

宝坻区1950—2010年气象资料显示，61年间，丰水年出现在1954年，全年降水量为995.9毫米，比多年平均降水量多402.64毫米；枯水年出现在1999年，全年降水量为 329.5 毫米，比多年平均降水量少 263.76 毫米。丰水年与枯水年相差 666.4 毫米。

3. 降水量每 10 年段平均走势

通过对宝坻区 1951—2010 年气象资料每 10 年段的计算得出：1951—1960 年，10 年平均降水量为 673.4 毫米；1961—1970 年，10 年平均降水量为 589 毫米；1971—1980 年，10 年平均降水量为 652.3 毫米；1981—1990 年，10 年平均降水量为 617 毫米；1991—2000 年，10 年平均降水量为 541.6 毫米；2001—2010 年，10 年平均降水量为 472.71 毫米。每 10 年段平均降水量呈下降趋势。

4. 年降水量超过 800 毫米与少于 400 毫米统计

1991—2010 年，年降水量超过 800 毫米的年份出现 1 次，即 1996 年，降水量为 803.4 毫米。年降水量小于 400 毫米的年份出现 5 次，分别是：1993 年，降水量为 397.8 毫米；1997 年，降水量为 397.9 毫米；1999 年，降水量为 329.5 毫米；2000 年，降水量为 360.2 毫米；2002 年，降水量为 363.3 毫米。

1950—2010 年宝坻区气象站历年降水统计表和 1991—2010 年宝坻区分月降水量统计表见表 2-1-9 和表 2-1-10。

表 2-1-9 **1950—2010 年宝坻区气象站历年降水统计表** 单位：毫米

年份	年降水量	汛期				一年四季			
		6—9 月	6—7 月	7—8 月	8—9 月	12 月至次年 2 月	3—5 月	6—8 月	9—11 月
1950	758.6	610.5	328.2	512.0	282.3	6.6	107.3	604.3	40.4
1951	434.2	283.7	153.5	188.4	130.2	15.8	64.9	260.5	93.0
1952	350.3	291.7	183.1	202.5	108.6	10.0	34.4	249.3	56.6
1953	704.9	608.9	252.5	445.9	356.4	11.4	77.6	540.8	75.1
1954	995.9	853.9	534.1	439.7	319.8	16.7	55.4	742.8	181.0
1955	829.0	636.5	191.6	489.3	444.9	7.4	124.8	515.0	181.8
1956	766.3	599.4	251.9	447.1	347.5	23.3	85.6	575.0	82.4
1957	527.2	454.9	258.1	298.3	196.8	12.5	56.6	413.9	44.2
1958	849.0	759.1	648.7	669.3	110.4	13.4	57.4	700.3	77.9
1959	824.8	705.9	432.7	593.7	273.2	12.5	37.5	643.0	131.8
1960	451.9	401.8	177.1	290.1	224.7	2.2	20.0	324.1	105.6
1961	587.2	545.9	267.8	397.9	278.1	8.3	14.3	438.5	126.1
1962	692.2	608.6	551.0	470.8	57.6	22.4	52.6	595.8	21.4
1963	362.8	269.9	149.6	245.7	120.1	2.4	69.6	259.6	31.2

续表

年份	年降水量	汛期				一年四季			
		6—9月	6—7月	7—8月	8—9月	12月至次年2月	3—5月	6—8月	9—11月
1964	873.6	679.4	235.8	494.7	443.6	8.1	124.1	571.5	169.9
1965	390.6	341.2	165.7	289.5	175.5	4.7	24.6	322.3	39.0
1966	577.6	489.5	288.8	381.6	200.7	7.9	49.9	488.2	31.6
1967	753.4	620.6	227.5	572.1	393.1	5.7	89.3	609.3	49.1
1968	373.0	278.5	132.4	209.4	146.1	5.6	28.6	247.6	91.2
1969	714.3	614.8	276.7	473.8	338.1	2.1	60.2	543.9	108.1
1970	565.7	433.1	243.1	363.3	190.0	10.8	102.6	399.7	52.6
1971	508.1	438.0	320.4	274.4	117.6	3.2	47.4	390.8	66.7
1972	364.8	287.6	158.1	183.5	129.5	13.1	27.5	205.0	119.2
1973	949.7	839.9	414.5	607.1	425.4	23.6	45.4	787.9	92.8
1974	551.1	454.7	353.6	390.9	101.1	13.2	65.3	419.5	53.1
1975	380.9	348.1	294.1	264.2	54.0	0.2	33.5	336.6	10.6
1976	598.4	541.9	285.6	395.9	265.3	8.1	12.0	505.6	72.7
1977	851.7	655.8	530.4	409.1	125.4	15.4	72.8	643.8	119.7
1978	953.9	868.7	552.0	744.6	316.3	11.2	48.0	810.7	84.0
1979	783.1	617.7	459.3	398.7	158.4	38.2	115.6	607.4	21.9
1980	581.6	455.2	251.0	189.0	204.2	15.0	65.9	384.1	116.6
1981	358.6	273.7	169.4	231.5	104.3	25.3	42.0	253.8	37.5
1982	621.1	548.2	394.3	375.4	153.9	7.4	32.7	521.1	59.9
1983	365.6	240.7	105.9	198.4	134.8	0.5	103.6	216.7	44.8
1984	614.9	537.9	169.9	446.6	368.0	14.9	54.3	510.0	35.7
1985	782.5	659.1	317.4	550.7	341.7	12.2	71.6	590.2	108.5
1986	722.3	655.0	482.6	373.6	172.4	8.6	38.4	585.5	89.8
1987	779.9	593.4	219.9	421.6	373.5	14.7	138.1	510.9	116.2
1988	852.4	773.3	411.1	693.3	362.2	4.1	41.3	734.1	72.9
1989	437.9	360.0	204.6	199.4	155.4	7.0	42.0	259.6	129.3
1990	634.5	421.1	280.7	286.4	140.4	30.3	174.2	367.4	62.6
1991	580.9	463.4	345.1	266.1	118.3	7.6	93.0	395.3	85.0
1992	430.2	306.4	171.9	208.1	134.5	0.7	39.0	276.5	114.0

续表

年份	年降水量	汛期				一年四季			
		6—9 月	6—7 月	7—8 月	8—9 月	12 月至次年 2 月	3—5 月	6—8 月	9—11 月
1993	397.8	327.6	227.1	254.5	100.5	3.6	15.7	293.2	85.3
1994	626.6	565.3	375.9	487.4	189.4	5.2	43.1	528.1	50.2
1995	722.0	679.2	371.6	525.7	257.6	2.7	51.9	600.1	67.3
1996	803.4	732.7	308.4	611.8	424.3	2.4	14.7	661.4	124.9
1997	397.9	286.4	179.0	205.3	107.4	21.3	50.1	254.6	71.9
1998	717.7	531.7	365.5	354.9	166.2	10.5	120.0	527.6	59.6
1999	329.5	198.7	94.2	81.9	104.5	0.5	84.2	110.9	133.9
2000	360.2	248.1	33.6	210.6	214.5	12.3	59.4	216.4	72.1
2001	502.8	392.3	326.3	191.5	66.0	18.3	10.3	375.7	98.5
2002	363.3	258.0	197.4	147.3	60.6	4.2	47.3	227.7	84.1
2003	411.1	227.7	79.3	116.6	148.4	10.7	65.3	174.8	160.3
2004	528.9	436.6	236.1	202.8	200.5	8.1	61.9	323.6	135.3
2005	412.8	344.1	191.7	230.6	152.4	9.2	58.6	323.4	21.6
2006	455.4	371.9	202.4	289.0	169.5	8.4	52.5	368.9	25.6
2007	449.8	282.3	163.1	201.9	119.2	2.5	102.3	237.7	107.3
2008	543.9	421.1	256.1	230.0	165.0	10.0	79.9	345.3	108.7
2009	562.9	478.4	295.7	324.3	182.7	16.7	56.7	406	83.5
2010	495.2	419.4	231	279	188.4	10.1	35.5	360.3	89.3
平均	592.61	485.72	278.30	349.27	206.74	10.50	61.48	437.30	83.33

表 2-1-10 **1991—2010 年宝坻区分月降水统计表** 单位：毫米

年份	1月	2月	3月	4月	5月	6月	7月	8月	9月	10月	11月	12月	合计
1991	0	0	17.3	31.4	44.3	129.2	215.9	50.2	68.1	12.6	4.3	7.6	580.9
1992	0.7	0	1.3	3.6	34.1	68.4	103.5	104.6	29.9	70.6	13.5	0	430.2
1993	1.8	1.5	0	13.0	2.7	38.7	188.4	66.1	34.4	2.6	48.3	0.3	397.8
1994	0	2.0	0.6	2.3	40.2	40.7	335.2	152.2	37.2	3.0	10.0	3.2	626.6
1995	0	2.7	0.6	5.7	45.6	74.4	297.2	228.5	29.1	38.1	0.1	0	722.0
1996	0.8	0	0	3.9	10.8	49.6	258.8	353.0	71.3	50.0	3.6	1.6	803.4
1997	7.6	1.3	6.8	7.3	36.0	49.3	129.7	75.6	31.8	27.8	12.3	12.4	397.9

续表

年份	1月	2月	3月	4月	5月	6月	7月	8月	9月	10月	11月	12月	合计
1998	0.2	10.1	4.6	42.3	73.1	172.7	192.8	162.1	4.1	52.4	3.1	0.2	717.7
1999	0	0	10.5	45.8	27.9	29.0	65.2	16.7	87.8	16.3	29.8	0.5	329.5
2000	11.8	0	7.2	10.2	42.0	5.8	27.8	182.8	31.7	36.3	4.1	0.5	360.2
2001	13.5	0.9	0	3.6	6.7	184.2	142.1	49.4	16.6	63.2	18.7	3.9	502.8
2002	0	0	4.5	21.8	21.0	80.4	117.0	30.3	30.3	52.4	1.4	4.2	363.3
2003	8.4	2.3	23.1	9.1	33.1	58.2	21.1	95.5	52.9	76.6	30.8	0	411.1
2004	0	8.1	1.9	20.7	39.3	120.8	115.3	87.5	113.0	11.3	11.0	0	528.9
2005	0	8.3	0	7.1	51.5	92.8	98.9	131.7	20.7	0.3	0.6	0.9	412.8
2006	0	7.0	1.3	1.1	50.1	79.9	122.5	166.5	3.0	17.5	5.1	1.4	455.4
2007	0	0	44.1	1.2	57.0	35.8	127.3	74.6	44.6	62.7	0	2.5	449.8
2008	0	0	4.4	47.2	28.3	115.3	140.8	89.2	75.8	32.9	0	10.0	543.9
2009	0	16.7	10.0	36.7	10.0	81.7	214.0	110.3	72.4	3.7	7.4	0	562.9
2010	7.1	2.3	8.0	11.6	15.9	81.3	149.7	129.3	59.1	30.2	0	0.7	495.2

5. 自产水资源

宝坻区土地总面积为150900公顷，耕地面积76133公顷，耕地面积占全区总面积的50.45%，由于降水年内分配不均，降水比较集中，夏季6—8月年平均降水量为437.35毫米，占全年降水量的73.75%。降水不能完全被利用，根据1991—2010年农田排水统计资料显示，20年间，汛期6—9月平均自产水量为1.31亿立方米。

宝坻区自产水资源即为本区降雨产生的径流量。分析1950—2000年降水系列资料，经频率计算，不同频率降水量年径流总量分别是：25%频率（丰水年）为1.66亿立方米、50%频率（平水年）为1.08亿立方米、75%频率（枯水年）为0.73亿立方米。

（二）出入境水

宝坻区入境水资源主要来源于泃河、潮白新河、蓟运河、青龙湾减河、引泃入潮及北京排污河6条一级河道。

1991—2010年6—9月，年平均入境水总量125.87亿立方米，其中潮白新河平均入境水总量28.23亿立方米；青龙湾减河平均入境水总量56.11亿立方米；引泃入潮平均入境水总量11.83亿立方米；泃河上游洪水下泄量由两个途径进入宝坻区，一是由引泃入潮下泄至潮白新河，水量统计在引泃入潮（三河站），二是提开辛撞闸泃河来水入蓟运河，水量统计在蓟运河（九王庄站）；蓟运河平均入境水总量18.33亿立方米；北京排污河平均入境水总量11.37亿立方米。入境水总量最多的年份为1996年，入境水总量

35.6740 亿立方米，入境水总量最少的年份为 2001 年，入境水总量 0.9539 亿立方米。

1991—1996 年统计资料显示，出境水量是指潮白新河、青龙湾减河在南里自沽村东北汇入潮白新河，以及由里自沽蓄水闸下泄的水量。出境总水量为 430585 万立方米，年平均出境水量为 71642 万立方米。

1991—2010 年宝坻区汛期（6—9 月）各河系来水总量见表 2-1-11。

表 2-1-11 **1991—2010 年宝坻区汛期（6—9 月）各河系来水总量表**

单位：万立方米

年份	潮白新河	青龙湾减河	引泃入潮	蓟运河	北京排污河	小计
1991	11180.33	39222.14	14214.52	17238.53	4382.99	86238.51
1992	2852.23	13249.44	3543.52	7443.88	1753.14	28842.21
1993	0	19266.34	3974.75	1414.20	2172.96	26828.25
1994	42064.70	61064.93	43964.64	43791.84	45716.14	236602.25
1995	19615.65	70902.43	16498.68	31408.65	7432.13	145857.54
1996	26484.71	165637.44	34179.06	58598.21	13242.79	298142.21
1997	19357.06	30194.21	1960.59	2353.54	2054.42	55919.82
1998	36986.11	64497.60	0	16075.75	1646.01	119205.47
1999	4526.06	17864.32	0	0	1196.47	23586.85
2000	6204.64	3701.46	0	0	2507.93	12414.03
2001	1731.97	4352.57	0	0	3454.36	9538.90
2002	6783.87	3139.60	0	0	4446.58	14370.05
2003	8934.88	7580.74	0	0	878.96	17394.58
2004	14126.50	10851.80	0	0	1891.70	26870.00
2005	13538.20	13318.60	0	0	937.50	27794.30
2006	19842.60	5302.40	0	776.20	4774.80	30696.00
2007	13953.60	627.60	0	661.40	535.99	15778.59
2008	13038.90	14242.40	0	2448.20	2788.30	32517.80
2009	11158.40	9142.84	0	470.52	8542.80	29314.56
2010	9915.10	6893.00	0	570.20	3367.60	20745.90
合计	282295.50	561051.86	118335.76	183251.12	113723.57	1258657.81

（三）外调水

由于地表水蓄水能力不足，自产水和入境水资源不能完全拦蓄利用，宝坻区每年需从上游外调水资源作为补充，这些水资源对缓解全区旱情起到了很大作用。引调水资源量取决于上游地区的实际情况。

1991—2010年，宝坻区外调水总量为42.60844亿立方米，平均年外调水量为2.13亿立方米。

外调水资源量一般在1.0亿～3.56亿立方米变化，外调水资源量最多的年份为1998年，当年外调水资源量为3.56亿立方米，外调水资源量最少的年份为1993年，当年外调水资源量为9972.2万立方米。

1991—2010年外调水资源情况见表2-1-12。

表2-1-12　**1991—2010年外调水资源情况表**　单位：万立方米

年份	1月	2月	3月	4月	5月	10月	11月	12月	小计
1991	5972.8	2878.8	294.6	194.4	275.9	7622.7	2094.3	474.1	19807.6
1992	4644.4	4337.6	428.5	0	0	2616.8	1013.5	2474.8	15515.6
1993	4981.8	1630.5	0	0	0	0	1249.3	2110.6	9972.2
1994	5196.1	2443.4	0	0	889.2	3278.4	0	6267.5	18074.6
1995	9047.6	3969.9	670.9	0	1459.7	0	6124.9	4403.3	25676.3
1996	7598.6	5731.1	393.7	0	377.7	0	9040.9	8238.8	31380.8
1997	9829.7	6377	1475.8	1148.3	4089.9	1609.7	1008.3	5946	31484.7
1998	9053	2663.5	66.2	585.8	7105.8	3530.1	5036.3	7526.3	35567
1999	4711.3	5714.2	206.2	860.5	3374.8	4328.3	1472.3	9286.8	29954.4
2000	8706.7	6207.7	1167.8	457.2	786.1	118.4	82.2	4639	22165.1
2001	4982.9	2596	968.5	521	200.6	4285.4	1770.3	3749.8	19074.5
2002	3749.8	2903	259.8	0	7.2	873.2	878.7	3106.9	11778.6
2003	5008.6	3217.5	3564.2	274.8	4158.5	2484.8	1881.5	4017.6	24607.5
2004	4874.7	4458.2	1076.7	494.2	0	4606.9	909.9	1928.5	18349.1
2005	6893.1	5530.1	4285.8	313.3	4433.3	2448.1	1070.5	4679.2	29653.4
2006	2732	3048.2	1735.6	0	3133.7	1191.9	772.6	2785.5	15399.5
2007	3642.6	3048.2	3696.2	728.4	1566.9	5044.1	0	2067.7	19794.1
2008	2892.7	2296.5	2265.9	834.6	2533.8	899.2	275.4	2812.3	14810.4
2009	2892.7	938.6	2174.8	1726.3	1430.3	1221.4	760	1177.8	12321.9
2010	3294.4	2799.4	2571.3	38.9	3321.2	5276.4	3395.5	0	20697.1
合计	110705.5	72789.4	27302.5	8177.7	39144.6	51435.8	38836.4	77692.5	426084.4

（四）地表水水质

河流主要污染源来自农业及乡镇企业，据2010年环保部门监测显示，主要污染物为氨氮、非离子氨、氯化物、总砷、挥发酚、高锰酸盐指数和生化需氧量。

宝坻区主要河流水质状况见表2-1-13。

表2-1-13 宝坻区主要河流水质状况表

统计项目	执行标准	悬浮物	总硬度	氯化物	氟化物	高锰酸盐指数	生化需氧量	氨氮	非离子氨	石油类	挥发酚	总砷	总汞	实际水质类别
泃河	Ⅳ	Ⅳ	Ⅳ	Ⅳ	Ⅲ	Ⅳ	Ⅳ	>Ⅴ	Ⅴ	—	Ⅲ	Ⅲ	Ⅲ	>Ⅴ
引泃入潮	Ⅳ	Ⅳ	Ⅳ	Ⅳ	Ⅲ	Ⅴ	Ⅴ	>Ⅴ	>Ⅴ	Ⅳ	Ⅲ	Ⅲ	Ⅲ	>Ⅴ
蓟运河	Ⅳ	Ⅳ	Ⅳ	>Ⅴ	Ⅳ	>Ⅴ	>Ⅴ	>Ⅴ	>Ⅴ	Ⅳ	Ⅴ	Ⅲ	>Ⅴ	>Ⅴ
潮白新河	Ⅳ	Ⅳ	Ⅳ	Ⅳ	Ⅲ	Ⅴ	Ⅴ	>Ⅴ	>Ⅴ	Ⅳ	Ⅲ	Ⅳ	Ⅲ	>Ⅴ
青龙湾减河	Ⅴ	Ⅴ	Ⅴ	Ⅴ	Ⅲ	>Ⅴ	>Ⅴ	>Ⅴ	>Ⅴ	Ⅳ	Ⅴ	Ⅲ	Ⅲ	>Ⅴ
北京排污河	Ⅴ	Ⅴ	Ⅴ	>Ⅴ	Ⅲ	>Ⅴ	>Ⅴ	>Ⅴ	>Ⅴ	Ⅴ	Ⅳ	Ⅲ	Ⅲ	>Ⅴ

二、地下水

（一）地下水储量的地区差异

根据1999年天津市环境地质研究所和天津市宝坻县水利局编写的《天津市宝坻县地下水资源开发区划报告》显示：宝坻区全淡水区地下水可开采量为13122.36万立方米每年；有咸水分布区深层水可开采量为2751.71万立方米每年；有咸水分布区浅层水可开采量为9941.49万立方米每年。其中有咸水分布区浅层水矿化度小于2克每升区可开采规模数为9.956万立方米每年，可开采量为4534.02万立方米每年；矿化度在2～3克每升区可开采规模数为15.7645万立方米每年，可开采量为3399.14万立方米每年；矿化度在3～5克每升区可开采规模数为11.853万立方米每年，可开采量为1999.33万立方米每年；全区淡水及微咸水每年可开采总量为23816.23万立方米。

（二）地下水水质分析

2004年6月，天津市水文中心对全市地下水做了水化学特征分析，其中宝坻区地下水化学特征见表2-1-14。

2005年8—9月，天津市环境监测中心对宝坻区现有开采机井，按乡镇、村分组选取99个水样进行检测分析，其中Ⅰ组水样统计样本48个，涉及16个乡镇，统计结果为：Ⅳ类水占31.25%，Ⅴ类水占68.75%，没有发现Ⅲ类水；Ⅱ组水样统计样本66个，涉及22个乡镇，统计结果为Ⅳ类水占47.82%，Ⅴ类水占43.48%，Ⅲ类水占

8.7%；Ⅲ组水样统计样本5个，涉及5个乡镇，统计结果为Ⅳ类水占60%，Ⅴ类水占20%，Ⅲ类水占20%，具体情况见表2-1-15。

表2-1-14　**宝坻区地下水化学特征表**

地下水类型	水化学类型	主要分布区
浅层地下水	重碳酸-钠	宝坻区西部
	重碳酸硫酸-钠钙镁	宝坻区中部
深层地下水	重碳酸-钠	宝坻区大部
	重碳酸硫酸-钠钙	宝坻区中部、宝坻区西北
	重碳酸氯化物-钠	宝坻东北部

表2-1-15　**宝坻区地下水水质类别分布**

项　目	Ⅰ组	Ⅱ组	Ⅲ组
统计样本/个	48	66	5
乡镇/个	16	22	5
Ⅴ类比例/%	68.75	43.48	20
Ⅳ类比例/%	31.25	47.82	60
Ⅲ类比例/%		8.7	20

不同组别水质情况分析为：根据2005年8—9月丰水期水质取样化验结果，分别对宝坻区地下水中不同含水层组各种超标物质含量的区间值、均值、检出率、超标率、最大超标倍数等参数进行统计，其中超标率以地下水分类标准（GB/T 14848—1993）中Ⅲ类水指标值为准进行计算，最大超标倍数等于实测值减去地下水分类标准中Ⅲ类水指标值除以地下水分类标准中Ⅲ类水指标值。Ⅰ组、Ⅱ组、Ⅲ组地下水水质统计见表2-1-16～表2-1-18。

1. Ⅰ组水质现状

Ⅰ组取水样48个，涉及16个乡镇，占宝坻区乡镇总数的73%，大都分布在宝坻北部地区，所取水样化验结果仅符合地下水质量Ⅴ类、Ⅳ类水标准，其中大部分地区为Ⅴ类水，主要分布在史各庄镇、城关镇、霍各庄镇、高家庄镇、口东镇、新开口镇、马家店镇、新安镇、方家庄镇、林亭口镇、大钟庄镇、郝各庄镇、大口屯镇，计13个乡镇；Ⅳ类水分布面积较小，主要分布在史各庄镇、牛道口镇、口东镇、马家店镇、方家庄镇、王卜庄镇、八门城镇等局部地区。常见的超标物有大肠菌群数、氨氮、亚硝酸盐氮、铁、锰、氧化物、硝酸盐氮、总硬度、硫酸盐、氟化物等。

2. Ⅱ组水质现状

Ⅱ组取水样46个，涉及22个乡镇，占乡镇总数的100%，所取水样化验结果仅符

表 2-1-16 Ⅰ组地下水水质统计表

项数	乡镇/个	统计样本/个	类别	统计项目	最小值/毫克每升	最大值/毫克每升	平均值/毫克每升	检出率/%	超标率/%	最大超标倍数
1	7	15	Ⅳ	锰	0.09	0.7	0.23	100	80.0	6.0
2				铁	0.04	1.14	0.47	100	53.3	2.8
3				氨氮	0.12	0.49	0.23	100	33.3	1.5
4				氟化物	0.28	1.82	0.99	100	33	0.8
5				总硬度	91.3	510	269.62	100	13.3	0.1
6				溶解性总固体	360	1060	700.00	100	13.3	0.1
7				细菌总数	1	590	130.07	100	20.0	4.9
8				硫酸盐	11.7	340	87.16	100	13.3	0.4
9				亚硝酸盐氮	0.0015	0.032	0.01	100	6.7	0.6
10				硝酸盐氮	0.001	2.61	1.05	100	0.0	
11				高锰酸盐指数	0.4	1.6	0.97	100	0.0	
12				大肠菌群数	1.5	70	33.45	100	73.3	22.3
13				氯化物	13.2	167	58.63	100	0	
14				pH 值	7.7	8.5	8.18	100		

续表

项数	乡镇/个	统计样本/个	类别	统计项目	最小值/毫克每升	最大值/毫克每升	平均值/毫克每升	检出率/%	超标率/%	最大超标倍数
1	13	33	V	锰	0.04	1.1	0.38	100	90.9	10.0
2				铁	0.04	13.3	1.40	100	69.7	43.3
3				氨氮	0.11	2.18	0.43	100	63.6	9.9
4				氟化物	0.38	3.8	1.35	100	63.6	2.8
5				总硬度	114	2230	632.46	100	63.6	4.0
6				溶解性总固体	398	5440	1530.85	100	63.6	4.4
7				细菌总数	1	550	110.03	100	37.9	4.5
8				硫酸盐	0.68	1670	308.89	100	39.4	5.7
9				亚硝酸盐氮	0.0015	0.202	0.03	100	21.2	9.1
10				硝酸盐氮	0.001	168	24.15	100	21.2	7.4
11				高锰酸盐指数	0.7	3.8	1.46	100	3.0	0.3
12				大肠菌群数	1.5	230	88.5	100	82.8	75.7
13				氯化物	8.46	1700	208.47	100	21.2	5.8
14				pH 值	7.4	8.5	7.99	100		

注 1. 此表只统计超过《地下水质量标准》(GB/T 14848—1993) Ⅲ类水标准的超标物。

2. 超标倍数是指超过《地下水质量标准》(GB/T 14848—1993) Ⅲ类水标准的倍数。

表 2-1-17 Ⅱ组地下水水质统计表

项数	乡镇/个	统计样本/个	类别	统计项目	最小值/毫克每升	最大值/毫克每升	平均值/毫克每升	检出率/%	超标率/%	最大超标倍数
1	4	4	Ⅲ	锰	0.04	0.07	0.06	100	0	
2				铁	0.13	0.24	0.21	100	0	
3				氨氮	0.12	0.2	0.16	100	0	
4				氟化物	0.37	0.95	0.57	100	0	
5				总硬度	51.5	161	107.15	100	0	
6				溶解性总固体	406	456	431.75	100	0	
7				细菌总数						
8				硫酸盐	0.55	4.44	2.14	100	0	
9				亚硝酸盐氮	0.0015	0.009	0.01	100	0	
10				硝酸盐氮	0.001	0.88	0.88	100	0	
11				高锰酸盐指数	0.6	2.1	1.1	100	0	
12				大肠菌群数						
13				氯化物	3.19	25.4	17.15	100	0	
14				pH 值	8.3	8.4	8.33	100		

续表

项数	乡镇/个	统计样本/个	类别	统计项目	最小值/毫克每升	最大值/毫克每升	平均值/毫克每升	检出率/%	超标率/%	最大超标倍数
1	14	22	Ⅳ	锰	0.015	0.23	0.07	100	9.1	1.3
2				铁	0.04	1.23	0.32	100	31.8	3.1
3				氨氮	0.1	0.43	0.23	100	45.5	1.2
4				氟化物	0.28	1.92	1.01	100	45.5	0.9
5				总硬度	35.6	541	131.83	100	4.5	0.2
6				溶解性总固体	336	1010	531.86	100	4.5	0
7				细菌总数	4	58	19.5	100	0	
8				硫酸盐	0.01	143	27.83	100	0	
9				亚硝酸盐氮	0.0015	0.021	0.01	100	4.5	0.1
10				硝酸盐氮	0.001	21.6	3.92	100	4.5	0.1
11				高锰酸盐指数	0.6	3.5	1.21	100	4.5	0.2
12				大肠菌群数	1.5	92	65	100	75.0	29.7
13				氯化物	2.51	136	34.66	100	0	
14				pH 值	8	8.6	8.37	100		

续表

项数	乡镇/个	统计样本/个	类别	统计项目	最小值/毫克每升	最大值/毫克每升	平均值/毫克每升	检出率/%	超标率/%	最大超标倍数
1	13	20	V	锰	0.015	0.62	0.19	100	60.0	5.2
2				铁	0.04	10.8	1.32	100	65.0	35.0
3				氨氮	0.07	0.99	0.37	100	70.0	4.0
4				氟化物	0.31	3.1	1.73	100	70.0	2.1
5				总硬度	32.3	846	256.55	100	15.0	0.9
6				溶解性总固体	432	2080	943.55	100	40.0	1.1
7				细菌总数	1	56	18	100	0	
8				硫酸盐	4.49	1270	138.75	100	15.0	4.1
9				亚硝酸盐氮	0.0015	0.029	0.013	100	20.0	0.5
10				硝酸盐氮	0.001	22.7	3.60	100	5.0	0.1
11				高锰酸盐指数	0.7	3.7	1.84	100	15.0	0.2
12				大肠菌群数	4	230	100.75	100	100.0	75.7
13				氯化物	3.1	315	113.15	100	5.0	0.3
14				pH 值	7.8	8.5	8.30	100		

注 1. 此表只统计超过《地下水质量标准》(GB/T 14848—1993) Ⅲ类水标准的超标物。

2. 超标倍数是指超过《地下水质量标准》(GB/T 14848—1993) Ⅲ类水标准的倍数。

表 2-1-18 Ⅲ组地下水水质统计表

项数	乡镇/个	统计样本/个	类别	统计项目	最小值/毫克每升	最大值/毫克每升	平均值/毫克每升	检出率/%	超标率/%	最大超标倍数
1	1	1	Ⅲ	锰	0.09	0.09	0.09	100	0	
2				铁	0.18	0.18	0.18	100	0	
3				氨氮	0.19	0.19	0.19	100	0	
4				氟化物	0.36	0.36	0.36	100	0	
5				总硬度	157	157	157	100	0	
6				溶解性总固体	338	338	338	100	0	
7				细菌总数						
8				硫酸盐	0.01			100	0	
9				亚硝酸盐氮	0.0015			100	0	
10				硝酸盐氮	0.001			100	0	
11				高锰酸盐指数	0.6	0.6	0.6	100	0	
12				大肠菌群数						
13				氯化物	2.23	2.23	2.23	100	0	
14				pH 值	7.9	7.9	7.9	100	0	

续表

项数	乡镇/个	统计样本/个	类别	统计项目	最小值/毫克每升	最大值/毫克每升	平均值/毫克每升	检出率/%	超标率/%	最大超标倍数
1	3	3	Ⅳ	锰	0.05	0.09	0.07	100	0	
2				铁	0.33	0.61	0.46	100	100.0	1.0
3				氨氮	0.18	0.48	0.29	100	33.3	1.4
4				氟化物	0.86	1.59	1.11	100	33.3	0.6
5				总硬度	95.7	310	171.57	100	0	
6				溶解性总固体	387	860	631.67	100	0	
7				细菌总数	14	14	14	100	0	
8				硫酸盐	1.71	277	94.17	100	33.3	0.1
9				亚硝酸盐氮	0.002	0.004	0.004	100	0	
10				硝酸盐氮	0.001			100	0	
11				高锰酸盐指数	0.4	3.6	1.63	100	33.3	0.2
12				大肠菌群数	7	7	7	100	100.0	1.3
13				氯化物	11	134	57.8	100	0	
14				pH 值	8	8.4	8.23	100		

续表

项数	乡镇/个	统计样本/个	类别	统计项目	最小值/毫克每升	最大值/毫克每升	平均值/毫克每升	检出率/%	超标率/%	最大超标倍数
1	1	1	V	锰	0.03	0.03	0.03	100	0	
2				铁	0.7	0.7	0.7	100	100.0	1.3
3				氨氮	0.08	0.08	0.08	100	0	
4				氟化物	2.63	2.63	2.63	100	100.0	1.6
5				总硬度	21.1	21.1	21.1	100	0	
6				溶解性总固体	521	521	521	100	0	
7				细菌总数	27	27	27	100	0	
8				硫酸盐	3.46	3.46	3.46	100	0	
9				亚硝酸盐氮	0.0015			100	0	
10				硝酸盐氮	0.001			100	0	
11				高锰酸盐指数	1.9	1.9	1.9	100	0	
12				大肠菌群数	24	24	24	100	100.0	7.0
13				氯化物	21.7	21.7	21.7	100	0	
14				pH 值	8.7	8.7	8.7	100		

注　1. 此表只统计超过《地下水质量标准》（GB/T 14848—1993）Ⅲ类水标准的超标物。

2. 超标倍数是指超过《地下水质量标准》（GB/T 14848—1993）Ⅲ类水标准的倍数。

合地下水质量Ⅴ类、Ⅳ类、Ⅲ类水标准，其中Ⅴ类、Ⅳ类水占大部分面积，Ⅴ类水分布在城关镇、霍各庄镇、高家庄镇、新开口镇、马家店镇、方家庄镇、林亭口镇、王卜庄镇、牛家牌镇、大钟庄镇、郝各庄镇、大口屯镇、大唐庄镇，计13个乡镇；Ⅳ类水分布在史各庄镇、城关镇、霍各庄镇、牛道口镇、口东镇、新安镇、大唐庄镇、黄庄乡、周良庄镇、大白庄镇、尔王庄镇、大钟庄镇、八门城镇、大口屯镇，计14个乡镇。Ⅲ类水分布在局部地区，即林亭口镇、大白庄镇、大钟庄镇、八门城镇的部分地区。常见的超标物为铁、锰、氨氮、氟化物、氯化物、亚硝酸盐氮、硝酸盐氮、高锰酸盐指数、大肠菌群数、总硬度等，大肠菌群数分布面积减小，氟化物超标面积增大。

3. Ⅲ组水质现状

Ⅲ组取水样5个，涉及5个乡镇，占乡镇总数的23%，所取水样化验结果仅符合地下水质量Ⅴ类、Ⅳ类、Ⅲ类标准，因取样井数量少，代表性不强。Ⅳ类水占大部分面积，Ⅲ类、Ⅴ类水分布在局部地区。常见超标物为铁、氟化物、氨氮、大肠菌群数、高锰酸盐指数等，个别地区pH值较高。

（三）地下水水质评价

宝坻区北部大部分地区浅层地下水中均有1～2项成分超标，最多达7项超标，超标成分主要是锰、总硬度、氟和矿化度、氟化物、铁和铝。硝酸盐氮高值区（10毫克每升）主要分布在宝坻西北部，最高值达152.95毫克每升。宝坻南部的浅层地下水的大部分监测点的氨氮、亚硝酸盐和高锰酸盐等组分监测值较高，其中氨氮最高值为30.66毫克每升，亚硝酸盐氮最高值为0.554毫克每升，高锰酸盐最高值66.5毫克每升。宝坻东部和东南部为硝酸盐的高值区（10毫克每升），最高值达138.52毫克每升。

宝坻区西北部的总硬度一般在100～500毫克每升，中南部处于低值区，总硬度一般低于100毫克每升。

第二节 地下水资源管理

宝坻地下水资源管理工作由宝坻地下水资源管理办公室负责，办公室于1988年成立，2009年更名为“天津市宝坻区地下水资源管理中心”，为局属科级事业单位，核定编制50人，截至2010年年底实有人员52人。地下水资源管理经费是区财政按一定的比例，根据地下水资源管理中心的申请，从本区的地下水资源费中列支拨付。宝坻区地下水资源管理中心是宝坻区行使地下水资源管理的职能部门，中心下设一室、两组、一窗口，即：

办公室：负责统计、文件管理、数据上报、机井信息系统管理等。

征费组：负责地下水资源费征收，水政执法，取水许可年审等。

水文工程组：负责地下水动态监测、地下水开发与保护管理、机井施工监理、控沉工作、饮水安全工程、节水及相关的资料整理等。

区行政大厅窗口：负责取水许可审批和机井工程审批。

一、地下水动态管理

宝坻区地下水监测工作始于1973年，主要监测全区范围内地下水水位埋深及地下水水质变化，截至2010年年底，共有地下水位观测点80个，其中国家级水位专用监测井24眼（每1小时自动监测并传输数据1次）；常规观测井56眼，每月将数据传输至天津市水文水资源勘测中心（每5天观测1次）。全区设水质观测井14眼，每年完成水质分析报告2次，共计24个（5月完成14个，10月完成10个），自1980年开始，每年完成《天津市宝坻区地下水监测年鉴》的编写。

2010年宝坻区省级、国家级地下水位监测井基本情况见表2-2-19和表2-2-20。

二、取水许可管理

2004年7月1日，《中华人民共和国行政许可法》出台，2006年1月24日，国务院第123次常务会通过《取水许可和水资源费征收管理条例》，于2006年4月15日起正式施行。1993年8月1日，国务院颁布的《取水许可制度实施办法》同时废止。2004年9月1日，宝坻区水务局作为第一批行政主体，进驻宝坻区行政许可服务中心集中分属办公，负责审批包括取水许可在内的行政审批事项。超出县水务局审批权限的将由上级主管机构审批。

取水许可制度的实施，是为了进一步加强水资源管理，节约用水，促进水资源的管理开发使用。自从实施取水许可制度以来，宝坻区水务局始终坚持取水许可制度和用水审批制度。每年（12月1—31日）对宝坻区境内取用地下水的企事业单位和个人进行取水许可证的年审和次年用水计划审批（未收取工本费和手续费），办证率达到了100%。新办理取水许可手续的单位和个人需提交取水许可必要的材料，即取水申请和天津市水务局统一负责制定的《取水登记表》和《用水计划申请表》，行政许可服务中心负责人按件初审后上报主管领导审核，自收到取水申请材料3个工作日内做出书面处理意见（2007年年初将原来5个工作日缩短到3个工作日），再由中心负责人告知申请人。计划用水审批工作按照申请人申请取水客观分析，作为首次下达用水的指标。批复

表 2-2-19 **2010 年宝坻区省（市）级地下水位监测井基本情况一览表**

序号	统一编号	站号	站名	位置	地理坐标		成井日期	设站日期	井深/米	取水位置/米	含水组别	地面高程/米	基面名称	地下水类型	检测频次
					北纬	东经									
1	30370002	Q2	九王庄	九王庄化纤厂院内	39°45.699′	117°24.193′	1990 年 1 月	1990 年 1 月	20.00	10～19	潜	5.39	大沽	潜水	6 次每月
2	30370004	1	刘辛庄	城关镇刘辛庄村北	39°43.124′	117°16.436′	1983 年 4 月	1988 年 3 月	103.00	3～103	Ⅰ+Ⅱ	5.63	大沽	潜承压	6 次每月
3	30370005	3	东霍各庄	霍各庄镇东霍各庄村东 200 米	39°45.166′	117°23.051′	1974 年 1 月	1975 年 5 月	140.00	0～140	Ⅰ+Ⅱ	4.86	大沽	潜承压	6 次每月
4	30370006	4	肖家疃村	高家庄镇肖家疃村北 200 米	39°45.730′	117°19.500′	1978 年 1 月	1982 年 1 月	75.00	15～75	Ⅰ+Ⅱ	6.04	大沽	潜承压	6 次每月
5	30370007	5	李三元村	高家庄镇李三元村北 1000 米	39°44.885′	117°10.478′	1983 年 12 月	1987 年 7 月	92.00	0～92	Ⅰ+Ⅱ	5.39	大沽	潜承压	6 次每月
6	30370008	6	赵各庄	原赵各庄乡政府院内	39°47.313′	117°11.532′	1978 年 9 月	1978 年 9 月	70.00	0～70	Ⅰ+Ⅱ	7.82	大沽	潜承压	6 次每月
7	30370009	7	焦山寺	牛道口镇谦德咸菜厂	39°46.522′	117°16.577′	1995 年 1 月	1996 年 1 月	80.00	32～80	Ⅰ+Ⅱ		大沽	潜承压	6 次每月
8	30370010	8	史各庄	史各庄镇史各庄村中	39°44.312′	117°12.135′	1973 年 1 月	1975 年 5 月	93.00	0～93	Ⅰ+Ⅱ	7.93	大沽	潜承压	6 次每月
9	30370011	9	牛道口村	牛道口镇服装厂院内	39°47.433′	117°15.321′	1979 年 1 月	1979 年 7 月	90.00	0～90	Ⅰ+Ⅱ	6.11	大沽	潜承压	6 次每月
10	30370012	10	南仁垺村	大口屯镇南仁垺村南 100 米	39°37.538′	117°11.376′	1969 年 11 月	1975 年 3 月	311.00	144～307	Ⅱ+Ⅲ	7.00	大沽	承压	6 次每月
11	30370013	11	马家店	原马家店乡政府院内	39°39.551′	117°16.248′	1984 年 4 月	1984 年 4 月	100.00	48～100	Ⅱ	5.97	大沽	承压	6 次每月
12	30370014	12	新开口村	新开口镇新开口村南 100 米	39°41.190′	117°11.114′	1977 年 1 月	1979 年 4 月	320.00	270～320	Ⅲ	5.79	大沽	承压	6 次每月

续表

序号	统一编号	站号	站名	位置	地理坐标		成井日期	设站日期	井深/米	取水位置/米	含水组别	地面高程/米	基面名称	地下水类型	检测频次
					北纬	东经									
13	30370015	80	王卜庄	王卜庄龙虎庄	39°40.180′	117°25.487′	2006年12月	2007年5月	120.00	40～120	Ⅱ		大沽	承压	6次每月
14	30370016	14	西郝村	郝各庄镇西郝村西南500米	39°37.897′	117°18.608′	1982年11月	1986年1月	85.00	48～85	Ⅱ	4.61	大沽	承压	6次每月
15	30370017	15	吴家牌村	牛家牌乡吴家牌村中	39°52.726′	117°29.434′	1976年9月	1988年1月	249.00	140～245	Ⅱ＋Ⅲ	4.35	大沽	承压	6次每月
16	30370018	16	张塘庄	周良庄镇张塘庄村中	39°32.685′	117°21.989′	1988年1月	1990年1月	180.00	135～180	Ⅱ	3.73	大沽	承压	6次每月
17	30370019	17	大白庄	大白庄镇医院院内	39°26.902′	117°22.988′	1980年1月	1982年1月	250.00	200～250	Ⅲ	3.84	大沽	承压	6次每月
18	30370020	18	尔王庄	尔王庄乡供销社	39°23.825′	117°21.566′	1988年1月	1990年1月	180.00	120～180	Ⅱ	3.83	大沽	承压	6次每月
19	30370021	19	大唐庄	大唐庄镇粮库	39°31.350′	117°29.401′	1987年4月	1996年8月	160.00	100～160	Ⅱ		大沽	承压	6次每月
20	30370022	20	大道口村	城关镇大道口村中	39°44.140′	117°18.700′	1990年1月	1990年10月	82.00	40～78	Ⅰ＋Ⅱ	8.31	大沽	承压	6次每月
21	30370023	21	王木村	黄庄乡王木村南	39°31.643′	117°30.929′	1981年1月	1994年5月	200.00	170～192	Ⅱ	2.47	大沽	承压	6次每月
22	30370025	23	鲫鱼淀村	大唐庄镇鲫鱼淀村西	39°23.201′	117°26.180′	1986年5月	1992年1月	220.00	120～210	Ⅱ	4.13	大沽	承压	6次每月
23	30370026	25	糙甸	原糙甸供销社院内	39°36.664′	117°27.868′	1988年3月	1992年1月	200.00	140～190	Ⅱ	4.37	大沽	承压	6次每月
24	30370027	28	泥窝村	林亭口镇泥窝村中	39°37.031′	117°31.578′	1970年1月	1973年1月	234.00	143～237	Ⅱ＋Ⅲ	2.10	大沽	承压	6次每月
25	30370028	29	八间房村	新安镇八间房村中	39°44.948′	117°31.400′	1989年2月	1995年11月	106.00	8～106	Ⅰ＋Ⅱ		大沽	潜承压	6次每月
26	30370029	30	袁罗村	原袁罗水利站院内	39°37.591′	117°35.673′	1990年1月	1990年1月	180.00	120～180	Ⅱ	3.21	大沽	承压	6次每月
27	30370030	31	刘举村	方家庄镇刘举村南	39°43.646′	117°27.354′	1972年1月	1995年1月	70.00	0～70	Ⅰ＋Ⅱ	6.14	大沽	潜承压	6次每月

续表

序号	统一编号	站号	站名	位置	地理坐标		成井日期	设站日期	井深/米	取水位置/米	含水组别	地面高程/米	基面名称	地下水类型	检测频次
					北纬	东经									
28	30370031	32	东走线村	八门城镇东走线村	39°34.166′	117°39.060′	1977年1月	1988年5月	234.42	203～278	Ⅲ	1.47	大沽	承压	6次每月
29	30370033	34	大卦庄村	大钟庄镇大卦庄村中	39°40.150′	117°35.429′	1971年1月	1973年1月	175.00	111～166	Ⅱ	3.72	大沽	承压	6次每月
30	30370034	35	大苑庄村	新安镇大苑庄村中	39°43.385′	117°32.556′	1972年1月	1975年4月	198.00	40～196	Ⅱ	3.36	大沽	承压	6次每月
31	30370035	36	张会村	方家庄镇张会村中	39°43.483′	117°25.543′	1970年9月	1973年1月	198.00	35～111	Ⅱ	4.69	大沽	承压	6次每月
32	30370036	38	大五登村	郝各庄镇大五登村南	39°35.250′	117°19.444′	1983年1月	1984年7月	200.00	100～200	Ⅱ	3.92	大沽	承压	6次每月
33	30370037	40	大杨庄村	大白庄镇大杨庄村中	39°29.088′	117°24.167′	1987年9月	1992年1月	195.00	120～195	Ⅱ	3.39	大沽	承压	6次每月
34	30370038	41	九王庄	九王庄化纤厂院内	39°45.676′	117°24.220′	1978年1月	1978年5月	147.00	98～140	Ⅱ	5.58	大沽	承压	6次每月
35	30370039	42	八门城	八门城镇津城服装厂院内	39°34.730′	117°36.392′	1978年1月	1988年1月	190.00	153～180	Ⅱ	2.74	大沽	承压	6次每月
36	30370042	45	刘台村	口东镇刘台村西北	39°36.467′	117°23.901′	1979年7月	1975年1月	230.00	75～230	Ⅱ＋Ⅲ	5.24	大沽	承压	6次每月
37	30370043	48	口东村	口东镇口东村南	39°40.741′	117°22.215′	1985年6月	1975年5月	115.00	0～115	Ⅰ＋Ⅱ		大沽	潜承压	6次每月
38	30370045	50	歇马台村	城关镇歇马台村南50米	39°41.697′	117°16.822′	1976年1月	1984年1月	100.00	10～100	Ⅰ＋Ⅱ	5.70	大沽	潜承压	6次每月
39	30370046	52	佟庄子村	新安镇佟庄子村南50米	39°44.765′	117°28.715′	1975年1月	1978年3月	96.00	0～96	Ⅰ＋Ⅱ	4.29	大沽	潜承压	6次每月
40	30370047	53	大赵村	新安镇大赵村北50米	39°44.946′	117°27.061′	1977年3月	1978年9月	90.00	0～90	Ⅰ＋Ⅱ	3.51	大沽	潜承压	6次每月
41	30370048	54	大高村	新安镇大高村南200米	39°45.207′	117°29.778′	1975年1月	1978年9月	75.00	0～75	Ⅰ＋Ⅱ	3.73	大沽	潜承压	6次每月
42	30370049	55	埝北村	新安镇埝北村中	39°45.425′	117°31.704′	1979年1月	1979年12月	264.00	206～264	Ⅲ	2.72	大沽	承压	6次每月

续表

序号	统一编号	站号	站名	位置	地理坐标		成井日期	设站日期	井深/米	取水位置/米	含水组别	地面高程/米	基面名称	地下水类型	检测频次
					北纬	东经									
43	30370050	57	赵各庄村	牛道口镇赵各庄村南600米	39°46.149′	117°11.071′	1978年1月	1980年6月	140.00	85～140	Ⅱ	6.37	大沽	承压	6次每月
44	30370051	59	窦家桥村	史各庄镇窦家桥村北	39°43.650′	117°13.337′	1995年1月	1996年7月	85.00	40～85	Ⅰ+Ⅱ	7.83	大沽	承压	6次每月
45	30370052	60	八间房村	霍各庄镇八间房村南	39°46.082′	117°21.162′	1987年8月	1994年1月	80.00	10～80	Ⅰ+Ⅱ	5.40	大沽	潜承压	6次每月
46	30370053	61	后党村	霍各庄镇后党村中	39°44.079′	117°23.715′	1977年1月	1980年7月	150.00	40～50	Ⅱ	6.74	大沽	承压	6次每月
47	30370054	62	太平庄村	城关镇太平庄村中	39°41.503′	117°17.976′	1980年1月	1980年6月	151.00	59～151	Ⅱ	6.02	大沽	承压	6次每月
48	30370055	64	乔辛村	马家店镇乔辛村南150米	39°40.023′	117°14.186′	1977年1月	1992年3月	200.00	60～200	Ⅱ	5.84	大沽	承压	6次每月
49	30370057	66	东鄌村	大口屯镇东鄌村中	39°36.648′	117°13.421′	1979年1月	1980年7月	210.00	60～210	Ⅱ	5.66	大沽	承压	6次每月
50	30370058	69	西庄村	口东镇西庄村南500米	39°38.539′	117°22.308′	1988年7月	1996年3月	80.00	0～80	Ⅰ+Ⅱ		大沽	承压	6次每月
51	30370059	70	黄庄	黄庄中学	39°29.786′	117°31.006′	1985年1月	1993年1月	220.00	170～190	Ⅱ	2.47	大沽	承压	6次每月
52	30370060	71	南申村	王卜庄镇南申中学	39°42.069′	117°28.804′	1978年1月	1983年1月	90.00	30～90	Ⅰ+Ⅱ	3.04	大沽	潜承压	6次每月
53	30370061	72	张兰村	新安镇张兰村南500米	39°45.397′	117°27.515′	1978年1月	1988年1月	90.00	30～90	Ⅰ+Ⅱ	4.05	大沽	潜承压	6次每月
54	30370062	74	东会村	高家庄镇东会村南300米	39°47.401′	117°19.813′	1980年1月	1988年2月	100.00	0～75	Ⅰ+Ⅱ	5.68	大沽	潜承压	6次每月
55	30370063	77	城关	区井队院内	39°43.825′	117°20.948′	1974年1月	1981年10月	135.00	40～110	Ⅱ	6.45	大沽	承压	6次每月
56	30370064	78	城关	盐业公司	39°42.658′	117°19.623′	1981年1月	1982年4月	145.00	48～145	Ⅱ	5.05	大沽	承压	6次每月

表 2-2-20 **2010 年宝坻区国家级地下水位监测井基本情况一览表**

序号	区县	统一编号	站号	站名	位置	地理坐标		成井日期	设站日期	井深/米	取水位置/米	含水组别	地面高程/米	基面名称	地下水类型	监测频次
						北纬	东经									
1		30370084		牛道口 1	牛道口水利站院内	39°47.104′	117°16.183′	2005 年 12 月	2007 年 6 月	16.00	4～16	潜	4.47	大沽	潜水	
2		30370085		牛道口 2	牛道口水利站院内	39°47.104′	117°16.183′	2005 年 11 月	2007 年 6 月	34.00	22～34	潜	5.02	大沽	潜水	
3		30370086		牛道口 3	牛道口水利站院内	39°47.104′	117°16.183′	2005 年 11 月	2007 年 6 月	120.00	94～114	Ⅱ	4.88	大沽	承压	
4		30370087		南仁垺 1	东南仁垺村西	39°37.839′	117°10.892′	2005 年 12 月	2007 年 6 月	15.00	3～15	潜	4.23	大沽	潜水	
5		30370088		南仁垺 2	东南仁垺村西	39°37.839′	117°10.892′	2005 年 12 月	2007 年 6 月	35.00	23～35	潜	4.35	大沽	潜水	
6		30370089		南仁垺 3	东南仁垺村西	39°37.839′	117°10.892′	2005 年 12 月	2007 年 6 月	160.00	130～150	Ⅰ+Ⅱ	4.57	大沽	潜承压	
7		30370090		方家庄 1	方家庄镇张会村西	39°43.469′	117°25.537′	2005 年 12 月	2007 年 6 月	24.00	12～24	潜	5.21	大沽	承压	
8		30370091		方家庄 2	方家庄镇张会村西	39°43.469′	117°25.537′	2005 年 11 月	2007 年 6 月	70.00	47～67	Ⅰ	5.19	大沽	承压	
9		30370092		方家庄 3	方家庄镇张会村西	39°43.469′	117°25.537′	2005 年 12 月	2007 年 6 月	110.00	84～104	Ⅰ+Ⅱ	5.2	大沽	潜承压	
10		30370093		方家庄 4	方家庄镇张会村西	39°43.469′	117°25.537′	2005 年 12 月	2007 年 6 月	160.00	134～154	Ⅱ	5.22	大沽	承压	
11		30370094	Q3	大钟庄 1	大钟灌区	39°41.226′	117°35.274′	2005 年 12 月	2007 年 6 月	43.00	31～43	潜	1.17	大沽	潜水	
12		30370095		林亭口 1	林亭口养老院院内	39°37.325′	117°30.339′	2005 年 12 月	2007 年 6 月	45.00	8～20	潜	2.01	大沽	潜水	
13		30370096		林亭口 2	林亭口养老院院内	39°37.325′	117°30.339′	2005 年 12 月	2007 年 6 月	45.00	33～45	Ⅰ	2.05	大沽	承压	
14		30370097		林亭口 3	林亭口养老院院内	39°37.325′	117°30.339′	2005 年 12 月	2007 年 6 月	140.00	96～116	Ⅰ+Ⅱ	2.16	大沽	潜承压	
15		30370098		黄庄 1	黄庄乡政府院内	39°29.774′	117°31.208′	2005 年 12 月	2007 年 6 月	15.00	3～15	潜	1.14	大沽	潜水	
16		30370099		黄庄 2	黄庄乡政府院内	39°29.774′	117°31.208′	2005 年 12 月	2007 年 6 月	35.00	23～35	潜	1.09	大沽	潜水	
17		30370100		黄庄 3	黄庄乡政府院内	39°29.774′	117°31.208′	2005 年 12 月	2007 年 6 月	90.00	64～84	Ⅰ	1.12	大沽	潜水	
18		30370010	Q1	史各庄	史各庄水利站院内	39°44.627′	117°13.231′	2005 年 12 月	2007 年 6 月	20.00	15～20	潜		大沽	潜水	
19		30370032	33	大钟庄 2	大钟灌区	39°41.226′	117°35.274′	2005 年 12 月	2007 年 6 月	15.00	3～15	潜	1.22	大沽	潜水	
20		30370040	43	金台村	大口屯镇金台村西	39°35.504′	117°16.507′	1977 年 1 月	1985 年 5 月	210.00	66～209	Ⅱ	5.40	大沽	承压	
21		30370044	49	杜家庄村	方家庄镇杜家庄村南	39°42.636′	117°21.891′	1988 年 8 月	1988 年	80.00	0～80	Ⅰ+Ⅱ		大沽	潜承压	
22		30370041	44	白丝窝	王卜庄镇白丝窝	39°38.923′	117°25.880′	1998 年 1 月	2000 年 5 月	180.00	100～180	Ⅱ	3.65	大沽	承压	
23		30370024	22	帐房鄺村	林亭口镇帐房鄺村中	39°35.068′	117°25.978′	1976 年 1 月	1982 年 6 月	200.00	50～200	Ⅱ	3.45	大沽	承压	
24		30370056	65	西广林村	马家店镇西广林村北	39°37.954′	117°16.969′	1979 年 1 月	1980 年 7 月	208.00	70～208	Ⅱ	5.47	大沽	承压	

下一年度用水计划指标，根据当年实际用水量核减5%～10%。截至2010年，全区基本无超计划用水现象发生。

2010年继续坚持以服务基层、方便企业和服务群众为宗旨，不断强化服务意识，简化办事程序：

(1) 明确实施行政许可的程序。由用水单位向区行政许可中心提出取水和打井申请，并由工作人员一次性告知需要提交的全部材料。

(2) 依据《建设项目水资源及取水工程论证报告》，由宝坻区地下水资源管理办公室进行机井结构、深度设计。

(3) 经专家组对报告评审后，建设单位将所需的全部材料提交到政府行政许可中心，工作人员受理后，只要要件齐全，可由2007年的三日内批复缩短为立等办理，当日内批复。

(4) 取水许可和机井审批同时进行。更新井已经办理取水许可证的单位，不再进行取水许可审批。

(5) 政府行政许可中心向建设单位发放取水许可证。

2010年年底，宝坻区共审核下发取水许可证1139件，其中企事业单位373件，农业及农村生活766件。批准许可取水量10409.68万立方米每年。

三、用水计划和有偿服务

为合理开发利用宝坻区水资源，防治水害，加强水务管理，实现水资源的可持续利用，满足国民经济和社会发展对水资源不断增长的需要，根据《中华人民共和国水法》《取水许可制度办法》《天津市取水许可管理规定》等法律法规，宝坻区1995年开始实行取水许可制度和有偿使用制度。2004年9月1日，宝坻区水务局作为水行政主体，进驻宝坻区行政许可服务中心集中办公办理分属事项，负责审批取水许可等行政审批事项。各取用水单位和个人，在取水前向区水务局提出取水许可申请，取得许可证后依法凭证取水，并按天津市政府规定的标准，按月缴纳水资源费。区地下水资源管理中心结合取水许可证的发放及年审，为用水户下达用水计划指标。

宝坻区水务局按政府制定的价格收缴农田排水费、地下水供水费、地下水资源费和自来水费。农田排水费主要由区水务（水利）局排灌管理站负责征收，地下水资源费由宝坻区人民政府地下水资源管理办公室（宝坻区地下水资源管理中心）负责征收，自来水费由区水务（水利）局自来水管理所负责征收。通过实施按计划有偿用水的措施，提高了全民的节水意识，使有限的水资源得以发挥最好的效益。

四、机井建设管理

自20世纪90年代起，宝坻县人民政府地下水资源管理办公室逐步加大全县机井管理力度，严格执行《中华人民共和国水法》《取水许可和水资源费征收管理条例》。加强机井建设质量管理，严格履行钻井队伍的资质审查工作，确保凿井施工安全和工程质量。加强机井档案管理，逐步健全宝坻区机井管理体系。

2005年，天津市水务局举办机井建设管理单位和建设施工单位共同参加的贯彻《机井技术规范》（SL 256—2000）的学习班。组织凿井企业技术责任人学习地源（水源）热泵设施、设备的技术原理，了解掌握与配套的井工程建设的关键技术，针对天津市地质构造，研讨了凿井技术工艺。

1991—1996年，共维修机井2018眼，改造机井2146眼，测试机井2053眼，机井总数3335眼。

1997年，在天津市地下水资源管理目标考核中被评为全市第一名。

1998年，根据《天津市凿井队管理办法》的有关规定，从8月中旬起，凿井队开展每两年一次的凿井许可证资质审核工作。宝坻县人民政府地下水资源管理办公室负责对管辖的三级、四级凿井队资质进行审核，并将审核结果报天津市地下水资源管理办公室，由天津市抗旱打井办公室批准发证。

从1998年开始，对新打和更新机井进行技术论证，在论证的基础上进行审批，提高了成井质量。

1998年维修病坏机井240眼，测试改造机井120眼、配套潜水泵143台套，维修潜水泵100台套。

1999年12月，宝坻县地下水资源管理办公室对全县机井进行全面普查，全县漏报机井108眼，全年新增机井224眼。维修机井369眼，改造机井150眼，装置效率提高到38%。

2000年，维修病坏机井292眼，建成八门城镇集中供水工程。

2001年4月，根据天津市水利局《关于开展全市井工程普查工作的通知》文件精神，开展了以2000年12月31日为基准日的机井普查工作。普查采取边培训、边实地调查、边整编资料的办法。自2001年4月起，机井普查工作的人员参加了天津市水利局统一培训；5月进入实地调查阶段，同时，完成机井资料的整编和修订工作。

2003年，宝坻区水务局制定《宝坻区人畜饮水工程管理办法》，报区政府批准，并转发到各乡镇，要求各乡镇认真贯彻执行。

2004年，针对水资源紧缺的形式，再次对《天津市凿井队管理办法》进行修订，以从源头加强水资源的有效利用和保护，提高深层地热井建设施工标准，规范凿井企业的机井建设施工设备和技术资质标准。

机井建设立项要进行水资源论证。开展对申请机井建设单位拟于新打或更新机井的区域进行水文地质条件、水资源利用现状、地下水动态储量等方面的水资源论证，论证报告由具有水资源论证资质的专业部门出具。水行政主管部门在论证审查的基础上再进行凿井审批。

区地资办有关人员参加了天津市水利局举办的针对《机井技术规范》（SL 256—2000）的学习班。

2007年，对地热井和矿泉水井进行了调查，并追加办理了许可证，核定了取水量。此后，该项工作进入了常态化状态。

截至2008年年底，宝坻区人民政府地下水资源管理办公室共发放取水许可证1117件，2008年发放了23件。

2009年，发放取水许可证293件。

2010年，全年审核办理取水许可证278件，批准许可水量263.62万立方米。对全区56眼常规监测井实施严密的监控，为地下水开采和管理提供了科学依据。严格执行新增项目取用地下水论证制度，按照建设项目论证工作，论证率为100%。强化计量管理，用水计量率达100%。成立设备安装专业队伍，为安装、更新、维修提供保障。每月月底抄水表发现问题及时派修，每季度对全区用水户计量设施进行大检查。全年新装、更新计量设施93处，入户检查198户。

1991—2010年宝坻区机井数量统计见表2-2-21。

表2-2-21 **1991—2010年宝坻区机井数量统计表** 单位：眼

年份	总数	农业	企事业	生活
1991	4815	4109	103	603
1992	4819	4106	107	606
1993	4750	4020	128	602
1994	4745	3998	140	607
1995	4539	3823	145	571
1996	4043	3335	151	557
1997	4073	3357	162	554
1998	4128	3379	183	566
1999	3989	3228	191	570
2000	3870	3123	203	544
2001	3920	3160	218	542

续表

年份	总数	农业	企事业	生活
2002	4454	3491	236	727
2003	4638	3518	247	873
2004	4700	3481	273	946
2005	4709	3478	295	936
2006	4747	3498	307	942
2007	4807	3516	330	961
2008	4795	3489	335	971
2009	4936	3596	362	978
2010	4955	3590	373	992

五、废弃机井回填

20 世纪 70 年代正是打井的高峰时期，70 年代末期，宝坻区境内机井数量曾经达到 6700 余眼。由于原有水泥管井使用年限过长，受地质变化的影响，致使水泥管井井管错位、报废。这些废井的存在提供了咸水与深层淡水的水力联系，造成了该地区深层淡水矿化度增高，对地下水资源构成了一定的威胁。因此，对原有废旧机井尤其是返咸机井进行科学回填处理，是保护地下水资源的一项重要措施。1991—2010 年，为加强地下水资源的保护，宝坻区多次拿出专项资金进行废井回填工作，截至 2010 年，已回填废井 600 余眼，取得了良好的效果。废井回填工程对地下水资源污染防治和保护起到了积极的作用。

废井回填主要工作步骤如下：

（1）在已知资料的基础上，进行详细调查。由于部分机井的成井时间久远，成井资料不全、记载不清，有必要从成井时间、成井结构、地层情况、井孔状况、返咸时间等方面进行调查。

（2）分析废井原因。根据调查情况，对机井报废的原因和可能出现的井管破裂位置进行认真的分析论证。

（3）恢复井孔深度。在报废井中，一部分机井已经被杂物充填或淤积，必须通过掏井处理进行恢复井深。

（4）回填处理。作为地下水资源保护工作的一项重要措施，废井回填时如果回填质量不能满足要求，后果是无法补救的。在回填处理过程中，各级专业部门和管理部门都要有领导负责和专业技术人员现场指导。从回填工艺上，由井管破裂导致机井返咸的，可直接使用红黏土球进行回填；由滤料导致的咸淡水含水组的沟通，则采取井管破碎法进行处理。在回填施工中，要控制回填速度，要求均匀连续，防止膨料情况的发生。

（5）详细现场记录。在回填工作中，对每眼井都要做好现场记录，主要包括掏井深度、水质情况、回填深度、止水材料规格和用量等。

（6）进行回填效果的监测与跟踪。2006—2010 年宝坻区回填报废机井统计见表 2-2-22。

表 2-2-22　　**2006—2010 年宝坻区回填报废机井统计表**

村队	位置	成井年份	井深/米	报废原因	审　批	工　期
陈塘庄	陈塘庄村中	1980	360	老化、破裂	天津市地下水资源管理办公室以《关于宝坻区地资办申请废井回填的批复》（地资〔2006〕11号）文批复市补资金21万元	2006 年 11 月 25 日开工，2007 年 1 月 7 日竣工
陈塘庄	陈塘庄村南	1973	200	老化、破裂		
菱角沽	菱角沽村北	1982	200	老化、破裂		
菱角沽	菱角沽村中	1985	200	老化、破裂		
菱角沽	菱角沽村南	1978	200	老化、破裂		
欢喜庄	欢喜庄村北	1977	160	老化、破裂		
欢喜庄	欢喜庄村中	1986	200	老化、破裂		
欢喜庄	欢喜庄村南	1980	200	老化、破裂		
程泗淀村	村东	1978	220	老化、破裂	天津市地下水资源管理办公室以《关于宝坻区废井回填工程的批复》（地资〔2008〕11号）文批复市补资金9.7万元	2008 年 11 月 15 日开工，2008 年 12 月 10 日竣工
程泗淀村	村南	1986	200	老化、破裂		
程泗淀村	村北	1972	200	老化、破裂		
程泗淀村	村北	1981	200	老化、破裂		
大唐庄	村中	1977	200	返咸		
郑贵庄	村东	1981	220	老化、破裂	天津市地下水资源管理办公室以《关于宝坻区人民政府地下水资源管理办公室申请废井回填的批复》（地资〔2009〕18号）文批复市补资金12万元	2010 年 4 月 12 日开工，2010 年 5 月 18 日竣工
于家封	村中	1980	180	老化、破裂		
于家封	村北	1976	180	老化、破裂		
潘家套	村北	2008	200	封井不好、漏咸报废		
潘家套	村东	1972	200	老化、破裂		
四棵树	村西	1975	120	老化、破裂		
尔辛庄	村中	1980	200	老化、破裂		
西杜庄	村南	1972	240	老化、破裂		

续表

<table>
<tr><th>村队</th><th>位置</th><th>成井年份</th><th>井深/米</th><th>报废原因</th><th>审　批</th><th>工　期</th></tr>
<tr><td>张头窝村</td><td>村中</td><td>1976</td><td>200</td><td>老化、破裂</td><td rowspan="8">天津市地下水资源管理办公室以《关于宝坻区地下水资源管理中心废井回填的批复》（地资〔2011〕12 号）文批复市补资金 9.6 万元</td><td rowspan="8">2011 年 5 月 28 日开工，2011 年 6 月 15 日竣工</td></tr>
<tr><td>张头窝村</td><td>村路南</td><td>1980</td><td>300</td><td>老化、破裂</td></tr>
<tr><td>张头窝村</td><td>村北</td><td>1986</td><td>200</td><td>老化、破裂</td></tr>
<tr><td>大山庄村</td><td>村中</td><td>1978</td><td>200</td><td>老化、破裂</td></tr>
<tr><td>中于鄱村</td><td>村东</td><td>1976</td><td>200</td><td>老化、破裂</td></tr>
<tr><td>中于鄱村</td><td>村西</td><td>1982</td><td>200</td><td>老化、破裂</td></tr>
<tr><td>王庄子</td><td>村中</td><td>1980</td><td>200</td><td>老化、破裂</td></tr>
<tr><td>曹家沽</td><td>村中</td><td>1978</td><td>200</td><td>老化、破裂</td></tr>
</table>

六、控沉管理

地面沉降是地质灾害的一种类型，过量开采地下水是地面沉降的主要原因。当过量开采地下水时，形成了大面积区域性地下水下降漏斗，改变了地下水压力、开采含水层和含水层上下滞水层中的应力状况，产生了黏性土的释水及含水层、滞水层的压缩效应，导致地面沉降。

2006 年，“宝坻区控制地面沉降工作办公室”成立，为控沉工作的开展提供了有力的组织保障。2009 年，天津市宝坻区人民政府地下水资源管理办公室变更为天津市宝坻区地下水资源管理中心。明确了控沉工作职能为：加强地下水资源管理和保护，推动水源转换工作；加强地面沉降和地下水监测，推进地面沉降控制方案的落实。宝坻区发生地面沉降的地区主要是宝坻断裂以南的地区，截至 2010 年，年平均沉降的速率是 6～8 毫米，这与南部深层地下水的开采有直接关系。控沉的主要工作内容如下。

1. 控沉宣传

采取多种途径进行了控沉工作的宣传，使广大干部群众了解到保护地下水资源的重要性，深刻认识到地面沉降和水文地质问题造成的极大危害，提高了公众特别是领导干部对控沉工作的认识和重视程度，形成了保护水资源、控制地面沉降的良好社会氛围。

2. 制订控沉工作计划和收集控沉信息

控制地面沉降工作已列入天津市水利局区县工作考核细则，宝坻区制订了每年的控沉工作计划，主要包括：进一步完善全区内的地下水动态监测工作、收集地面沉降灾害现象和有关资料、维护和管理地面水准监测点、加强控沉工作的宣传、加强地下水资源开采的监督等工作。

3. 基坑备案

开展建设项目基坑排水取水许可和地面沉降防治措施备案工作，制定科学合理的降水方案，促进建设单位开展基坑排水再利用工作。同时保障执法巡查机制常态化，落实事中事后监管责任。

4. 地下水的压采工作

宝坻区虽然是地面沉降的发展较轻的地区，也只限于南部的有咸水区，随着社会经济的不断发展和各行业用水量的增加，地下水的开采量势必增加，因此，地下水资源的压采和限制开采工作非常重要。

根据《天津市地下水控制性开采规划》和市控沉办的统一部署，宝坻区水务局编制完成了《宝坻区地下水压采工作计划》。主要是通过核定地下水用水指标、节水工程、转换水源以及对部分农田井进行转换水源灌溉等方式进行地下水的压采。

5. 地下水的开采监督

为贯彻落实天津市政府、天津市水务局加强控制地面沉降工作精神，加强地下水取水许可审批管理工作，从根源上防止和控制地面沉降的发生。在保证控沉的基础上，协调有序、节约和保护性地开采地下水，使地下水资源可持续地开发、利用，严格执行地面沉降预审制。根据宝坻区的实际情况，制订出控制地面沉降工作预审及地下水开采监督制度。

(1) 宝坻城区规划区内，禁止新批地下水取水项目，不再增加取水许可总量。位于自来水供水管网覆盖范围内，可以满足用水需求且没有特殊需要的，不予批准。

(2) 在南部深层地下水限采区，要严格限制地下水取水工程和取水量。井距干扰范围内的同一含水组不予批准。

(3) 在有地表水源地区，不在审批农田灌溉机井的取水项目，已有的农田灌溉机井，要根据条件逐步进行封存。

(4) 严格实行计划用水管理和地下水开采许可证年审制度，取水许可总量不应超过水行政主管部门下达的取水总量控制指标。

(5) 严格执行取水项目水资源论证制度，对于需要并申请取用地下水的新建、改建、扩建的建设项目，建设项目单位应当按照规定进行建设项目水资源论证，由具有论证资质的单位编制建设项目水资源论证报告书。在《水资源论证报告》的评审过程中，要充分考虑对地面沉降的影响。实施控沉一票否决制。

6. 维护地面沉降监测设施

每年对布设在宝坻区的地面沉降水准点进行了巡查并拍照。对因工程占压而造成丢失的情况及时上报市控沉办。

第三节 水资源开发利用

宝坻区可利用水资源由三部分组成，即：自备水源、外调水源和地下水源。截至2010年，全区农业可利用水资源总量年均4.02亿立方米。主要用于农业灌溉，小部分用于水生态和水产养殖。

一、自备水源开发利用

1949—1990年，宝坻区对境内一级、二级河道和支干渠以及相配套的水利排灌工程进行了大规模建设和改造治理。从以单一疏导行洪、排沥，向排沥、拦蓄洪水和灌溉统筹兼顾功能治理理念转变，开挖了潮白新河、引泃入潮、引青入潮工程，治理了蓟运河、青龙湾减河、泃河和北京排污河等一级河道；完成窝头河、鲍丘河、箭杆河、武河和绣针河二级河道的清淤、拓宽、深挖等改造工程；建成潮白河水库；治理、开挖支干渠397条；改造坑塘2861公顷；相继建成相配套的排灌站（扬水站点）577座、闸涵381座、各种桥梁1007座等工程。通过水利工程建设、治理和改造，1991年全区蓄水能力已达15673万立方米，除涝能力达51.84万公顷，灌溉能力达35.21万公顷。全区基本形成以二级河道为主脉，以干渠为枢纽，以支渠为网络，渠河相通，渠渠相连，旱能浇、涝能排的排灌河渠网络。

1991—2010年，以保证工农业生产及群众生活用水为重点，结合水环境治理和节水工程建设，大力开展对原有水利工程设施进行修复和提升改造，最大限度提高河道沟渠以及水库的雨洪资源拦蓄能力。截至2010年，全区地表水自备水源总蓄水能力达1.98亿立方米（最大蓄水量可达2.03亿立方米），可用水量为1.24亿立方米，有效促进了全区农业、水产养殖业发展和水生态修复，为本区水环境治理提供了保证。

1995—2005年，完成潮白河水库增容工程，工程包括里自沽蓄水闸和朱刘庄低水闸提升改造、河道增容护砌、潮白新河胡各庄和青龙湾减河牛家牌橡胶坝建设等工程。潮白河水库增容工程完成后，蓄水位由6.0米提高到7.0米，拦蓄水量由6125万立方米提高到9116万立方米（一次性最大蓄水能力可达9600万立方米），新增蓄水量2991万立方米。为保证黄庄洼和里自沽洼2个灌区冬春灌溉提供可靠水源，工程完成并投入运行后，使灌区内水稻田种植面积扩大到10667公顷，麦田灌溉面积4667公顷，其他经济作物6667公顷。本地区农业经济效益得到大幅提升。

1995—1997年，相继建成西老口、大刘坡、狼尔窝、朝霞等4座小型水库建设，新增蓄水量为404万立方米。新增水稻和小麦灌溉面积457.9公顷。

截至2010年，完成对87条干渠、433条支渠的清淤（包括新挖）及扬水站（点）的修复改建，恢复（包括新挖新增）蓄水能力达3663.57万立方米，新增蓄水能力919.46万立方米。对坑塘进行改造治理，蓄水能力恢复为5000万立方米。一级河道（不包括潮白河水库蓄水）一次性最大蓄水能力1100万立方米，二级河道蓄水能力530.8万立方米。

1991—2010年，全区已建成防渗渠道3445.79千米、低压输水管道2106.03千米，实现节水灌溉面积57680公顷。这些节水工程建设对缓解宝坻区地表水资源紧缺发挥了重要作用。

二、外调水源开发利用

1991—2010年，宝坻区外调水总量为40.54亿立方米，年均为2.03亿立方米。外调水的实施弥补了本区自备水源的不足，同时对全区干旱年份抗灾救灾、缓解旱情起到了很大的作用。每年外调水量一般在1.0亿～3.56亿立方米范围变化。最多调水量出现在1998年，为3.56亿立方米；最少年份出现在1993年，当年调水量为1.0亿立方米。

三、地下水源利用

随着控制地面下沉，严控地下水开采制度的实施，宝坻区结合本区情况调整地下水开发布局，除解决人畜饮水和工业用井外，在农业用水方面大力压缩非井灌区和混灌区的农用机井的数量，将开发重点放在井灌区盲点。截至2010年20年间，年均开采地下水10428万立方米，占全区可开采总量（23816万立方米）的43.78%，完全在合理开发范围之内。

地下水资源的开发利用有效弥补了宝坻区自备水源的不足，特别是在解决全区农村人畜饮水安全和应对干旱之年农业抗旱用水方面发挥了重要作用。

地下水开采主要集中在北部全淡水区，开采随地区、季节、气候等条件的不同有很大差异。春季以小麦灌溉为主，开采量较大。咸水区主要开采深层淡水，用于人畜饮水和工业用水。1991—2010年平均开采量为10428万立方米，其中生活用水2332.9万立方米，农业灌溉用水7499.62万立方米，企业用水596.38万立方米。截至2010年年底，全区有机井4955眼，农业用井3590眼，工业用井373眼，人畜饮水用井992眼。

1991—2010年地下水实际开采量见表2-3-23。

表2-3-23 **1991—2010年地下水实际开采量列表** 单位：万立方米

年份	生活用水	农业灌溉	企业用水	合计
1991	2304.88	7834.86	577.1936	10716.9336
1992	1917.93	9840.25	441.35	12199.53
1993	1873.01	9300.99	576.63	11750.63
1994	1979.15	9250.96	1195.245	12425.355
1995	2279.83	7945.66	1013.14	11238.63
1996	2358.30	4699.87	1739.23	8797.4
1997	2370.45	7412.15	1430.5	11213.1
1998	2526.42	3766.75	1225.79	7518.96
1999	2382.83	4473.00	531.85	7387.68
2000	2380.33	5505.97	419.59	8305.89
2001	2775.55	10675.73	374.37	13825.65
2002	2868.36	10686.29	263.48	13818.13
2003	2587.58	6162.04	232.45	8982.07
2004	2532.94	6416.045	262.415	9211.4
2005	2478.30	6670.05	292.38	9440.73
2006	2394.12	7805.97	256.84	10456.93
2007	2450.36	7968.71	278.6	10697.67
2008	1977.56	7469.28	298.97	9745.81
2009	2099.34	8072.22	281.1	10452.66
2010	2120.67	8035.57	236.49	10392.73
合计	46657.91	149992.365	11927.6136	208577.8886
平均	2332.90	7499.62	596.38	10428.90

第四节 节约用水

天津市是资源性缺水城市，尤其是20世纪60年代上游地区兴建水库后，天津入境水量逐年减少，城市及农村用水日趋紧张，城市节水工作提上日程。1973年后，天津市开始推动节水工作，运用先进的科学技术，建立合理的用水体系，实现水资源的高效利用。1991年，成立宝坻县节约用水办公室。

2001年6月，为推动水务管理体制改革，天津市委办公厅发出《印发〈天津市水利局（引滦工程管理局）职能配置、内设机构和人员编制规定〉的通知》（津党办发〔2001〕44号），明确天津市水利局是主管全市水行政的主管部门，加挂天津市节约用水办公室（简称“市节水办”）的牌子，统一负责全市节约用水工作。2002年，宝坻区节约用水办公室职能由区建委并入区水务局。

一、节水型社会建设

节水型社会就是着力体现水资源高效利用、经济社会快速发展、人与自然和谐相处的社会。通过建设节水型社会的建设，能使水资源利用率得到提高，生态环境得到改善，推动社会的可持续性发展和不以牺牲生态环境为代价的文明发展。

2007年，宝坻区成立了由常务副区长任组长、主管副区长任副组长、相关单位主管领导为成员的宝坻区节水型社会建设领导小组。根据宝坻区政府批复的《天津市宝坻区节水型社会建设规划》，编制完成了《宝坻区节水型社会建设实施方案》。水资源合理开发、优化配置、全面节约、高效利用的局面初步形成。

（一）节水法规建设

1. 天津市节约用水法规

2002年12月19日，天津市第十三届人民代表大会常务委员会第三十七次会议通过，自2003年2月1日起施行。2005年3月24日，天津市第十四届人民代表大会常务委员会第十九次会议通过《天津市人民代表大会常务委员会关于修改〈天津市节约用水条例〉的决定》第一次修正。

2003年9月10日，天津市第十四届人民代表大会常务委员会第五次会议通过，自2003年12月1日起施行。2005年7月19日，天津市第十四届人民代表大会常务委员会第二十一次会议《天津市人民代表大会常务委员会关于修改〈天津市城市排水和再生水管理条例〉的决定》第一次修正。

2006年5月24日，天津市第十四届人大常务委员会第二十八次会议通过《天津市城市供水用水条例》。自2006年9月1日起施行。

2. 政府规章

1998年1月6日，天津市政府以政府令126号发布修订《天津市取水许可管理规定》，规定凡在本市行政区域内直接从河道、渠道、水库或者地下取水的单位和个人，都应当依照本规定申请取水许可证并依照规定取水。

2001年5月31日，天津市政府下发《天津市节约用水管理办法》，办法中规定：进一步提高全社会节约用水意识，各级人民政府和各用水单位要加强对节水工作的领导，层层建立节水责任制。各级水行政主管部门要加强计划用水、节约用水管理工作。宣传部门、新闻媒体要加大节水宣传力度，增强全市人民爱惜水、保护水、节约水的意识，形成人人节约用水的良好风尚。

2002年6月25日，天津市政府《批转市节水办关于在全市深入开展节水工作实施意见的通知》，通知规定：开展专项治理，加大执法检查。以全面落实26项节水措施为重点，开展好4个方面的节水专项治理活动。一是加大对冲车行业的检查治理，规范冲车用水行为；二是加大对建筑施工临时用水检查治理；三是加大对社会公共用水的检查治理；四是加大对计划用水考核户的管理。

2003年12月9日，天津市政府下发《天津市建设项目用水计划管理规定》，规定凡在本市行政区内新建、扩建、改建的建设项目，办理项目审批时，应当办理取水许可或申请用水计划指标，未办理取水许可或申请用水计划指标的，其建设项目不予审批，建设项目应当采用节水型工艺，使用节水型设备和器具，建设相当的配套节水设施。

2007年3月6日，天津市政府下发《关于在全市加快淘汰非节水型产品的规定》，内容规定：为加强对此项工作的领导，建立由市节水办牵头，市发展改革委、市经委、市建委、市质监局、市工商局等部门参加的市淘汰非节水型产品工作联席会议，负责全市淘汰非节水型产品工作联席会议，负责全市淘汰非节水型产品的总体协调和推进工作，市联席会议办事机构设在市节水办。对未按照《节水型生活用水器具》（CJ 164—2002）和《节水型产品技术条件与管理通则》（GB/T 18870—2002）规定的指标进行的设计项目，建设行政主管部门要依据《中华人民共和国建筑法》《建筑工程质量管理条例》等有关法律法规进行查处。

2008年，天津市政府下发《天津市超计划用水累进加价水费征收管理规定》，内容规定：市节水办统一管理全市超计划用水累进加价水费征收工作，并负责由市节水办公室管理的以及天津市经济技术开发区、天津港保税区、天津新技术产业园区的非生活用水户（以下简称“市管用水户”）的超计划用水累进加价水费征收工作。

3. 宝坻区（县）政府有关政策法规

1993年，宝坻县政府下发《关于收取驻宝单位农用水费的通知》（宝政发〔1993〕32号），通知中规定了收费范围、收费标准和收费方法。

1995年，宝坻县政府下发《关于调整农田排水费标准的通知》（宝政发〔1995〕33号），通知中规定了收费范围和标准及收费办法。

1996年，宝坻县政府第38次常务会议通过《宝坻县农用地表水有偿使用暂行办法》（宝政发〔1996〕11号），办法规定共8条，其中包括农用地表水收费标准的确定（收费标准、收费管理、收费方法）等。

1998年，宝坻县政府下发《潮白河水库管理暂行办法》（宝政发〔1998〕56号），暂行办法规定共10条内容，明确了水库主管部门是县水利局，以及水库管理范围及管理事项等。

2006年，宝坻区政府下发《关于加强城区应急水源地保护工作的通知》（宝政发〔2006〕86号）。明确了城区应急水源保护范围，并对工作的开展做出了安排部署。

（二）节水宣传

1991—2010年，每年都进行多样化的节水宣传。宣传的形式主要是：举办节水宣传节目，节目形式有唱歌、快板、诗朗诵等多种传统方式；宣挂宣传布标，每年都在南关大街等主要街道上宣挂10余幅，宣传节约用水；展示宣传牌；发放宣传材料，每年在宣传周都要发放3000份左右；发送节水知识宣传光盘150余份；发送节水型社会建设宣传画册150余份；播放节水宣传视频；举办节水知识讲座；在区电视台播放节水公益广告。

2002年9月上旬，由天津市水利局副局长赵连铭带队，到宝坻城关南关大街举办节水图片巡回展览。副区长贾凤山参加了开展仪式并讲话，其间宝坻区水务局负责人解答群众的咨询事项，宝坻区水务局10余名水政监察员整齐着水政服装，参加展宣活动，发放各种宣传资料1万余份。

2005年，区节约用水办公室组织了多种形式的宣传活动。全年共发放节水宣传材料2000余份，举办节水知识讲座3次，通过宝坻区电视台编排了一档节水专题节目。在节水宣传中，从多角度、多层次宣传节水的法律、法规，节水技术及水资源形势。通过节水宣传增强了公众的节水意识，促进了全区各行业节约用水。

2006年，组织大规模的节水宣传活动一次，展示节水宣传牌10块，发放节水宣传材料300份，播放宣传片2部，粘贴节水宣传标志3000份，发送节水知识宣传光盘100张、节水型社会建设宣传画册160份，在宝坻电视台播放节水公益广告4条，播放时间为1年。

2007年，组织大规模的节水宣传活动1次，展示节水宣传牌8块，发放节水宣传材料300份，播放宣传片2部，粘贴节水宣传标志3000份，发送节水知识宣传光盘100张，节水型社会建设宣传画册150份，在宝坻区电视台播放节水公益广告3条，播出时间为一年。

2008—2010年，每年在节水宣传周期间都举办大型宣传活动，宣挂大型宣传布幅，宣传节约用水，发放宣传资料，粘贴节水宣传标志，发送节水知识宣传光盘和节水型社会建设宣传画册，在宝坻区电视台播放节水公益广告。

大型的、每年不间断的、多种形式的节约用水的宣传，提高了大众节约用水的意识，使节约用水光荣、浪费水可耻的观念在广大人民群众中深入人心，形成了自觉行动。

（三）节约用水管理

2006—2010年，节约用水管理工作在加强用水计划指标的审核、下达管理的同时，重点加大了对用水计划执行情况监督检查和考核等管理措施。

2006年，完成2005年度和2006年前三个季度的计划用水考核统计，2006年计划用水共考核非生活用水户124户，其中地下水用户65户，自来水用户59户。被考核户计划用水指标为197.5万立方米，实际用水量为170.3万立方米，其中地下水用量107.967万立方米，自来水用量62.356万立方米。协助市节水办完成有关调研课题2个。创建节水型企业1家，并通过市节水办验收。水资源科与农水科、地资办合作制定2006年农业用水计量方案并开始实施。

2007年，完成计划用水考核和节水统计上报工作，完成2个节水型企业的复核，完成了水平测试计划草案的上报。对计划用水户120户进行了考核，其中地下水65户，自来水55户。考核户计划用水总量191.49万立方米，实际用水量为156.21万立方米，其中地下水109.59万立方米，自来水46.62万立方米。

2008年共考核计划用水户124户，其中地下水65户，自来水59户。考核户计划用水总量为197.5万立方米，考核户实际用水量170.3万立方米，其中地下水107.967万立方米，自来水62.356万立方米。6月5—22日，宝坻区节水办组织专门力量对全区73个重点单位（计划用水考核户）进行了拉网式检查，发现共有48个单位仍在使用非节水型产品，总计2147个（套）。宝坻区节水办对其进行督促整改。

对照天津市政府《批转市水利局拟定的天津市节水型社会试点建设实施方案（2006—2008）的通知》，就宝坻区承担的各项任务进行了检查总结和上报工作。完成了计划用水考核、节水统计等日常工作。

2009年，完成计划用水考核和节水统计上报工作。完成1个节水型居民生活小区和2个节水型企业的创建；完成计划用水统计及计划用水管理的日常工作；配合宝坻区开发办完成霍各庄镇、林亭口镇、史各庄镇、高家庄镇4个镇井灌区工程建设。增加节水面积1098.38公顷。完成新安镇井灌区节水工程建设，增加节水面积1023.13公顷。

2010年，严格执行计划用水管理规定，促进节约用水。累计完成计划用水考核106户。年内创建节水型企业2个。完成天津市塑料制品有限公司节水工程建设项目，完成投资66.25万元，其中，天津市控沉办公室补投资8万元，企业投资58.25万元。新建循环蓄水池1座、过滤池1座，铺设地下输水管道1.24千米，工程生效后，废水回收率达75%，年节水量4.5万立方米。组建节水型居民小区1个。编制完成了《宝坻区节水型区县建设实施方案》。

二、农业节水

依靠科技进步，大力推广节水灌溉新技术，如：水稻“薄、浅、湿、晒”田间灌溉技术；设施农业的喷灌、微滴灌技术；旱地龙抗旱剂生物节水技术等。截至 2010 年，修建防渗渠道 1502.06 千米，低压输水管道 1949 千米，喷滴灌面积 910 公顷，增加节水灌溉面积 60310 公顷。

依托里自沽灌区续建配套和节水改造工程，带动了全区农业节水工程建设全面发展。里自沽灌区被列为全国大型续建配套与节水改造灌区之一，经过 1998—2008 年连续 11 年的建设，总投资达到 20692.77 万元。在灌区改造工程建设中，成功推广了 U 形防渗渠道和低压输水管道输水技术，提高了土地利用率，减少了渠道维护费，达到了农业节水的目的，促进了宝坻区农业灌溉技术和管理的发展，基本满足了农村产业结构调整的需要，对宝坻区其他地区大范围推广节水改造建设起到了积极的示范作用。

黄庄万亩农田节水工程建设。1998 年实施的黄庄万亩农田节水工程是里自沽灌区续建配套与节水改造规划项目的子项工程。工程控制面积 700 公顷，实行二级渠道防渗，节约用地 20.98 公顷，年节水 1188.5 万立方米，于 1999 年 4 月完成。

高标准节水灌溉示范区建设。2004 年、2008 年实施高标准节水灌溉示范区建设，示范区面积 1488.83 公顷，区内建设蔬菜、瓜果、水果、花卉名特品种实验示范小区和 50 栋温室大棚，采用自动化控制的滴灌、微灌等先进节水灌溉技术，运用各种农业综合增产措施，探索 21 世纪节水农业发展的新模式。分两年完成 4 个示范区建设：其一，2004 年，大口屯镇石辛庄节水灌溉示范项目，是喷灌、滴灌、防渗渠道、低压输水管道相结合的节水工程，示范耕地 249.5 公顷，投资 300 万元，项目于 2004 年 4 月 20 日开工，同年 10 月 20 日完工；其二，2008 年建设完成牛道口镇郭家深、霍各庄镇破碌碡（破磟碡）村和新安镇井灌区节水计量 3 个示范区工程，完成投资 272 万元。郭家深增加节水灌溉面积 40 公顷，霍各庄增加节水灌溉面积 71.53 公顷，新安镇井工程效益 1127.8 公顷。完成铺设地下管道 17.3 千米，新打机井 48 眼，配套潜水泵 47 台（套）。

三、工业节水

严格遵守规定，认真落实制度。宝坻区节约用水办公室遵照《中华人民共和国行政许可法》的有关规定，认真落实行政许可制度，结合全区实际情况，规范水行政许可审批制度，严格进行水行政审批。区节约用水办公室做出规定，公示于民：用水计划指标核定；用水计划指标变更批准；非生活用水户临时用水计划的核定；营业性洗车场点循环用水设施的验收。

建立内部管理制度，加大企业节水改造力度。加强重点耗水企业积极推广节水技术改造，打造了天津市塑今塑料制品有限公司、天津市久大塑料制品有限公司等一批节水典型企业。通过计划用水管理、水平衡测试等，帮助企业建立内部节水管理制度，加大企业节水改造力度。

加大水政执法力度，加强用水管理。2006 年 7 月 1 日至 10 月 14 日，宝坻区水务局组织水政监察人员对霍各庄镇津围公路两侧 87 户取用地下水的水磨石厂进行处理。下令对其用水、排水失控问题限期进行整改，责令补办取水许可手续，缴纳地下水资源费。

四、生活节水

推广普及节水型用水器具及节水型居民生活小区的创建。

2007 年，建立了宝坻区加快淘汰非节水型产品联席会议制度。区政府转发了区节水办起草的《关于在全区加快淘汰非节水型产品实施方案》，将责任层层分解，并于 2007 年 9 月底进行了监督检查。

2008 年 6 月 5—22 日，宝坻区节水办组织专门力量对全区 73 个重点单位（计划用水考核户）进行了拉网式检查，发现 48 个单位仍在使用非节水型产品，总计 2147 个（套），对问题严重的 11 家单位，下达了 10 份限期整改通知。区节水办督促整改，并建议区政府淘汰非节水型产品工作联席会议采取得力措施，淘汰非节水型产品。2008 年年底，天津市节水型城市复查时，节水器具普及率达到 100%。对陈旧老化和不符合环保要求的供水管网进行全面改造，减少管网漏损和二次污染，以达到节水和保证水质安全的目的。

2009 年，完成了计划用水考核及节水统计，完成了计划用水管理的日常工作；完成 1 个节水型居民生活小区的创建。

2010 年，完成了“龙熙帝景”“龙帝世家”等 6 个新建居民小区的给水配套工程；加强供水生产安全管理，从生产设备维护维修、水质监控、制水工艺等环节入手，完善保障体系。定期检查维护应急水厂机电设施、巡查深井管线；完成了鸣石园小区、福雅里小区、望都楼等 7 处老旧管网改造，更换管道 5000 米，安装各口径水表 386 块，加强管网巡视维护，建立管线巡视分级管理机制。截至 2010 年，完成城区供水管网改造 100 多千米，有效降低了管网漏损率。

第三章

防汛抗旱

防汛抗旱是水利工作中的重要内容，宝坻区始终坚持以确保群众生命财产安全为核心，立足防大汛、抗大旱、除大涝、抢大险、救大灾。1991—2010年，宝坻区旱灾频发，区水务局加强抗旱蓄水、调水工作；推广工程节水，合理利用水资源，努力降低灾害损失。全面落实防汛抗旱责任制，建立健全防汛抗旱组织机构，落实各级行政首长责任制，形成一级抓一级、一级对一级负责的防汛抗旱责任体系。责任督查和责任追究相继跟进，以拦、疏、排、引、蓄为重点的工程调度科学有序，水利设施的防灾、减灾效益大幅提高，各类预案和应急响应机制逐步完善。防范应对灾害的针对性、科学性明显增强，以防汛机动抢险队、民兵预备役人员为骨干的防汛抗旱队伍建设力度加大，防汛抗旱指挥系统信息化建设进程加快。形成了统一指挥、部门协调、社会动员、全民参与的新格局。

1991—2010年，宝坻区全方位增强了防汛抗旱能力，保障了宝坻区生产建设的快速发展和人民群众的生命财产安全。

第一节　防　　汛

一、雨情

根据1991—2010年宝坻区气象资料的分析，近20年降水量呈总体下降趋势。

宝坻区多年平均（1950—2010年，下同）降水量为593.26毫米，1991—2010年平均降水量为507.17毫米，比多年平均值减少14.5%；6—9月多年平均降水量为485.72毫米，1991—2010年同期平均降水量为398.57毫米，比多年同期平均值减少17.9%；7—8月多年平均降水量为349.27毫米，1991—2010年同期平均降水量为271毫米，比多年同期平均值减少22.4%。

1971—1990年，年降水量超过700毫米的有8年，分别是：1973年，降水量为949.7毫米；1977年，降水量为851.7毫米；1978年，降水量为953.9毫米；1979年，降水量为783.1毫米；1985年，降水量为782.5毫米；1986年，降水量为722.3毫米；1987年，降水量为779.9毫米；1988年，降水量为852.4毫米。1991—2010年，年降水量超过700毫米的有3年，分别是：1995年，降水量为772毫米；1996

年，降水量为 803.4 毫米；1998 年，降水量为 717.7 毫米。将 1991—2010 年与 1971—1990 年年降水量超过 700 毫米的情况进行比较，降水量超过 700 毫米以上的年份减少了 62.5%。

1971—1990 年的 6—9 月降水量超过 600 毫米的有 7 年，分别是：1973 年，降水量为 839.9 毫米；1977 年，降水量为 655.8 毫米；1978 年，降水量为 868.7 毫米；1979 年，降水量为 617.7 毫米；1985 年，降水量为 659.1 毫米；1986 年，降水量为 655.0 毫米；1988 年，降水量为 773.3 毫米。1991—2010 年的 6—9 月降水量超过 600 毫米的有 2 年，分别是：1995 年，降水量为 679.2 毫米；1996 年，降水量为 732.7 毫米。1991—2010 年与 1971—1990 年 6—9 月降水量超过 600 毫米的相比较，降水量超过 600 毫米以上的年份减少了 71.4%。

1971—1990 年 7—8 月降水量超过 500 毫米的有 4 年，分别是：1973 年降水量为 607.1 毫米；1978 年，降水量为 744.6 毫米；1985 年，降水量为 550.7 毫米；1988 年，降水量为 693.3 毫米。1991—2010 年 7—8 月降水量超过 500 毫米的有 2 年，分别是：1995 年，降水量 525.7 毫米；1996 年，降水量为 611.8 毫米。1991—2010 年与 1971—1990 年 7—8 月降水量超过 500 毫米的相比较，降水量超过 500 毫米以上的年份减少了 50%。

1991—2010 年气象资料显示，年内降水集中在 6—9 月（汛期），降水量为全年降水量的 78.59%，7—8 月降水量为全年降水量的 53.43%。

1991—2010 年宝坻区降水量统计见表 3-1-24。

表 3-1-24 **1991—2010 年宝坻区降水量统计表** 单位：毫米

年份	年降水量	6—9 月降水量	年份	年降水量	6—9 月降水量
1991	580.9	463.4	2002	363.3	258.0
1992	430.2	306.4	2003	411.1	227.7
1993	397.8	327.6	2004	528.9	436.6
1994	626.6	565.3	2005	412.8	344.1
1995	722.0	679.2	2006	455.4	371.9
1996	803.4	732.7	2007	449.8	282.3
1997	397.9	286.4	2008	543.9	421.1
1998	717.7	531.7	2009	562.9	478.4
1999	329.5	198.7	2010	495.2	419.4
2000	360.2	248.1	平均值	504.62	398.57
2001	502.8	392.3			

二、汛情

1991—2010年，根据一级河道主要观测站汛期水文观测资料，宝坻区内潮白新河最大流量出现在1994年，为598立方米每秒（吴村闸观测站）；蓟运河最大流量出现在1996年，为307立方米每秒（九王庄闸观测站）；青龙湾减河最大流量出现在1994年，为1060立方米每秒（土门楼闸观测站）；引泃入潮最大流量出现在1994年，为808立方米每秒（三河观测站）；北京排污河最大流量出现在2009年，为637立方米每秒（东堤头闸观测站）。潮白新河最高水位出现在1991年，为13.8米（吴村闸观测站）；蓟运河最高水位出现在1996年，为8.5米（九王庄闸观测站）；青龙湾减河最高水位出现在1994年，为12.7米（土门楼闸观测站）；引泃入潮最高水位出现在1994年，为10.67米（三河观测站）；北京排污河最高水位出现在1996年，为4.42米（东堤头闸观测站）。

1991—2010年，潮白新河吴村闸、青龙湾减河土门楼闸、引泃入潮三河站、蓟运河及泃河九王庄闸、北京排污河东堤头闸汛期水文观测最大值统计见表3-1-25～表3-1-29。

表3-1-25　**1991—2010年潮白新河吴村闸汛期水文观测最大值统计**

年份	最大流量/立方米每秒	最高水位/米	年份	最大流量/立方米每秒	最高水位/米
1991	197.0	13.80	2001	72.6	13.53
1992	80.5	13.74	2002	46.1	13.12
1993	0	13.54	2003	69.3	13.02
1994	598.0	13.72	2004	152.0	13.33
1995	158.0	13.44	2005	76.4	13.41
1996	528.0	13.38	2006	111.0	13.20
1997	228.0	13.60	2007	203.0	13.12
1998	585.0	13.78	2008	216.0	13.09
1999	108.0	13.36	2009	127.0	13.30
2000	92.9	13.30	2010	102.0	13.03

表3-1-26　**1991—2010年青龙湾减河土门楼闸汛期水文观测最大值统计**

年份	最大流量/立方米每秒	最高水位/米	年份	最大流量/立方米每秒	最高水位/米
1991	369.00	11.12	1993	169.00	11.87
1992	359.00	11.91	1994	1060.00	12.70

续表

年份	最大流量 /立方米每秒	最高水位 /米	年份	最大流量 /立方米每秒	最高水位 /米
1995	405.00	11.67	2003	97.00	11.64
1996	746.00	12.10	2004	302.00	11.45
1997	525.00	11.33	2005	126.00	10.42
1998	744.00	11.65	2006	126.00	10.69
1999	174.00	10.78	2007	82.40	10.82
2000	358.00	11.18	2008	12.18	5.23
2001	165.00	11.14	2009	360.00	11.69
2002	95.70	11.78	2010	217.00	11.90

表 3-1-27 **1991—2010 年引泃入潮三河站汛期水文观测最大值统计**

年份	最大流量 /立方米每秒	最高水位 /米	年份	最大流量 /立方米每秒	最高水位 /米
1991	107.00	8.51	2001	0	0
1992	32.70	7.85	2002	0	0
1993	61.40	7.90	2003	0	0
1994	808.00	10.67	2004	0	0
1995	99.80	8.19	2005	0	0
1996	287.00	9.31	2006	0	0
1997	77.80	8.10	2007	0	0
1998	0	0	2008	0	0
1999	0	0	2009	0	0
2000	0	0	2010	10.90	12.79

表 3-1-28 **1991—2010 年蓟运河及泃河九王庄闸汛期水文观测最大值统计**

年份	最大流量 /立方米每秒	最高水位 /米	年份	最大流量 /立方米每秒	最高水位 /米
1991	158.00	7.18	1996	307.00	8.50
1992	112.00	4.81	1997	73.40	3.91
1993	117.00	4.44	1998	159.00	7.09
1994	204.00	7.58	1999	27.40	3.43
1995	201.00	7.18	2000	0	0

续表

年份	最大流量/立方米每秒	最高水位/米	年份	最大流量/立方米每秒	最高水位/米
2001	0	0	2006	23.20	4.28
2002	81.60	2.53	2007	47.80	4.49
2003	0	0	2008	40	6.29
2004	0	0	2009	47.50	6.58
2005	0	0	2010	47.50	5.63

表 3-1-29 **1991—2010 年北京排污河东堤头闸汛期水文观测最大值统计**

年份	最大流量/立方米每秒	最高水位/米	年份	最大流量/立方米每秒	最高水位/米
1991	84.0	3.36	2001	0	1.33
1992	41.3	2.71	2002	0	0
1993	0	1.66	2003	323.0	3.46
1994	184.0	4.28	2004	429.0	3.72
1995	321.0	4.24	2005	132.0	3.33
1996	225.0	4.42	2006	533.0	4.09
1997	0	2.86	2007	385.0	4.42
1998	87.8	3.20	2008	619.0	3.72
1999	0	2.91	2009	637.0	4.19
2000	0	1.01	2010	333.0	4.19

三、防汛组织

（一）机构设置

1991—2010 年，每年汛前组建区（县）防汛抗旱指挥部，防汛抗旱办公室设在区（县）水务（水利）局，为常设机构，由副指挥（水务局局长）兼主任；防汛抗旱指挥部为应对防汛突发事件，每年汛前临时成立 6 个科：水情科、防汛抢险科、通讯科、后勤供应科、宣传科、政保科。防汛抗旱办公室和 6 个科共同承担防汛抗旱指挥部的工作。同时组建 23 个河道防汛分部、1 个除涝分指挥部、1 个城区排水分指挥部。以各乡、镇、街为单位组建除涝小组，主管水利的乡镇长任组长，负责区内的防汛工作。

1991—2010 年宝坻区防汛抗旱指挥部领导成员见表 3-1-30。

表 3-1-30 **1991—2010 年宝坻区防汛抗旱指挥部领导成员**

年份	名 称	职 务	姓 名	所在单位职务
1991	防汛抗旱指挥部	指挥	高德仲	县长
		副指挥	王俊志	副县长
		副指挥	杨家恭	副县长
		副指挥	张振祥	副县长
		副指挥	王满圈	武装部部长
		副指挥兼办公室主任	刘连清	水利局局长
1992	防汛抗旱指挥部	指挥	王俊志	县长
		副指挥	张世琥	副县长
		副指挥	杨家恭	副县长
		副指挥	张振祥	副县长
		副指挥	王满圈	武装部部长
		副指挥兼办公室主任	刘连清	水利局局长
1993	防汛抗旱指挥部	指挥	王俊志	县长
		副指挥	张世琥	副县长
		副指挥	杨家恭	副县长
		副指挥	张振祥	副县长
		副指挥	殷玉华	武装部部长
		副指挥兼办公室主任	张俊清	水利局局长
1994	防汛抗旱指挥部	指挥	赵光明	县长
		副指挥	张世琥	副县长
		副指挥	杨家恭	副县长
		副指挥	张振祥	副县长
		副指挥	殷玉华	副县长
		副指挥兼办公室主任	张俊清	水利局局长
1995	防汛抗旱指挥部	指挥	张世琥	县长
		副指挥	杨家恭	副县长
		副指挥	张振祥	副县长
		副指挥	丁福东	公安局局长
		副指挥	殷玉华	武装部部长
		副指挥兼办公室主任	张俊清	水利局局长

续表

年份	名　称	职　务	姓　名	所在单位职务
1996	防汛抗旱指挥部	指挥	张世琥	县长
		副指挥	高永志	副县长
		副指挥	丁福东	公安局局长
		副指挥	杨家恭	副县长
		副指挥	张振祥	副县长
		副指挥	谭景俊	副县长
		副指挥	朱子民	武装部部长
		副指挥兼办公室主任	刘文林	水利局局长
1997	防汛抗旱指挥部	指挥	张世琥	县长
		副指挥	高永志	副县长
		副指挥	丁福东	公安局局长
		副指挥	杨家恭	副县长
		副指挥	张振祥	副县长
		副指挥	谭景俊	副县长
		副指挥	朱子民	武装部部长
		副指挥兼办公室主任	刘文林	水利局局长
1998	防汛抗旱指挥部	指挥	张世琥	县长
		副指挥	高永志	副县长
		副指挥	侯 隽	副县长
		副指挥	丁福东	公安局局长
		副指挥	谭景俊	副县长
		副指挥	顾玉健	武装部部长
		副指挥	云凤和	副县长
		副指挥兼办公室主任	刘文林	水利局局长
1999	防汛抗旱指挥部	指挥	张世琥	县长
		副指挥	高永志	副县长
		副指挥	侯 隽	副县长
		副指挥	丁福东	公安局局长
		副指挥	谭景俊	副县长
		副指挥	顾玉健	武装部部长
		副指挥	云凤和	副县长
		副指挥兼办公室主任	张会林	水利局局长

续表

年份	名 称	职 务	姓 名	所在单位职务
2000	防汛抗旱指挥部	指挥	张世琥	县长
		副指挥	高永志	副县长
		副指挥	侯 隽	副县长
		副指挥	丁福东	公安局局长
		副指挥	谭景俊	副县长
		副指挥	云凤和	副县长
		副指挥兼办公室主任	张会林	水利局局长
2001	防汛抗旱指挥部	指挥	高永志	区长
		副指挥	孙文魁	副区长
		副指挥	丁福东	公安局局长
		副指挥	孙树芳	副区长
		副指挥	谭景俊	副区长
		副指挥	李连元	副区长
		副指挥	倪守强	副区长
		副指挥	贾凤山	副区长
		副指挥兼办公室主任	张会林	水利（水务）局局长
2002	防汛抗旱指挥部	指挥	高永志	区长
		副指挥	顾玉健	武装部部长
		副指挥	安洪文	公安局局长
		副指挥	孙树芳	副区长
		副指挥	谭景俊	副区长
		副指挥	李连元	副区长
		副指挥	倪守强	副区长
		副指挥	贾凤山	副区长
		副指挥	云凤和	副区长
		副指挥兼办公室主任	张会林	水务局局长
2003	防汛抗旱指挥部	指挥	高永志	区长
		副指挥	张振祥	副区长
		副指挥	顾玉健	武装部部长
		副指挥	安洪文	公安局局长
		副指挥	李连元	副区长

续表

年份	名　称	职　务	姓　名	所在单位职务
2003	防汛抗旱指挥部	副指挥	倪守强	副区长
		副指挥	梁德仓	副区长
		副指挥	孟宪昆	副区长
		副指挥	王素艳	副区长
		副指挥兼办公室主任	张会林	水务局局长
2004	防汛抗旱指挥部	指挥	高永志	区长
		副指挥	张振祥	副区长
		副指挥	顾玉健	武装部部长
		副指挥	安洪文	公安局局长
		副指挥	李连元	副区长
		副指挥	倪守强	副区长
		副指挥	梁德仓	副区长
		副指挥	孟宪昆	副区长
		副指挥	王素艳	副区长
		副指挥兼办公室主任	张会林	水务局局长
2005	防汛抗旱指挥部	政委	张景泉	区委书记
		指 挥	高永志	区长
		副指挥	张振祥	副区长
		副指挥	李连元	副区长
		副指挥	倪守强	副区长
		副指挥	梁德仓	副区长
		副指挥	孟宪昆	副区长
		副指挥	王素艳	副区长
		副指挥	顾玉健	武装部部长
		副指挥	安洪文	公安局局长
		副指挥兼办公室主任	张素旺	水务局局长
2006	防汛抗旱指挥部	政委	张景泉	区委书记
		指挥	高永志	区长
		副指挥	张振祥	副区长
		副指挥	顾玉健	武装部部长
		副指挥	安洪文	公安局局长

续表

年份	名　称	职　务	姓　名	所在单位职务
2006	防汛抗旱指挥部	副指挥	李连元	副区长
		副指挥	倪守强	副区长
		副指挥	梁德仓	副区长
		副指挥	孟宪昆	副区长
		副指挥	王素艳	副区长
		副指挥兼办公室主任	张素旺	水务局局长
2007	防汛抗旱指挥部	指挥	孙宝华	区长
		副指挥	李连元	副区长
		副指挥	安洪文	公安局局长
		副指挥	孟宪昆	副区长
		副指挥	王素艳	副区长
		副指挥	艾玉昆	副区长
		副指挥	尹建国	副区长
		副指挥	边荣海	副区长
		副指挥	臧远征	武装部部长
		副指挥兼办公室主任	张素旺	水务局局长
2008	防汛抗旱指挥部	政委	王宏江	区委书记
		指挥	孙宝华	区长
		副指挥	安洪文	公安局局长
		副指挥	李连元	副区长
		副指挥	孟宪昆	副区长
		副指挥	王素艳	副区长
		副指挥	艾玉昆	副区长
		副指挥	尹建国	副区长
		副指挥	边荣海	副区长
		副指挥	冯　义	副区长
		副指挥	陈恒斌	武装部部长
		副指挥兼办公室主任	张素旺	水务局局长
2009	防汛抗旱指挥部	政委	王宏江	区委书记
		指挥	孙宝华	区长
		副指挥	安洪文	公安局局长

续表

年份	名　称	职　务	姓　名	所在单位职务
2009	防汛抗旱指挥部	副指挥	李连元	副区长
		副指挥	孟宪昆	副区长
		副指挥	王素艳	副区长
		副指挥	艾玉昆	副区长
		副指挥	尹建国	副区长
		副指挥	边荣海	副区长
		副指挥	冯　义	副区长
		副指挥	陈恒斌	武装部部长
		副指挥	杜学君	北三河管理处处长
		副指挥兼办公室主任	张素旺	水务局局长
2010	防汛抗旱指挥部	政委	王宏江	区委书记
		指挥	贾凤山	区长
		副指挥	安洪文	公安局局长
		副指挥	孟宪昆	副区长
		副指挥	王素艳	副区长
		副指挥	艾玉昆	副区长
		副指挥	尹建国	副区长
		副指挥	边荣海	副区长
		副指挥	冯　义	副区长
		副指挥	陈恒斌	武装部部长
		副指挥	杜学君	北三河管理处处长
		副指挥兼办公室主任	张素旺	水务局局长

（二）汛前准备

1. 防汛预案修编

编制、修订、完善各项防汛应急处置预案。按照国家防总和天津市防办的要求，结合宝坻区的实际情况，1991—2010年间，宝坻区水务局编制完善《宝坻区大黄堡洼蓄滞洪区运用预案》《宝坻区黄庄洼蓄滞洪区运用预案》《宝坻区城市防洪应急预案》《宝坻区一级行洪河道抢险预案》《宝坻区除涝预案及蓄水调度方案》《静海分洪区转移人员接受安置方案》，并对蓄滞洪区居民财产进行核定，保证蓄滞洪区运行时，区内居民遭受的损失得到合理补偿。

1991—1996年，制定和完善了《分洪区群众转移预案》《分洪清挡扒口预案》《抢险物料调运预案》。

1998年，制定和完善了《蓄滞洪区群众安全转移方案》《分洪区清挡扒口预案》《抢险物料调运方案》，编印了防汛工作手册。

1999年，对《防洪抢险预案》《黄庄洼大黄堡洼分洪预案》《静海分洪区转移人员接收安置预案》等进行了重点修订。

2002年，针对撤乡并镇的行政区划调整的情况，重新编制、修订和完善《防洪抢险预案》《除涝蓄水调度方案》《黄庄洼、大黄堡洼分洪预案》《蓄滞洪区群众转移预案》《静海分洪区转移人员接收安置预案》。

2003年，编制和修订5个防汛预案：《一级河道防洪抢险预案》《农田排水调度预案》《黄庄洼、大黄堡洼分洪预案》《蓄滞洪区群众转移预案》《静海分洪区转移人员接收安置预案》。同时还完成蓄滞洪区转移群众与接收户的登记落实工作。

2004年，编制和修订了有关的《防洪抢险预案》《除涝蓄水调度方案》《静海分洪区转移人员接收安置预案》《周良庄项目除涝应急方案》《城区除涝预案》。同时完成蓄滞洪区居民财产登记工作，并将汇总结果报天津市防办备案。

2005年，重新修订和完善《宝坻区行洪河道防洪抢险预案》《除涝预案》《蓄水调度方案》《黄庄洼、大黄堡洼分洪预案及群众转移预案》《静海分洪区转移人员接收安置预案》，制定宝坻区突发雨汛情应对措施，各乡镇、区政府各部门根据各自职责和任务对各项预案进行细化，组织完成蓄滞洪区居民财产登记工作。

2006年，编制完成《宝坻区大黄堡洼蓄滞洪区运用预案》《宝坻区黄庄洼蓄滞洪区运用预案》和《宝坻区城市防洪应急预案》，修订完善《宝坻区行洪河道抢险预案》《除涝预案》及《蓄水调度方案》《静海分洪区转移人员接收安置方案》。

2007年，修订完善了《宝坻区大黄堡洼蓄滞洪区运用预案》《宝坻区黄庄洼蓄滞洪区运用预案》《宝坻区城市防洪应急预案》《宝坻区一级行洪河道抢险预案》《宝坻区除涝预案》《蓄水调度方案》《静海分洪区转移人员接收安置方案》。完成蓄滞洪区居民财产登记工作，蓄滞洪区运用时，区内居民遭受的损失得以合理补偿。

2008年，修订完善了《宝坻区大黄堡洼蓄滞洪区运用预案》《宝坻区黄庄洼蓄滞洪区运用预案》《宝坻区城市防洪应急预案》《宝坻区一级行洪河道抢险预案》《宝坻区除涝预案及蓄水调度方案》《静海分洪区转移人员接收安置方案》。

2009年，修订完善了《宝坻区大黄堡洼蓄滞洪区运用预案》《宝坻区黄庄洼蓄滞洪区运用预案》《宝坻区城市防洪应急预案》《宝坻区一级行洪河道抢险预案》《宝坻区除涝预案及蓄水调度方案》《静海分洪区转移人员接收安置方案》。

2010年，完成《宝坻区大黄堡洼蓄滞洪区运用预案》《宝坻区黄庄洼蓄滞洪区运用预案》《宝坻区城市防洪应急预案》《宝坻区一级行洪河道抢险预案》《宝坻区除涝预案及蓄水调度方案》《静海分洪区转移人员接收安置方案》修订。

2. 防汛物资准备

组织有关单位和部门采取点封和号料的形式，冻结储备了片石、木材、木桩、铅丝、号树、编织袋、苇席、抢险排体、苫布、麻绳、应急灯、强光手电、柳条笆、打桩工具、挖掘机运输车。同时各储备单位、运输部门建立24小时值班制度，确保防汛物资调运及时。

1991—1996年，防汛物料由后勤供应科负责落实，采取集中储备和群众号料相结合的办法。水利部门负责清点代市存放的防汛物料，备在沿河有关闸站、粮食、物资、供销等部门负责储备麻袋、编织袋、苫布、木桩、铅丝等防汛物资。各乡镇负责备足抗洪抢险后备用料，并将用料登记造册，专存专管，以备随时调用。

2005年，组织有关单位和部门采取点封和号料的形式，冻结储备了片石2000吨、木材800立方米、木桩2.28万根、铅丝19.3吨、号树2.78万棵、各种编织袋39.81万条、苇席1.48万片、抢险排体60块、苫布1534块、药品189种。

2006年，冻结储备片石2000吨、木材800立方米、木桩2.28万根、铅丝20.3吨、号树2.23万棵、各种编织袋40.35万条，苇席1.43万片、抢险排体60块、苫布2376块、药品189种。制定了调运方案，建立了昼夜值班制度。

2007年，加大防汛物资储备，组织有关单位和部门采取点封和号料的形式，冻结储备了片石2000吨、木材800立方米、木桩17670根、铅丝24.86吨、号树22170棵，各种编织袋40.507万条、苇席8900片、抢险排体70块、苫布4493块、麻绳5145千克、应急灯4台套、强光手电15个、柳条笆2000片、铁锹30把、药品189种、打桩工具228台套，挖掘机49台、运输车辆1820辆。同时，各储备单位、运输部门都建立了24小时值班制度，确保防汛物资调运及时。

2008年，协调有关部门和单位，按照分级分部门储备的原则，储备铅丝19.96吨、抢险排体70块、木桩1.86万根、苇席6800片、片石2000吨、号树1.97万棵、麻袋8900万条、编织袋47.553万条、麻绳3695千克、草袋8040万条、苫布1985块、应急灯6台套、强光手电15个、柳条笆1000片、铁锹30把、临时冻结市场木材1018立方米、药品79种、打桩工具55台套、挖掘机73台、运输车辆1940辆。各储备单位、运输部门建立了24小时值班制度，确保防汛物资调运及时。

2009年，按照分级分部门储备的原则，储备铅丝38吨、抢险排体70块、木桩1.86万根、片石2000吨，号树1.97万棵、编织袋14.7万条，麻绳3895千克、苫布2587块、应急灯6台套、柳条笆500片，铁锹30把、临时冻结市场木材1018立方米、药品79种、打桩工具76台套、挖掘机85台、运输车辆2362辆。

2010年，抢险物资的储备采取水利专储、商业代储，指定建筑料场的物资备用与群众号料相结合的办法。储备铅丝38吨、抢险排体70块、木桩2.3万根、片石2000吨、号树3万棵、编织袋19.7万条、麻绳3895千克、苫布2587块、应急灯6台套、柳条笆500片、铁锨30把、临时冻结市场木材1018立方米，药品79种、打桩工具76台套、挖掘机85台、运输车辆2362辆。并制定了调运方案。

3. 汛前检查和防汛演习

1991—2010年，汛前由宝坻区防汛抗旱指挥部领导带领有关人员，对一级河道、重点闸涵和33座扬水站及防汛组织建设、责任制的制订落实、抢险队伍建设、抢险物资准备情况等逐项进行检查，发现问题及时整改。

1991—1996年，每年6月10日前，完成国有扬水站的各种准备，完成扬水站电气预防性试验、机电维修和土建维修工程。

1996年，从6月26日开始，发动群众，清除阻水坝挡3792个，清捞88800米干渠杂草，疏通田间渠道9500条，堵搭道口104处，补搭蓟运河堤上土牛16900个，截至7月12日，完成土方5.2万立方米。

1998年，按照天津市、宝坻县防汛动员大会要求，认真贯彻“安全第一，常备不懈，以防为主，全力抢险”的方针，落实抢险预案，落实防汛抢险物资。

1999年，汛前组建防汛抗旱指挥部，组建23个河道防汛分指挥部，1个除涝分指挥部和1个城区排水分指挥部。以各乡镇为单位组建除涝小组，组建5万名民兵抢险队。以县河道所职工为骨干组建50人的县级机动抢险突击队，县指挥部组建40人抢险专业队。

重点检查以行政首长负责制的防汛责任制落实情况。检查县主要领导包河系、县直有关局领导包分指挥部、乡镇领导包险堤险段、包除涝片、包病险闸涵的岗位责任制。检查河堤防汛责任单位，重点险工险段责任落实到人的情况。检查重新核实签订一级河道堤防、蓄滞洪区和重要闸涵的县、乡镇两级防汛责任书的落实情况。检查水利、电力、电信、粮食、物资、供销等专业职能部门的防汛责任制；河道堤防、险工险段、闸涵、泵站点、蓄滞洪区等各具体部门的岗位责任制与技术责任制；对防洪抢险预案的制订和防汛物料的采集与储备情况进行落实。

2000年7月12日，宝坻县政府组织召开防汛除涝动员大会，副县长侯隽作了“统一思想，明确任务，开创防汛除涝工作新局面”的动员报告，安排部署全县防汛除涝工作，强调认清形势，克服麻痹思想，明确目标，全面落实度汛措施。

2002年6月12日，宝坻区防汛抗旱指挥部指挥、区长高永志，副指挥、副区长贾凤山带队组织有关单位领导对一级河道堤防、扬水站、重要闸涵进行汛前检查，重点检查津蓟高速公路泃河高架桥、蓟运河险工险段复堤、潮白新河大堤灌浆工程。立即责成有关单位对检查出的问题及时处理，对暂时有困难的，制订应急抢险措施，保证汛期不出现险情，与有关单位签订抢险责任制，明确岗位责任，责任落实到人。7月4日，区委书记张景泉、副区长贾凤山检查了蓟运河防汛准备情况。

2005年，为确保安全度汛，组织有关单位和部门，按照各自的分工，采取拉网式、踏查式等不同方式，对防汛除涝设施开展深入细致的大检查，对检查出的问题和隐患进行了及时处理，同时组织人员对河道堤防进行维护，补搭了蓟运河堤上土牛，疏通河渠，清除阻水障碍，清捞排沥河渠、扬水站前池和主要闸站的杂草；制止行洪河道因养鱼造成的两水夹堤现象，并由乡镇、村承包户签订了确保河道行洪安全承诺书。

2008年，组织有关部门对全区防汛除涝的重点闸站、物资储备进行专项检查，对查出的问题落实整改措施，并及时进行整改，保证汛期防汛除涝的正常开展，全面落实巡视检查及上报工作制度，落实组织、人员、物资、车辆，对险工险段制订抢险措施。全区各单位、各部门按照各自的分工，对防汛除涝工作开展深入细致的大检查，做到汛期不过、检查不止，对检查出的问题和隐患进行及时处理，对暂不能处理的，制订应急抢护方案。同时，组织人员对河道堤防进行维护，补搭蓟运河堤上土牛，疏通河渠，清除阻水障碍，清淤排沥河渠、扬水站站前和主要闸涵的杂草。

2010年，防汛专项检查从3月开始，宝坻区防办组织工程技术人员对一级、二级河道堤防、穿堤建筑物、扬水站（点）、蓄滞洪区进行全面细致的检查，对存在的安全隐患进行及时整改，对行洪河道内阻水障碍物依法进行清障，确保行洪安全。

为提高有关人员防汛抢险的指挥能力和实战抢险能力，强化抢险队伍建设。从2002年起，每年7月进行防汛演习。组织有关部门在宝坻区一级河道有关河段举行河道堤防渗漏、管涌、滑坡等险情和扬水站机电故障排除的实战演习。

2002年，组建5万名民兵抢险队伍；组建区直抢险第一梯队、第二梯队，共计2000人；以区河道所职工为骨干，建立了区级机动抢险队，共计55人，汛前对机动抢险队成员进行抢险技术培训和实战演练。

2003年，遵照市防办的统一部署，宝坻区组建5万名民兵的抢险队；区直抢险第一梯队、第二梯队和乡镇专业抢险队；以区河道所职工为骨干，组建55人的区级机动抢险专业队（市防汛抢险第一分队）；以排灌站职工为骨干，组建30人的机电、土建设施维修抢险专业队。聘请防汛抢险专家对机动抢险队和抢险打桩队进行技术培训和实战演练。

2004年，对宝坻区5万名的民兵抢险队，2000人的区直抢险第一梯队、第二梯队，各乡镇专业抢险队、河道所55人区级机动抢险队，30人的排灌站扬水站机电、土建设施维修抢险队员及各级防汛指挥人员进行抢险技术培训并组织实战演练，提高了相关人员防汛抢险的指挥能力和实战抢险能力。

2005年，对4支防汛抢险队伍：5.5万名的民兵抢险队，2000人的区直抢险第一梯队、第二梯队，55人的区级机动抢险队，30人的排灌站扬水站机电、土建设施维修抢险队进行培训并组织实战演习。

2006年，全市防洪综合演习在宝坻成功举行。演习内容分别为：黄庄洼蓄滞洪区宝坻王木庄村群众转移与接收安置、潮白新河堤防漫溢抢搭子堤、河道清障和提闸分洪及水文测报及水上救护，共4个科目。

2007年7月13日，组织有关部门在蓟运河举行了河道堤防渗漏、管涌、滑坡等险情的抢险和扬水站机电故障排除的实战演练。

2008年7月13日，宝坻区防汛抗旱指挥部组织有关部门在潮白新河胡各庄段举行了河道堤防渗漏、管涌、滑坡等险情的抢险和扬水站机电故障的应急抢险的实战演练。

2009年7月25日，宝坻区水务局抢险队70人在潮白新河左堤黄庄洼分洪闸处和老庄子扬水站处进行了河道堤防渗漏、管涌、滑坡等险情的抢险和扬水站机电故障的应急抢险实战演习。演习提高了各级指挥员的指挥能力和抢险队伍的实战能力。

2010年，通过授课和实地演练等形式对专业抢险队伍进行了培训，共涉及抢险队员5.5万人，机动抢险队55人。7月20日，宝坻区水务局抢险队55人作为天津市机动抢险队第一分队参加了天津市防汛抗旱指挥部举行的军地联合防汛演习。

四、防洪工程建设

（一）应急度汛工程

2001年，完成蓟运河西庄沽至小高庄段险工治理，治理长度3.908千米，完成土方8.97万立方米，石方0.88万立方米，混凝土172立方米。

2002年，完成除险加固工程共4项，分别是：①潮白河堤防灌浆工程，长5.00千米；②西老口穿堤涵闸加固工程（包括进、泄涵各2孔）；③潮白新河管理所设计重建工程；④洵河老高寨护砌工程，长0.30千米。

2003年，完成度汛工程11项，堤防治理工程6项，分别是：①青龙湾减河右堤加固工程3.15千米；②洵河西四庄至老高寨段加固工程2.50千米；③潮白河左堤复堤工程7.5千米；④潮白河左堤灌浆工程15千米；⑤南里自沽蓄水闸闸门维修工程；⑥潮白河小辛马穿堤闸涵加固工程。

除涝工程5项，分别是：①董塔扬水站更新改造工程；②扬水站机电、土建维修工程及预防性试验；③城区排污泵站维修、明渠及进出口清淤工程；④二级河道、干支渠6座主要闸涵维修工程；⑤周良项目区马营渠及潮白新河右堤截渗沟疏浚清淤工程。

2004年，完成度汛工程19项，分别是：①蓟运河鲁沽段险工治理工程5千米；②大黄堡洼蓄滞洪区混凝土撤退路工程3.34千米；③泃河右堤白龙港除险加固工程；④青龙湾减河左堤东老口段除险加固工程；⑤北京排污河闫皮庄除险加固工程；⑥潮白新河灌浆加固工程，左堤27＋500～32＋500段，长5千米，土方2万立方米；⑦泃河右堤管理段设施重建工程，土方1194立方米，砌砖117立方米，混凝土70立方米；⑧潮白新河左堤胡各庄管理段设施改造工程，新建管理房120平方米，砌砖184.9立方米，混凝土70立方米，打机井1眼，架设10千伏变压线路1.5千米，配置20千伏安变压器1台；⑨青龙湾减河左堤东老口穿堤涵闸加固工程，动土方660立方米，石方296立方米，混凝土75立方米；⑩泃河左堤白龙港穿堤闸涵拆除工程，土方5320立方米，浆砌石拆除950立方米；⑪北京排污河左堤闫皮庄穿堤涵闸拆除工程，土方4580立方米，浆砌石拆除1189立方米，混凝土拆除33立方米；⑫蓟运河险工治理工程（二标），长2042米，完成土方87199立方米，石方6173立方米，混凝土258.5立方米，泥结石路面8008平方米，新建闸1座；⑬蓟运河险工治理工程（四标），长2956米，完成土方150495立方米；⑭蓟运河红帽复堤工程；⑮蓟运河北芮庄复堤工程；⑯蓟运河李家口复堤工程；⑰蓟运河勾庄子复堤工程；⑱蓟运河张头窝复堤工程；⑲蓟运河北芮庄闸封堵工程。

2005年，完成应急度汛工程19项，分别是：①东老口20立方米每秒扬水站的扩建工程；②蓟运河靳厂庄段复堤工程；③30座扬水站和城区3座排沥泵站的预防性试验和不合格项目处理工程；④扬水站土建、机电维修工程；⑤城区排沥设施维修工程；⑥周良庄项目区应急排水工程；⑦京津新城工业园应急排水工程；⑧蓟运河李家口扬水站后大墙和李家口段戗堤加固工程；⑨蓟运河北芮庄闸拆除复堤工程；⑩一级、二级河道西老口等5座闸涵维修工程；⑪老庄子扬水站进涵维修工程；⑫一级河道白毛庄分洪闸等3座闸涵维修工程；⑬大刘坡、里自沽、郭庄等3座扬水站进涵闸门更新工程；⑭黄庄退水闸维修加固工程；⑮引泃入潮褚庄闸维修工程；⑯泃河老高寨复堤工程；⑰青龙湾减河右堤大刘坡段堤顶硬化工程；⑱蓟运河鲁沽段至宽江段治理工程；⑲青龙湾减河左堤复堤工程。

2006年，天津市、宝坻区投资6433.29万元，重点完成了潮白新河南里自沽蓄水闸除险加固工程，泃河右堤下午庄段砌石护坡工程，青龙湾减河右堤狼尔窝分洪闸至汪曹庄路口段堤顶硬化工程，大黄堡洼蓄滞洪区大尔路，李潘路19.8千米撤退路工程，胡各庄扬水站泄涵除险加固工程，扬水站31座和专用变电站6座的预防性试验和不合格项目的处理，扬水站土建机电维修工程，城区排沥设施维修工程，老庄子扬水站泄涵维修加固工程，黄白桥扬水站出水管断裂加固工程，一级、二级河道大刘坡涵洞等14座闸涵维修工程，进一步提高了宝坻区防洪除涝能力。

2007年，完成应急度汛工程25项，投资13699万元。主要是：实施京津新城扬水站、大套扬水站等重点工程建设，箭杆河扬水站更新改造工程，31座扬水站土建、机电维修工程，城区排沥河道治理及排沥泵站配套设施维修工程，泃河西会段应急度汛工程，于家观段防渗处理工程，引青入潮右堤八道沽以下段堤顶硬化工程，一级、二级河道闸涵维修工程等建设。蓟运河张富头扬水站进水闸及泄水闸加固工程，投资140万元。

2008年，完成了一级河道青龙湾减河右堤、左堤和潮白新河左堤复堤工程，完成了市管、区管闸涵维修工程，完成投资693万元。蓟运河红帽段应急度汛工程，投资60万元。

2009年，完成了一级河道闸涵日常维修、蓟运河左家铺险段施工、潮白新河堤防灌浆、胡各庄低水闸拆除、蓟运河右堤李家口险段施工工程，完成投资700万元。蓟运河宝坻区左家铺段应急度汛工程，完成土方开挖3150立方米，土方回填320立方米，浆砌石1998立方米，碎石垫层508立方米，于2009年4月20日开工，5月20日竣工，完成投资120万元。蓟运河右堤李家口南段应急度汛工程，土方开挖4364立方米，土方回填719立方米，浆砌石2740立方米，于2009年7月22日开工，9月30日竣工，完成投资150万元。

2010年，完成了一级河道区管闸涵维修工程、泃河综合治理工程、蓟运河九王庄段护砌工程、潮白新河右堤堤防灌浆工程，共计投资1255万元。

（二）大黄堡洼蓄滞洪区建设

1997—2006年，宝坻区对大黄堡洼蓄滞洪区进行多项安全工程建设，其中建设撤退路6条，分别是尔李路、九尔路、尔于路、汪曹庄路、大尔路、李潘路，总长31.45千米，工程总投资1938.87万元；建设安全房11处，安全避险面积6000平方米，工程总投资468.5万元。

五、抗洪除涝

（一）抗洪

1991—2010年间，形成洪灾的年份为1994年和1996年。

1. 1994年抗洪

1994年7月13日，上游普降大到暴雨，6条一级河道相继出现洪峰。7月13日5时，青龙湾减河土门楼闸下泄流量为660立方米每秒，14时下泄流量为1030立方米每秒，17 时洪峰流量达到 1060 立方米每秒。7 月 13 日 18 时，蓟运河九王庄闸水文站下泄流量为 117 立方米每秒，7 月 15 日 8 时最大洪峰流量达 246 立方米每秒。7 月 13 日 20 时，潮白新河吴村闸下泄流量为 587 立方米每秒，7 月 14 日 5 时最大洪峰流量达 598 立方米每秒。7 月 13 日 19 时 12 分，引泃入潮最大洪峰流量为 808 立方米每秒。7 月 14 日，北京排污河最大洪峰流量达 320 立方米每秒。7 月 13 日，泃河主要支流武河最大洪峰流量为 206 立方米每秒。

各河系水位持续上涨，多处大提发生险情，一级河道堤防出现险情 16 处，发生较大险情 10 处分别为：泃河右堤大吴庄村西险段 200 米，其中 100 米出现滑坡，深度 0.5～1.0 米；泃河单街子 120 米险段，其中 70 米出现滑坡，深度 0.5～1.0 米；蓟运河右堤马营村北塌陷坑，顺堤长 3 米，顺坡长 2 米，塌陷深度 1 米；引泃入潮右堤入潮口处出现长 7 米、深 2 米纵缝 1 条，长 12 米、深 3 米横缝 1 条；北坛村西蓟运河右堤堤脚一漏段，顺提长 200 米，顺坡长 3～4 米，渗量汇集后约 0.01 立方米每秒；新安镇孙家口处蓟运河右堤一渗漏段，顺堤长 1000 米，顺坡长 4～5 米；蓟运河民会段堤防，出现塌陷坑，大吴庄段原险堤段发生大堤滑坡；青龙湾减河李家牌闸处出现一塌陷坑；潮白河莱芽庄闸渗漏；北京排污河东安子闸渗漏等。

7 月 13 日 17 时，青龙湾减河洪峰流量超过设计行洪标准 160 立方米每秒，狼尔窝分洪闸水位达到 8.52 米，超过设计分洪水位，天津市防汛指挥部经过分析研究最后决定：固守大堤、强道行洪。7 月 14 日 10 时 30 分，水位回落到 8.43 米，7 月 15 日水势继续逐渐回落，青龙湾减河大堤安然无恙。

6 条一级河道行洪期间，在防汛形势十分严峻的形势下，宝坻县防汛指挥部连续发了 3 道命令，命令沿河分指挥部、乡镇领导、抢险队、汛工立即上堤坚守岗位，采取封堵所有闸涵、抢搭子埝等各种应急抢险措施，以确保大堤安全。

抗洪期间，宝坻县委、县政府、县人大、县政协四大机关包河系领导及工委、乡镇领导奔赴抗洪第一线，指挥抗洪抢险。全县共出动抢险队 5 万人坚守抗洪抢险地段，经过三天三夜的奋战终于战胜了洪水。

2. 1996 年蓟运河抗洪抢险

由于上游地区连降暴雨，宝坻境内、蓟运河、泃河、潮白新河、北京排污河于 1996 年 7 月开始相继行洪，其中蓟运河行洪水位、流量均超过 1994 年。截至 9 月 15 日，境内 6 条一级河道来水总量为 20.66 亿立方米，造成 18 个乡镇河滩地农作物被淹，受灾总面积 2911 公顷。

1996 年 7 月下旬，蓟运河上游地区及宝坻县境内连降大到暴雨，8 月 3 日 12 时，九王庄闸提闸泄洪，8 月 10 日，蓟县、平谷等地区又连降大到暴雨，于桥水库水位陡涨，入库最大洪峰流量达到 1484 立方米每秒，出库流量 200 立方米每秒。蓟运河九王庄闸闸上最高水位8.5米，闸下泄流量307立方米每秒，小河口水位6.41米，张头窝水位5.3米，堤顶距水面仅有0.5～0.7米，由于风浪的冲击，大堤的迎水坡被洪水淘成很多直坎。23处河堤出现严重险情，其中险情最为严重的是南燕窝外堤滑坡80米、鲁沽村南滑坡50米、勾庄子渗漏50米，八门城镇张头窝村滑坡、管涌20米。

8月10日，张头窝村南堤防发生外堤滑坡，宝坻县防汛指挥部连夜召开紧急电话会议，迅速调抢险专业队40人和八门城镇抢险队200人上堤，采用上游用抢险排体封堵、下游做砂石反滤排水的方法保护大堤。勾庄子村东30多米地段出现堤防渗漏滑坡，县指挥部组织县抢险专业队40人和勾庄子等6个村780人上堤抢险，采用上游用苫布和抢险排体封堵，下游打桩做砂石反滤排水，并用麻袋、编织袋装土加固堤坡。小河口至张头窝段35千米采取柴排防浪的方法护坡，防护堤坡被冲，成效显著。

本次防汛抢险共从县直单位调运苫布3块，排体24块，尼龙苫布26块，苇席25片，麻袋3130条，草袋800条，编织袋800条，防汛木桩16.6立方米，铅丝50千克，河砂10车，石子11车，粗砂、石屑、铺路废料12车；从乡镇调运苫布7块、荆条笆21块、麻袋4215条、编织袋11150条、木桩16.4立方米、铅丝258公斤、水泥7袋、运输车辆256车次。

防汛抢险期间，天津市有关领导亲临一线指挥抗洪，县各级政府主要领导带队上堤抢险，运用各种抢险措施，经过20多天的顽强拼搏，险情得到了有效控制，最终取得了抗洪抢险的全面胜利。

（二）除涝

1. 除涝准备

除涝组织机构。宝坻区防汛抗旱指挥部下设除涝分指挥部，各乡镇成立除涝领导小组，专门负责除涝工作，根据雨情决定扬水站开车运行和除涝闸涵调度。

汛前除涝设施检查。每年2—3月，宝坻区水务局排灌管理站组织专业人员对所管辖的除涝设施，即扬水站、闸涵进行土建和机电设备全面检查，对发现的问题及时制订维修计划，申报维修资金，并在汛前维修完成，同时做好机电设备的保养工作。

扬水站机电设备预防性试验。每年3月，宝坻区水务局排灌管理站组织机电组对宝坻区33座扬水站、6座专用变电站的电气设备进行全面的预防性试验，发现问题及时维修，保证汛期正常运行。

扬水站试运行。每年6月，宝坻区水务局排灌管理站对维修、维护、保养后的33座扬水站进行开车试运行，观察运行是否正常，发现问题及时处理。

2. 汛期排水

1991—2010年，全区33座扬水站均进行过不同台时的汛期排水运行，总排水量约为266015.8万立方米，开车运行约为394098.1台每时，总耗电量约为7660.464万千瓦时。汛期排水量最多的年份为1996年，排水量达44238.8075万立方米，汛期排水量最少的年份为1993年，排水量为174.1508万立方米。平均年排水量为13300.79万立方米。

1991—2010年6—9月宝坻区农田排水统计和宝坻区排入各一级河道水量统计见表3-1-31和表3-1-32。

表3-1-31 **1991—2009年6—9月宝坻区农田排水统计**

年份	排水量/万立方米	开车运行		耗电量/万千瓦时
		小时	分钟	
1991	14042.7533	20709	12	287.9250
1992	4985.7745	6493	4	110.2861
1993	174.1508	431	47	10.5250
1994	17087.1911	25998	46	455.8913
1995	36313.5905	59874	11	1215.3855
1996	44238.8075	72518	58	1497.6745
1997	6242.1460	8385	10	162.2918
1998	17959.2584	26198	23	306.5005
1999	16728.6310	20150	15	668.5440
2000	10573.8038	19858	55	386.9513
2001	10039.7520	18025	0	348.2858
2002	7106.1120	10467	0	221.6513
2003	3104.8040	3794	31	59.2988
2004	6479.2716	8508	25	136.5691
2005	7673.6150	10317	37	152.7049
2006	13946.9346	19066	10	254.3167
2007	3082.4320	3893	44	64.0310
2008	19732.3060	26481	44	490.8463
2009	17504.4746	23333	11	554.7850
2010	9000.0000	9600	0	276.0000
合计	266015.8087	394098	483	7660.4639

表 3-1-32 1991—2010 年 6—9 月宝坻区排入各一级河道水量统计

年份	排入蓟运河水量/万立方米	排入潮白新河水量/万立方米	排入青龙湾减河水量/万立方米	排入引泃入潮水量/万立方米	排入北京排污河水量/万立方米
1991	3371.6688	5391.3105	4160.594	866.160	253.020
1992	2464.9200	353.1365	2152.238	15.480	0
1993	13.4080	81.4228	0	79.320	0
1994	4974.6895	6625.3636	4237.743	373.288	876.116
1995	9417.6060	16844.5105	7873.654	154.440	2023.380
1996	16315.5280	15721.0835	10480.256	354.960	1366.980
1997	49.6780	2409.0600	3409.800	60.480	232.128
1998	7783.0504	5609.9780	4197.230	0	369.000
1999	3940.5600	8730.3600	3701.160	264.391	92.160
2000	4067.0280	4387.8248	1974.240	92.871	51.840
2001	1833.5520	4475.1600	3552.480	25.920	152.640
2002	1880.6040	2041.0200	2958.120	7.488	218.880
2003	722.4560	947.8980	1430.130	4.320	0
2004	1558.0956	2927.9760	1915.440	0	77.760
2005	2704.3010	2853.9060	1555.320	28.728	531.360
2006	6151.5006	4648.6400	2535.426	29.008	582.360
2007	1134.6120	1330.5560	615.104	2.160	0
2008	4326.8660	9033.0500	5310.390	0	1062.000
2009	4579.5210	5870.4416	5833.248	132.264	1089.000
2010	0.0000	4751.5510	5211.200	0	718.280
合计	77289.6449	105034.2488	73103.773	2491.278	9696.904

3. 1996 年除涝

1996 年汛期，宝坻县连续普降大到暴雨，截至 9 月底，全县汛期总平均降雨量为 627.3 毫米，降雨量最大的乡镇为新安镇乡，降雨量为 729.4 毫米；降雨量最小的乡镇为大唐庄乡，降雨量为 345.7 毫米。全县有 31 个乡镇农田出现不同程度灾情，成灾总面积达 30633 公顷，部分地块（主要是封闭小洼堤）受灾减产乃至绝收。

7 月 22—23 日，宝坻县部分地区遭受暴风雨和龙卷风的袭击，新安镇一次性降雨 120 毫米，致使 13333 公顷农田受灾，成灾面积 6800 公顷，直接经济损失达 4868 万元。

7 月 29 日 4—14 时，全县普降大到暴雨，平均雨量 98.9 毫米，降雨量超过 100 毫米的有 16 个乡镇，降雨量最大的是黄庄乡，为 223.5 毫米。农田积水面积达 3890 公顷，积水深度100毫米以下的有3810公顷，100～300毫米的有80公顷。宝坻县防汛指挥部下发紧急通知，要求各工委除涝分部、各乡镇紧急行动，组织群众清挡扒口、排除积水。同时，乡镇主要领导亲自带队，昼夜不停抢捞站前杂草，确保扬水站开车排水。全县共有25座扬水站开车，开动机泵109台，截至8月1日，累计开车12163台时，排除积水8611万立方米。除黄庄、欢喜2个乡个别地块外，田间积水基本排除。

8月2日零时至8月3日6时，全县再次普降大到暴雨，平均降雨量103.4毫米。一次降雨量最大的是中登乡，降雨量为244.5毫米。8月4日8时至8月5日16时，全县平均降雨量64毫米，降雨量最大的是新开口乡，降雨量达到117.1毫米。全县农作物累计积水面积15747公顷（不包括稻田）。县领导兵分两路深入乡镇，组织群众全力抢排沥水。扬水站开车机组增加到203台，排水能力达到403立方米每秒。截至8月4日，累计开车20377台时，排除沥水14200万立方米，3500公顷农作物积水基本排除。由于连续降雨，部分地块农田积水长达一周时间，各级政府积极组织群众开展生产自救，抢捞站前杂草，确保扬水站开全车排沥；加强大田作物管理，对绝收地块及时改种其他作物；搞好稻田病虫害防治；抓好以防疫、促销为主要内容的养殖生产，将沥涝灾害造成的损失降到最低程度。

为抢排沥水，全县扬水站汛期开车总台时达77497小时，排除沥水5.39亿立方米。

第二节　抗　　旱

1991—2010年，宝坻区春旱成灾年份17次，伏秋旱成灾年份16次，严重旱灾8年，其中1999—2003年连续5年发生旱灾。旱灾给区内工农业生产和人民群众的生活带来了困难。为减少旱灾造成的损失，宝坻区政府一方面结合旱情制定方案，采取措施，积极组织防灾救灾。另外，加大人力物力财力投入力度，采取工程措施最大限度维持和增加自备水源调蓄能力。合理调度雨洪资源，蓄水与防汛工程相结合开源节流合理开发利用，使抗旱工作取得一定成效。

一、重灾年份抗旱

1991—2010年，旱情比较严重的年份有8年，特别是1999—2003年旱灾连续发生，给本地经济造成了较大损失。

1992年1—5月，全县平均降雨量为39.7毫米，是天津市有旱情记载103年以来第二次大旱之年，造成河渠干枯，地下水位下降，自备水源基本枯竭，大部农田失墒欠墒。在农业用水极为困难的情况下，为缓解严重旱情，全县农用机井4106眼、企业用井107眼、生活用井606眼全部开车，灌溉面积16567公顷。同时，大力推广节水灌溉技术，新建防渗渠道48.47千米，效益面积0.062万公顷。

1993年，遭遇中华人民共和国成立以来的特大春旱。1—4月，全县平均降雨量为16.3毫米，比大旱的1972年同期减少35%，全县受灾面积为8513公顷，成灾面积为5393公顷。在持续严重干旱面前，为解决水源不足的问题，县水利局在县政府的安排部署下，早做准备，积极利用地表水源的优化调度和地下水合理开采相结合，在抗旱期间得到上游和市有关部门的支持，自1992年10月至1993年3月调入水1.27亿立方米，将灾害损失降到最低。

1997年，全县年平均降水量为397.7毫米，其中1—5月降雨量仅为59毫米，6—9月降水量为286.4毫米，分别比多年平均值减少21.58%和41.04%，遭遇严重春、伏旱灾。截至6月，完成春播43000公顷，因欠墒仅完成春种任务的10%；夏种任务应为35000公顷，完成播种面积20000公顷，15000公顷因欠墒无法播种。宝坻县委、县政府多次召开会议，安排部署抗旱工作。利用一级河道现有水源，向县内骨干渠道输水。同时，成立了抗旱服务组织，发动群众开展抗旱减灾的生产自救，抓紧夏种以及稻麦连作地块的插秧。为确保高效农业发展用水，千方百计组织地表水源和开采地下水。全年共调用地表水3.34亿立方米，其中自蓄水1.65亿立方米，调蓄水1.19亿立方米，引截基流尾水0.4亿立方米，引滦水0.1亿立方米，地表水灌溉面积37600公顷。开采地下水1.12亿立方米，其中农业用水0.74亿立方米，地下水灌溉面积1.67万公顷。将灾害损失降到了最低限度。

1999年，遭遇全年特大干旱，全年平均降水量仅为329.5毫米；最高降水量在9月，为87.8毫米；1月、2月无降水；主汛期（6—9月）降水仅为198.7毫米，为1950年以来最低，实属罕见。全县受灾面积33333公顷，成灾面积7047公顷。自6月起，上游来水和本地降雨较往年显著减少，8月上旬，上游地区已无径流，8月底，县自备水源基本无水可用。在严重的干旱形势下，县政府采取应急措施，一方面县领导亲自带队多次到北京、廊坊等地进行求援，先后从上游地区调水1.43亿立方米。同时，加大地下水的开采，全年地下水开采量7398.22万立方米。抗旱期间县水利局加强县内水资源科学调度和工程设施细化管理，维修农用闸涵，防止来之不易的水资源的跑冒滴漏，全力保障农业生产用水。

2000年，是连续干旱的第二年，全年平均降水量为360.2毫米，6—9月平均降水量为248.1毫米，分别比多年平均值减少39.28%和48.92%，由于连续两年降水量偏少和上游径流减少，使自产水储存严重不足。面对严重的缺水形势，县政府责成水利局加大调水力度，千方百计寻求水源，与上级主管部门和上游有关地区协商调水方案，全年累计从上游调水 3.38 亿立方米，实灌面积 41586.67 万公顷。同时，加强地下水资源开发利用，以无井地块开发地下水资源和废井更新为重点，新打农田灌溉井 65 眼，全年开采利用地下水 8267 万立方米，地下水实灌面积 13733.33 公顷，最大限度地减少灾害损失。

2001 年，是连续干旱的第三年。特别是 1—5 月，平均降水量仅为 24.7 毫米，加之上年干旱所致自备水源储存不足，截至 5 月，自备水源已基本枯竭，地下水位急剧下降，农村用水极为困难。全区农作物受灾面积 8913.33 公顷，成灾面积 4373.33 公顷，329 个村 20.45 万人造成生活用水困难。区水利局为充分发挥机井的作用，扩大井灌效益，以无井地块开发地下水资源和废弃井更新为重点，新打更新农田灌溉井 92 眼，维修病坏井 530 眼。经多方协调，全年从上游引调地上水 3.08 亿立方米。与此同时，加快节水工程建设和推动 11 个乡镇发展节水示范工程等取得了较好的抗灾效果。

2002 年，遭遇严重春旱，是连续干旱的第四年。5 月底统计资料显示，1 月、2 月无降水，截至 5 月，累计平均降水为 47.3 毫米，无径流，河渠干枯。由于干旱造成农作物欠墒面积 28200 公顷，失墒面积 5000 公顷。区水务局按照“全面统筹、优化调度、分区供水、合理利用”的原则，制定抗旱应急供调水方案，尽可能满足农业用水的需要。发动干部职工全力以赴，努力克服困难，千方百计引调水源，全年从上游引调地表水 2.94 亿立方米。同时加大投资力度，对地下水资源的开发利用和河渠改造以及节水工程的建设，有力地缓解了灾情发展。全区 2.4 万公顷小麦、4.27 万公顷经济作物大田、1 万公顷稻田、0.3067 万公顷养殖水面和 4 座小水库的水产养殖，在大旱之年农业、水产业获得丰收。

2003 年，是干旱灾害连续发生的第五个年头，全年春伏旱灾叠加。全区 1—9 月累计降水 303.7 毫米，最高降水为 8 月，仅为 95.5 毫米，全年基本无产径流，河渠干枯，可利用地表水资源严重短缺。面对严重干旱，在极端困难的条件下，在区政府和市水务局的支持下，区水务局加大调水力度，经多方协调，从上游引调水 4.01 亿立方米。同时以建节水型农业为目标，大力发展节水灌溉工程。继续实施沟、渠清淤，按照水、田、路、林综合治理的要求，搞好水利工程的配套与完善和地下水资源开发，使有限的水资源得以高效利用。截至年末，为来年储备地表水存储量 1.52 亿立方米，其中一级河道 0.855 亿立方米，二级河道 0.045 亿立方米，干、支渠 0.300 亿立方米，坑塘、鱼池、小水库 0.320 亿立方米。

二、抗旱组织措施

1991—2010 年，是宝坻区遭遇严重干旱的时段。

宝坻区是天津市农业生产的重要区。旱灾对本区农业生产造成极大的危害。区防汛抗旱指挥部在严峻的旱情形势下，采取以防旱灾与防汛排涝相结合，科学调度汛期尾水，合理配置雨洪资源，适当提高一级、二级河道，干渠、支渠以及中小型水库的拦蓄水位，最大限度地开发自备水源蓄水量，为来年用水做好储备。与天津市有关部门进行沟通求得支持，主动协调上游地区寻求支援帮助，主要利用冬春季开展外调水，1991—2010年间多年平均调入水量为2.13亿立方米，以补充水资源的短缺。以控制地面下沉为前提，合理开发地下水，使地下水开采建立在可控状态，在旱情严重的情况下发挥最大作用。大力开展节水灌溉技术的推广，使有限的水资源发挥最大的效益。

在抗旱救灾工作中，区防汛抗旱办公室总结经验，提前筹划，周密部署，做好提水泵站、机井和供电线路的维修养护，以保证救灾需求。在灾情严峻时刻，各级主要领导带队，亲临现场坐镇指挥，并多次组成服务小分队，深入重灾区开展工作，同时积极组织灾区群众开展生产自救。

2002年，针对严重旱情，区水务局制定了推广新的节水技术，因地制宜，注重实效，以抗旱节水为中心，以节水工程为重点的抗旱方案。

2007年，在开展抗旱调研和总结多年抗旱经验基础上，按照国家防总和市防办的要求，编制完成了《宝坻区抗旱预案》《宝坻区2007年农村春季抗旱预案》，经宝坻区政府批准上报天津市防汛抗旱办公室备案。根据全区旱情的发展情况及时启动了相关预案。

三、抗旱工程措施

1991—2010年，宝坻区政府以提高现有蓄水设施的蓄水能力为目的，多方面筹集资金，加大投资力度，对河渠、水库进行改造和建设，使全区自备水源蓄水能力有了大幅提高。

水库建设。1995—2010年，在已经建成的潮白河水库拦蓄工程基础上，相继完成潮白河水库增容工程及（牛家牌和胡各庄橡胶坝建设）配套；新建西老口、大刘坡、朝霞和狼尔窝等4座水库及其配套设施建设。工程的完成增加自蓄水能力近4000万立方米。

干支渠治理。开展干支渠改造治理提高自备水储存能力。1991—1996年，完成干渠清淤25条，恢复蓄水能力337万立方米；新挖和清淤支渠525条，增加蓄水能力639万立方米。

地下水开采。合理开发利用地下水资源，开展农用机井的维修改造、报废，无井地段补打工作，牛道口郭家深、霍各庄镇破碌碡（破磟碡）村节水工程建设和新安镇井灌区节水计量示范区项目工程建设，使地下水资源得以有效利用。

开展农业节水工程建设。1998—2008 年开展了里自沽灌区节水灌溉改造、大口屯镇石辛庄节水灌溉示范区等节水工程。工程完成后每年可节约用水量为 3774 万立方米。

1991—2010 年，通过采取一系列的拦蓄和地下水资源的开发，全区农业抗旱能力得到很大提升。

第三节 蓄 滞 洪 区

一、大黄堡洼蓄滞洪区

大黄堡洼蓄滞洪区坐落在青龙湾减河及青龙湾减河故道以西，涉及宝坻区、武清区、宁河县 3 个区县，面积为 276.62 平方千米，其中宝坻区部分（尔王庄洼）面积为 114.16 平方千米（不包括尔王庄水库占地），耕地面积为 42.32 平方千米。该蓄滞洪区内地势西北高、东南低，地面高程范围 2.5～4.0 米。

大黄堡洼蓄滞洪区为海河流域的北运河水系，设计蓄滞洪水位 4.5 米，设计蓄洪水位下蓄洪水量为 2.9 亿立方米；由柳河干渠、清污渠、大尔路、九园路、西杜庄干渠等隔堤划分为 5 个滞洪分区；宝坻区境内属于一区、三区、五分区，全部滞洪量为 9130 万立方米。分洪口门为武清区狼尔窝分洪闸（曾用名狼儿窝分洪闸），设计流量 430 立方米每秒，设计标准为 5～20 年一遇，分洪水位 8.1 米。

大黄堡洼运用原则：当土门楼以上来水量达到 900 立方米每秒时，青龙湾减河全力下泄，北运河相继分泄，宝坻区应对土门楼以下青龙湾减河右堤全力防守（包括省市交叉堤段），并做好大黄堡洼分洪准备，当狼儿窝闸上水位达 8.1 米且继续上涨，提开狼儿窝分洪闸，向大黄堡洼分洪。狼儿窝分洪按天津市防办《关于修订大黄堡洼分洪问题的协商纪要》（津防抗字〔1985〕年 75 号）文件执行，即大黄堡洼首先利用一区蓄洪，当陈赵庄水位达到 3 米（黄海高程）且继续上涨时，先向一区分洪；当陈赵庄水位接近 4.5 米，向二区分洪；当陈赵庄水位仍不低 4.5 米，向三区分洪；当陈赵庄水位 4.5 米仍不下降时，向四区分洪；四区利用后，仍不满足滞洪要求，向五区分洪。

（一）社会经济

大黄堡洼蓄滞洪区宝坻区境内涉及牛家牌、大白庄、尔王庄、大唐庄 4 个乡镇的 37 个行政村，共计 5601 户，22071 人。其中牛家牌乡涉及 8 个村 5651 人、大白庄镇 3 个村 3165 人、尔王庄乡 25 个村 11907 人、大唐庄镇 1 个村 1348 人。

大黄堡洼蓄滞洪区在宝坻区境内有忠发地毯厂等3家重要企业，津蓟高速公路12千米，九园公路11.5千米，重要桥梁25座。

（二）历史运用

中华人民共和国成立后，大黄堡洼蓄滞洪区曾经在1955年、1956年、1962年、1963年、1967年、1984年运用过6次。1985—2010年未运用。

（三）围堤隔堤

大黄堡洼蓄滞洪区在宝坻区境内围堤长度29.16千米，其中青龙湾减河右堤8.0千米，堤顶高9.6米，堤顶宽度8.0米；北京排污河左堤3.2千米，堤顶高程7.2米，堤顶宽6.0米；青龙湾减河故道右堤17.96千米，堤顶高程4.0～6.5米，堤顶宽3.0米。分区隔堤长27千米，其中大尔路长15千米，顶高程4.0～5.0米，顶宽5.0～7.0米；九园公路长6千米，顶高程5.0米，顶宽9.0米；闫杜干渠北堤长6千米，顶高程4.0米，顶宽4.0米。

青龙湾减河右堤，设计标准5年一遇，有国有扬水站1座，排水能力16立方米每秒，沿堤有穿堤涵闸4座。

北京排污河左堤3.2千米，设计标准10年一遇，有国有扬水站1座，排水能力14立方米每秒，沿堤有穿堤涵闸2座。

青龙湾减河故道右堤，有7.1千米无堤段沿堤有穿堤涵洞2座，渠口7处。

分区隔堤建有涵闸8座，桥梁2座，其中大尔路沿途有涵闸2座，桥2座；九园公路沿途有涵闸6座。闫杜干渠北堤尚未治理。

（四）堤防及安全设施

青龙湾减河右堤武宝界青龙湾减河故道段堤防薄弱，且为砂性堤，隐患多，穿堤建筑物年久失修，严重威胁防洪安全。青龙湾减河故道右堤宝坻区境内17.96千米，其中7.1千米无堤，另有3.5千米堤段堤埝狭窄、低矮。

分洪隔堤标准低，而且大都是沿村群众转移的必经之路，路面损坏严重，堤顶高程只有4.0～4.5米，大部分路面与地面持平，无法分区运用。

1997—2006年，宝坻区对大黄堡洼蓄滞洪区进行多项安全工程建设。其中建成安全房11处，安全层面积6000平方米，工程投资468.5万元，可安置临时避洪群众2000人。修建撤退路6条，分别是尔李路、九尔路、尔于路、汪曹庄路、大尔路、李潘路，总长31.45千米，等级4级，工程总投资1938.87万元。宝坻区防汛指挥部对乡镇村没有专用的通信预警设施，联络主要依靠固定电话和手机作为通信工具。

宝坻区大黄堡洼蓄滞洪区撤退路建设情况、安全房建设情况和蓄滞洪区基本情况，见表3-3-33～表3-3-35。

表 3-3-33 宝坻区大黄堡洼蓄滞洪区撤退路建设情况统计

道路名称	起止地点	建成年份	规模/米	投资/万元	其中	
					国补资金/万元	自筹资金/万元
尔李路	尔王庄至李家河	1997	5000	182.7	43.8	138.9
九尔路	九园公路至尔王庄	2001	582	49.26	32.84	16.42
尔于路	尔王庄至于家堼	2003	2691	188.11	125.41	62.7
汪曹庄路	青龙湾减河右堤至汪曹庄	2004	3377	230.8	153.9	76.9
大尔路	青龙湾减河右堤至尔王庄	2006	15700	978	652.0	326.0
李潘路	李家河至潘套	2006	4100	316	207.0	103.0

表 3-3-34 宝坻区大黄堡洼蓄滞洪区安全房建设情况统计

工程名称	建成年份	规模/平方米	投资/万元	其中	
				国补资金/万元	自筹资金/万元
尔王庄乡安全房	1997	3000	228.5	31.5	197.0
尔王庄乡安全房	1998	3000	240.0	31.5	208.5

表 3-3-35 宝坻区大黄堡洼蓄滞洪区基本情况

蓄滞洪区名称		大黄堡洼
兴建时间		
所在河流		海河
所在市县		天津市宝坻区
设计蓄滞洪水位/米		4.5
设计蓄滞洪量/亿立方米		0.913
淹没面积/平方千米		107.072
耕地/公顷		4383
地面高程范围/米（注明高程系）		2.5～4.0
运用概率		20年一遇
涉及区域	乡镇/个	4
	行政村/个	37
	户	5601
区内	人口/万人	2.2071
	行政村/个	37

续表

<table>
<tr><td rowspan="4">安全区（保庄圩）</td><td>安全区/处</td><td></td></tr>
<tr><td>围堤长/米</td><td></td></tr>
<tr><td>堤顶高程/米</td><td></td></tr>
<tr><td>可安置人口/人</td><td></td></tr>
<tr><td rowspan="3">避水楼（房）</td><td>数量/座</td><td>11</td></tr>
<tr><td>安全层面积/平方米</td><td>6000</td></tr>
<tr><td>可安置人口/人</td><td>2000</td></tr>
<tr><td rowspan="4">安全台（庄台）</td><td>座数</td><td></td></tr>
<tr><td>高程/米</td><td></td></tr>
<tr><td>面积/平方米</td><td></td></tr>
<tr><td>可安置人口/人</td><td></td></tr>
<tr><td colspan="2">安全设施解决人口/人</td><td>1525</td></tr>
<tr><td colspan="2">运用时需转移人口/人</td><td>14951</td></tr>
<tr><td colspan="2">通信设施</td><td>电台、电话、手机</td></tr>
<tr><td colspan="2">报警设施</td><td>电话</td></tr>
<tr><td colspan="2">船只</td><td></td></tr>
<tr><td rowspan="2">撤退道路</td><td>数量/条</td><td>6</td></tr>
<tr><td>长度/千米</td><td>31.45</td></tr>
<tr><td rowspan="3">进洪闸</td><td>名称</td><td>武清区狼尔窝分洪闸</td></tr>
<tr><td>分洪水位/米</td><td>8.1</td></tr>
<tr><td>设计泄量/立方米每秒</td><td>430</td></tr>
<tr><td rowspan="3">退洪闸</td><td>名称</td><td></td></tr>
<tr><td>退洪水位/米</td><td></td></tr>
<tr><td>设计泄量/立方米每秒</td><td></td></tr>
<tr><td rowspan="3">行洪口门</td><td>口门位置</td><td>1. 闫杜渠南口门位于闫杜渠与十六支交口北 250 米处；
2. 闫杜渠北口门位于闫杜与十七支交口北 250 米处；
3. 梅丰路及引滦明渠口门位于尔辛庄村南；
4. 闫东渠 3 个口门位于小高庄村北，李家河村北、潘套村南；
5. 大尔路口门位于许辛庄村西南 250 米处</td></tr>
<tr><td>口门高程/米</td><td>3.3～4.0</td></tr>
<tr><td>口门宽度/米</td><td>100～300</td></tr>
</table>

续表

蓄滞洪区堤防	堤顶高程/米	4.0～9.6
	堤长/米	29160
	堤顶宽/米	3～8
	防洪标准	

二、黄庄洼蓄滞洪区

黄庄洼蓄滞洪区位于潮白新河下游以东，蓟运河以西，西关河和江洼口深渠以北，箭杆河以南地区，总面积约339平方千米。地处天津市宝坻区和宁河县境内。蓄滞洪区内宝坻区面积33227.5公顷，其中耕地面积15965公顷。区内地势为西北高、东南低，地面高程1.9～4.5米。

蓄滞洪区属于潮白河系。设计蓄洪水位为4.5米（大刘坡为控制地点），设计蓄洪水位下全区蓄洪量为5.14亿立方米（宝坻区4.32亿立方米），运用机遇为5年一遇。黄庄洼运用原则：当黄白桥水文站水位达到6.14米（黄海高程）且继续上涨时，开启黄庄洼分洪闸向本区分洪。首先向一区分洪，当一区战备闸水位达到3米（黄海高程）且水位持续上涨时，扒开一区分洪口门，向二区分洪。

（一）社会经济

黄庄洼蓄滞洪区在宝坻区境内涉及林亭口、黄庄、八门城、口东4个乡镇的130个行政村和黄庄农场，共涉及21307户79798人，面积332.275平方千米，其中林亭口镇涉及45个村26557人，黄庄乡涉及19个村11700人，八门城镇涉及54个村27716人，口东镇涉及12个村13554人，黄庄农场271人。

黄庄洼蓄滞洪区在宝坻区境内有恒瑞制衣、津河乳业、八门城经济开发区等40家重要企业，九园公路、宝芦公路等重要道路38.775千米，重要桥梁75座。

（二）历史运用

黄庄洼蓄滞洪区在1950年、1951年、1952年、1953年、1954年、1955年、1956年、1958年、1962年、1964年、1966年、1967年、1969年运用13次，1970年后尚未运用。

（三）围堤

黄庄洼蓄滞洪区围堤总长80千米，其中潮白新河左堤28千米，堤顶高程8.7～11.5米，堤顶宽8.0米；蓟运河右堤12千米，堤顶高程5.0～6.5米，堤顶宽4.0～5.0米；北围堤15.5千米，堤顶高程3.0～5.5米，堤顶宽2.0～3.0米；箭杆河右堤

16.5 千米，堤顶高程 3.5～6.0 米，堤顶宽 3.0～5.0 米；西关引河北堤 8.0 千米，堤顶宽 3.0 米。分区隔堤九园公路长 21 千米，堤顶宽 9 米，堤顶高程 4.5～4.8 米。

潮白新河左堤防洪标准：胡各庄扬水站至黄庄分洪闸 20 年一遇，黄庄洼分洪闸至宝宁界防洪标准为 5 年一遇。沿堤有国营扬水站 3 座，排水能力为 50.8 立方米每秒，有穿堤涵闸 7 座。

蓟运河右堤 12 千米，堤埝低矮、狭窄、隐患多。防洪标准为 20 年一遇，有国有扬水站 3 座，排水能力为 60.4 立方米每秒，沿堤有穿堤涵闸 4 座。

北围堤有 13 千米无堤段，堤顶高程已达不到设计要求，沿堤有穿堤涵闸 4 座。

箭杆河右堤局部堤段狭窄低矮（其中 1 千米无堤），沿堤有穿堤涵闸 7 座。

西关引河北堤 8.0 千米，尚未治理。

九园公路 21 千米，沿线有涵闸 7 座、桥梁 4 座。

（四）堤防及安全设施

黄庄洼围堤总长 80 千米，其中无堤段有 14 千米，一旦分洪，非滞洪区被淹，威胁防洪安全。

分区隔埝标准低，堤顶高程只有 4.0～4.5 米左右，无法分区运用，群众不能及时转移。退洪时由于洪水不能退净，必须采取机排退洪。

宝坻区黄庄洼蓄滞洪区基本情况见表 3-3-36。

表 3-3-36 **宝坻区黄庄洼蓄滞洪区基本情况**

蓄滞洪区名称		黄庄洼
兴建时间		
所在河流		海河
所在位置		天津市宝坻区
设计蓄滞洪水位/米		4.5
设计蓄滞洪量/亿立方米		4.32
淹没面积/平方千米		332.275
耕地/公顷		15965
地面高程范围/米（注明高程系）		1.9～4.5
运用概率		5 年一遇
涉及区域	乡镇/个	4
	行政村/个	130
	户	21307
区内	人口/万人	7.9798
	行政村/个	131（含 1 个农场）

续表

<table>
<tr><td rowspan="4">安全区（保庄圩）</td><td>安全区/处</td><td></td></tr>
<tr><td>围堤长/米</td><td></td></tr>
<tr><td>堤顶高程/米</td><td></td></tr>
<tr><td>可安置人口/人</td><td></td></tr>
<tr><td rowspan="3">避水楼（房）</td><td>座数</td><td></td></tr>
<tr><td>安全层面积/平方米</td><td></td></tr>
<tr><td>可安置人口/人</td><td></td></tr>
<tr><td rowspan="4">安全台（庄台）</td><td>座数</td><td></td></tr>
<tr><td>高程/米</td><td></td></tr>
<tr><td>面积/平方米</td><td></td></tr>
<tr><td>可安置人口/人</td><td></td></tr>
<tr><td colspan="2">安全设施解决人口/人</td><td></td></tr>
<tr><td colspan="2">运用时需转移人口/人</td><td>7085（外转15163）</td></tr>
<tr><td colspan="2">通信设施</td><td>电台、电话、手机</td></tr>
<tr><td colspan="2">报警设施</td><td>电话</td></tr>
<tr><td colspan="2">船只/只</td><td></td></tr>
<tr><td rowspan="2">撤退道路</td><td>数量/条</td><td></td></tr>
<tr><td>长度/千米</td><td></td></tr>
<tr><td rowspan="3">进洪闸</td><td>名称</td><td>黄庄洼分洪闸</td></tr>
<tr><td>分洪水位/米</td><td>7.64</td></tr>
<tr><td>设计泄量/立方米每秒</td><td>1360</td></tr>
<tr><td rowspan="3">退洪闸</td><td>名称</td><td>黄庄洼退水闸、张头窝退水闸</td></tr>
<tr><td>退洪水位/米</td><td>4.5、4.5</td></tr>
<tr><td>设计泄量/立方米每秒</td><td>100、100</td></tr>
<tr><td rowspan="3">行洪口门</td><td>口门位置</td><td>1. 林黄路北口门位于战备闸南1千米处；
2. 林黄路南口门位于王木庄南0.5千米处；
3. 六五渠口门位于梁家沽桥西南1千米处；
4. 小辛马排干口门位于小辛马排干与黄庄分干交口处；
5. 战备路口门位于陈唐庄桥西1.25千米处；
6. 退水渠东口门位于水流庄桥西1.25千米处；
7. 西关引河东口门位于西关引河与六五三支渠交口处；
8. 西关引河西口门位于西关引河与六五三支渠交口西2千米处；
9. 退水渠西口门位于王家铺村南1千米处</td></tr>
<tr><td>口门高程/米</td><td>2.1～2.8</td></tr>
<tr><td>口门宽度/米</td><td>200～300</td></tr>
</table>

续表

蓄滞洪区堤防	堤顶高程/米	3.5～11.5
	堤长/米	80000
	堤顶宽/米	2～8
	防洪标准	

第四章

农村水利

宝坻区属于农业大区，农村水利涉及面广，涵盖农村水利建设、农村水利管理、水土保持、人畜饮水等。1991—2010年间，宝坻区实施农村人畜饮水工程，解决了农村饮水困难的问题；实施农村饮水安全、集中供水和管网入户工程，改善了农村居民的生活质量；加强蓄水工程及农田水利基本建设，改善了农业生产条件，为农民增收奠定了基础；强化农田水利管理，全面推行管理责任制，实行考核制，管理水平不断提高；开展水土保持规划编制和实施方案的监管，保证全区水土保持工作稳步发展。

第一节 农村人畜饮水工程

2002—2004年，宝坻区政府根据天津市提出三年农村饮水解困的要求，按期完成了农村人畜饮水解困工程，有效缓解了农村人畜饮水困难问题。2004年全区启动农村饮水安全及管网入户工程，截至2010年已基本完成计划目标，使农村群众生活质量得以提高。

一、人畜饮水解困工程

1997—2003年，宝坻区连续7年严重干旱，造成地下水位下降，地下水资源紧张，致使全区乡镇居民生活饮水受到了严重威胁。2001年6月，市水利局按照天津市政府提出的“着眼长远，统筹规划、分步实施”的原则，编制出全市农村饮水解困工程实施方案。2001年10月，由市政府批准转发《关于解决天津市农村人畜饮水解困工程实施方案》，农村人畜饮水解困工程自2002年启动，计划用3年时间解决全市人畜饮水困难的问题。宝坻区政府为贯彻天津市政府农村人畜饮水解困工程，2002年制定《宝坻区农村人畜饮水解困工程实施方案》，2003年新打机井104眼，更新机井65眼，维修机井5眼，新井配电57处，工程涉及22个乡镇、174个村、137138人，大牲畜9142头。工程投资1007.20万元，其中市政府投资335.73万元，区政府投资335.73万元，乡村自筹335.74万元。

在实施农村人畜饮水解困工程中，宝坻区积极探索建立良性循环机制，区水务局于2003年制定《宝坻区人畜饮水工程管理办法》报区政府批准，并转发各乡镇，要求各乡镇认真贯彻执行。

截至2004年，三年人畜饮水解困任务完成。共计新打生活饮水机井474眼，其中在无饮水井村庄新打机井292眼，对原有机井损坏报废的村队更新机井182眼。新打机井中深井248眼、中井233眼。维修机井26眼，新井配电20处。共计完成投资3080.15万元。不仅解决了22个乡镇、510个村队、41.5万人的饮水解困问题，而且极大地改善了群众的生产生活条件。

二、农村饮水安全工程

2004年，按照市水利局的统一部署，宝坻区水务局对全区人畜饮水安全进行调查，摸清了全区765个村队的人畜饮水安全现状，编制了《宝坻区农村饮水现状调查评估报告》，在此基础上，完成了《天津市宝坻区"十一五"农村饮水安全工程规划》，规划共涉及全区饮水不安全人口41.8456万人，规划饮水安全工程65处，规划总投资20088.48万元。

2004—2005年，根据规划实施农村饮水安全工程，工程计划投资1144.78万元，实际完成投资1144.78万元，其中完成中央投资289.75万元，市级投资275.46万元，区级投资343.434万元，乡镇、村及农民自筹投资236.136万元。完成新打低氟井2眼，安装除氟（降盐）及灌装设备5套，铺设输水管道575.4028千米，安装恒压变频设备33套，安装水表8667块，新建管理房及厂房1545平方米。惠及40个村、35745人，按计划完成了饮水安全工程。

2006年，分两批下达年度计划投资3235.98万元，实际完成投资3235.98万元。第一批计划投资1285.98万元，实际完成投资1285.98万元，其中完成中央投资317.86万元，市级投资378.81万元，区级投资321.5万元，乡镇、村及农民自筹投资267.81万元。铺设输水管道610.976千米，安装恒压变频设备33套，安装水表8824块，新建管理房及厂房1280平方米。惠及33个村、29046人的饮水安全问题。第二批计划投资1950万元，实际完成投资1950万元，其中完成中央投资300万元，市级投资675万元，区级投资585万元，乡镇、村及农民自筹投资390万元。完成新打低氟井4眼，安装除氟（降盐）及灌装设备23套，铺设输水管道700.239千米，安装恒压变频设备44套，安装水表18036块，新建管理房及厂房2390平方米。惠及44个村、49674人，完成了饮水安全工程。

2007年，宝坻实施农村饮水安全工程计划投资2086.82万元，实际完成投资2086.82万元，其中完成中央投资333万元，市级投资710.41万元，区级投资626.05万元，乡镇、村及农民自筹投资417.36万元。完成新打低氟井2眼，安装除氟（降盐）及灌装设备1套，铺设输水管道869.094千米，安装恒压变频设备67套，安装水表17780

块，新建管理房及厂房 2690.5 平方米。惠及 67 个村、49573 人，完成饮水安全工程。

2008 年，宝坻实施农村饮水安全工程，计划投资 476.9 万元，实际完成投资 476.9 万元，其中完成中央投资 52.06 万元，市级投资 186.39 万元，区级投资 143.07 万元，乡镇、村及农民自筹投资 95.38 万元。铺设输水管道 198.99 千米，安装恒压变频设备 8 套，安装水表 3996 块，新建管理房及厂房 192 平方米。惠及 8 个村、10089 人，按计划完成饮水安全工程。

2009 年，宝坻实施农村饮水安全工程，计划投资 8791 万元，实际完成投资 8791 万元，其中完成中央投资 2152 万元，市级投资 2243.5 万元，区级投资 2637.3 万元，乡镇、村及农民自筹投资 1758.2 万元。铺设输水管道 3216.137 千米，安装恒压变频设备 207 套，安装消毒设备 207 套，安装水表 57759 块，新建管理房及厂房 4968 平方米。惠及 207 个村、158878 人，按计划完成了农村饮水安全工程。

三、农村管网入户工程

2006 年，为贯彻水利部、国家发展改革委、财政部、农业部、卫生部等五部委联合下发的《关于做好农村饮水安全工作的通知》精神，11 月 19 日，市政府批复了由市水利局编制完成的《天津市农村饮水安全及管网入户改造工程规划方案》，决定从 2006 年起用 5 年的时间（2006—2010 年）解决天津市农村居民的饮水不安全和自来水管网入户问题。

宝坻区于 2007 年启动实施农村管网入户改造工程，工程计划投资 435.65 万元，实际完成投资 435.65 万元，其中完成市级投资 217.83 万元，区级投资 130.7 万元，乡镇、村及农民自筹投资 87.12 万元。新打低氟井 1 眼，安装除氟（降盐）及灌装设备 2 套，铺设输水管道 202.918 千米，安装恒压变频设备 17 套，安装水表 4380 块，新建管理用房及厂房 524 平方米。惠及 17 个村、10444 人。

2008 年，计划投资 2088.67 万元，实际完成 2088.67 万元，其中完成市级投资 1044.34 万元，区级投资 626.6 万元，乡镇、村及农民自筹投资 417.73 万元。铺设输水管道 919.703 千米，安装恒压变频设备 62 套，安装水表 22050 块，新建管理用房及厂房 1488 平方米。惠及 62 个村、50713 人。

2009 年，计划投资 7449 万元，实际完成 7449 万元，其中完成市级投资 3724.5 万元，区级 2234.7 万元，乡镇、村及农民自筹 1489.8 万元。铺设输水管道 2167.061 千米，安装恒压变频设备 143 套，安装消毒设备 145 套，安装水表 45631 块，新建管理用房及厂房 3312 平方米。惠及 156 个村、115056 人。

2010 年，计划投资 2206 万元，实际完成投资 2206 万元，其中市级投资 1109.12 万元，区级投资658.13万元，乡镇、村及农民自筹投资438.75万元。铺设输水管道667.357千米，安装恒压变频设备75套，安装消毒设备76套，安装水表15121块，新建管理用房及厂房1800平方米。惠及80村、39984人。

四、农村集中供水工程

结合农村人畜饮水解困和农村饮水安全及管网入户工程，2003—2009年间，宝坻区先后在八门城镇、黄庄乡、东田五庄村和大唐庄镇建设乡镇集中供水工程。

（一）八门城镇集中供水工程

2003—2004年，天津市水利局地资办批复宝坻区八门城镇集中供水工程，该项工程自2002年开始立项，分2年实施，2004年9月竣工，10月通过市水利局验收。工程主要包括：打深井1眼，铺设主管道17.07千米、支管道19.83千米，安装变频1台套，高压泵1台，建泵房、管理房1套，工程总投资195万元。工程受益范围是八门城镇政府所在地5个村，涉及444个农户和100个企事业单位。此项工程的建设使八门城镇区生产、生活用水得到了极大改善，避免了供水工程的重复投资，杜绝了水资源浪费，节省了运行费用，简化了水资源费征收程序，促进了水资源的一体化管理。

（二）黄庄乡黄庄村集中供水工程

2004—2005年，天津市水利局地资办批复黄庄村集中供水工程，此项工程2004年10月立项，2005年10月30日竣工。主要工程内容为：铺设供水管道49.60千米，建管理房6间，建水表池1300个，安装水表1300块，安装提水设备6台套，恒压变频设备6台。工程总投资196.35万元。工程受益范围是黄庄乡政府所在地黄庄村及所属企业和个体工商户1300个用水户和个人。该工程的实施改善了供水条件，饮水安全得到保障，工程于2005年12月通过验收。

（三）东田五庄村集中供水工程

2005年，天津市水利局地资办批复东田五庄村集中供水工程，该工程主要内容为：新打机井1眼，安装提水设备1台套，安装恒压变频设备1台套，铺设主供水管道7.23千米，铺设分支及入户供水管道42.968米，安装入户水表580块，完成投资96万元。

（四）大唐庄镇集中供水工程

2006年，天津市水利局地资办批复大唐庄镇集中供水工程，主要工程内容为：安装恒压变频设备1台套，新建管理房2间，铺设供水管道29.674千米，安装水表、阀门等配套设施，工程总投资86.126万元，使大唐庄村4000余人、1000位农户及工商户改善了供水条件。

2010年宝坻区农村饮水安全及管网入户改造工程情况统计见表4-1-37。

表 4-1-37　**2010 年宝坻区农村饮水安全及管网入户改造工程情况统计**

项目	计划投资/万元	完成投资/万元					完成工程量							效益			
		完成投资	其中				打低氟井/眼	安装除氟（降盐）及灌装设备/套	铺设输水管道/千米	安装变频设备/套	消毒设备/套	安装水表/块	新建管理房及厂房/平方米	计划		完成	
			中央	市级	区县	乡镇村及农民自筹								村/个	人口/人	村/个	人口/人
2004—2005 年农村饮水安全工程	1144.78	1144.78	289.75	275.46	343.434	236.136	2	5	575.4028	33		8667	1545	40	36186	40	35745
2006 年第一期农村饮水安全工程	1285.98	1285.98	317.86	378.81	321.5	267.81			610.976	33		8824	1280	32	29166	33	29046
2006 年第二期农村饮水安全工程	1950	1950	300	675	585	390	4	23	700.239	44		18036	2390	44	49674	44	49674
2007 年农村饮水安全工程	2086.82	2086.82	333	710.41	626.05	417.36	2	1	869.094	67		17780	2690.5	67	49573	67	49573
2007 年农村管网入户改造工程	435.65	435.65		217.83	130.7	87.12	1	2	202.918	17		4380	524	17	10444	17	10444

续表

项目	计划投资/万元	完成投资/万元					完成工程量							效益			
		完成投资	其中				打低氟井/眼	安装除氟（降盐）及灌装设备/套	铺设输水管道/千米	安装变频设备/套	消毒设备/套	安装水表/块	新建管理房及厂房/平方米	计划		完成	
			中央	市级	区县	乡镇村及农民自筹								村/个	人口/人	村/个	人口/人
2008年农村饮水安全工程	476.9	476.9	52.06	186.39	143.07	95.38			198.99	8		3996	192	8	10089	8	10089
2008年农村管网入户改造工程	2088.67	2088.67		1044.34	626.6	417.73			919.703	62		22050	1488	62	50713	62	50713
2009年农村饮水安全工程	8791	8791	2152	2243.5	2637.3	1758.2			3216.137	207	207	57759	4968	207	158878	207	158878
2009年农村管网入户改造工程	7449	7449		3724.5	2234.7	1489.8			2167.061	143	145	45631	3312	156	115056	156	115056
2010年农村管网入户改造工程	2206	2206		1109.12	658.13	438.75			667.357	75	76	15121	1800	80	39984	80	39984
合计	27914.8	27914.8	3444.67	10565.36	8306.484	5598.286	9	31	10127.878	689	428	202244	20189.5	713	549763	714	549202

第二节 农田水利工程建设

宝坻县（区）农田水利工程设施大多建于20世纪70—80年代，经多年的运行，维修养护滞后，造成河渠淤积，配套设施失修，地下水位下降，浅水井报废，加之随着农业结构的调整农业用水量不断加大，农田水利工程跟不上农业生产的需要。1991—2010年，在天津市有关部门的支持下多方面筹集资金，开展了以农田渠系改造、农田水利配套设施、农田节水改造为重点的农田水利工程建设，为促进农业生产起到了积极作用。

一、农田基本建设

1991—2010年，在天津市水利（务）局的支持下，宝坻县（区）委、县（区）政府成立农田基本建设指挥部，宝坻县（区）委主要领导任指挥，有关单位领导任副指挥，水利部门抽调技术人员负责技术指导，利用冬春有利时机，上下联动，开展以支干渠、斗毛渠治理改造和土地平整及对中低产田改造为内容的大规模的农田基本建设活动。

1991—1996年，完成干渠清淤25条，长78千米，动土336.6万立方米，恢复蓄水能力337万立方米；新挖和清淤支渠525条，长1002千米，动土1449.9万立方米，增加蓄水能力639万立方米，斗毛渠清淤年平均控制面积27580公顷，年均动土方435.96万立方米；1991—1996年平整土地37667公顷，动土550.3万立方米，宝坻县1991年农田水利建设在“大禹杯”竞赛中被评为全国100个先进县之一。

1997年，按照县农村水利建设会议安排部署，于11月采取统一领导、统一行动和人机结合的方法，宝坻县水利局开展了农田基本建设活动。投资931万元，其中县筹资金126万元，乡村自筹资金805万元。投入施工机械100台套，投入工日295万个，总动土方943万立方米。其中清挖干渠4条，长20千米，动土方75万立方米；清挖支渠174条，长163千米，动土方400万立方米；清挖斗毛渠20973公顷，修边整沿30千米，动土468万立方米；维修节制闸10座，即张司马进涵、战备闸、林黄渠闸、宽江进涵闸、蓟潮引渠闸、宋辛庄闸、褚庄闸、小兰闸、绣针河西口闸、杨庄闸。

1998年，完成投资1100万元，其中县投100万元，乡村自筹1000万元，完成土方710万立方米。清挖干渠4条，即王卜庄乡大张排干、史各庄乡老北排干、退水渠东段改线、石桥乡潮北南排干，长15.1千米，动土43万立方米；清挖支渠116条，长174.9千米，动土410万立方米；清淤斗毛渠控制面积8000公顷，动土178万立方米；平整土地6667公顷，动土79万立方米。

1999年，完成投资113.9万元，完成土方702.64万立方米。清挖、拓宽干渠3条，恢复蓄水能力17万立方米；清挖、拓宽支渠156条，恢复蓄水能力128万立方米；平整土地12467公顷；斗毛渠配套面积10667公顷。

2000年，完成投资265.1万元，其中县投10.8万元，乡村自筹254.3万元。完成土方322.7万立方米，增加蓄水能力153万立方米。其中鲍丘河排干疏浚长3千米，动土方3.6万立方米；清挖拓宽支渠57条，长64.9千米，动土方149.6万立方米；斗毛渠配套面积10467公顷，动土方94.4万立方米；平整土地6867公顷，动土方75.1万立方米。

2001年，完成投资329.5万元（区财政投入30万元，乡村自筹299.5万元），投入工日88万个，完成土方380万立方米，增加蓄水能力165万立方米。共清挖干支渠63条，长105千米，动土方215万立方米；斗毛渠控制面积6667公顷，动土39万立方米；开挖坑塘50个，动土50万立方米；平整土地6667公顷，动土76万立方米。

2002年，完成投资1880万元（包括机井更新、维修、改造投资），其中区财政投入500万元，乡镇财政投入500万元，群众自筹资金880万元。完成土方321.29万立方米，其中清挖干支渠69条，长134.7千米，动土220万立方米；斗毛渠控制面积10000公顷，动土61.29万立方米；新建坑塘14个，新增蓄水量15万立方米；平整土地5960公顷，动土40万立方米。

2003年，完成投资185万元（包括机井更新、维修、改造投资），完成土方105万立方米，投入工日35万个。其中清挖干支渠20条，长11千米，完成土方35万立方米；清挖斗毛渠配套面积16667公顷，完成土方30万立方米；平整土地3333公顷，完成土方40万立方米。新建坑塘10个，新增蓄水能力40万立方米。

2004年，完成投资2750万元（包括机井更新、维修、改造投资），投入工日185万个，完成土石方251万立方米，增加蓄水能力120万立方米。其中清挖干支渠40条，动土方174万立方米；完成土地平整3300公顷，动土方40万立方米；清挖坑塘10个；防渗明渠60.86千米；新建暗管143.84千米；新建支渠以上建筑物5处，维修10处。改善灌溉面积1400公顷。

2005年，完成土方475万立方米。其中清挖干支渠285千米，动土方289万立方米；清挖斗毛渠面积26000公顷，动土156万立方米；新建防渗明渠52千米；铺设低压输水管道46.66千米；更新新打机井37眼。改造中低产田5333公顷。土地平整2667公顷，动土方30万立方米。

2006年，完成土方585.15万立方米。其中清挖干支渠40条；清挖斗毛渠控制面积25000公顷；新打机井179眼；新建扬水点20座；平整土地5767公顷。

2007年，完成投资1832万元。新建生产桥16座，新建泵点27座，维修泵点8座，新建闸涵5座。新建节水工程面积3023.2公顷，其中防渗渠道73千米，控制面积2720公顷；建低压管道40.05千米，控制面积348.67公顷；微灌21.33公顷。

2009年，完成清挖干支渠72.99千米，动土137.07万立方米；清挖斗毛渠动土方234.99万立方米，灌溉面积29286.67公顷；平整土地7433公顷；新建防渗渠道54.4千米，铺设暗管61.85千米；总投入工日5.421万个，出动机械1807个台班，新增和改善灌溉面积1726.67公顷。

2010年，完成投资12843.06万元，其中中央投资2016万元，市级投资4237.12万元，县乡投资5445.64万元，群众投资1144.3万元。完成土方560万立方米，投入工日25.6万个。清挖干支渠155.87千米；新修防渗渠道192.22千米，改善灌溉面积4300公顷；改造中低产田4000公顷，新增节水灌溉面3308.6公顷。

二、小型农田水利工程配套及节水工程建设

宝坻区农用桥、闸、涵、扬水点大多建于20世纪60—70年代，由于当时建设标准低，又缺乏后期维修养护，使部分桥梁成为危桥甚至坍塌，部分闸涵和扬水点破损严重无法运行，为农业排涝、灌溉和农村居民出行造成困难。根据2006年小型水工程调查统计资料，宝坻区1480座农用生产桥中，完好731座，轻损279座，损坏470座；270座闸涵中区管闸涵66座，乡镇管闸涵204座。在乡镇管闸涵中，完好73座，轻损47座，损坏84座。

1991—2010年，中央、市、区（县）和乡村自筹出资，在大力开展农田水利工程和节水工程建设工作基础上，进行配套建设和更新改造。20年间，宝坻区拆建（新建）生产桥349座、维修48座、拆除17座，建设（更新）闸涵138座，维修31座，拆除1座，建设和维修扬水点311座。这些小型水利工程的建设极大改善了农业生产条件，提高了农业综合生产能力。

特别是2007年，天津市委、市政府在《关于推进城乡一体化战略，加快社会主义新农村建设的实施意见》中，把农用桥、闸、涵维修改造工程建设列为天津市新农村建设民心工程的重要内容，并在全市付诸实施。市水利局、财政局组织编制的《天津市农用桥闸涵维修改造实施方案》通过专家审查。极大地推动了农用桥、闸、涵维修改造工程建设步伐。

宝坻区大规模桥、闸、涵改造工程建设始于2007年，为了加快宝坻区小型水利工

程改造、建设的进程，按照天津市水利局的要求，2006年，宝坻区水务局组织工程技术人员，利用4个月时间对宝坻区小型水利工程——农用桥、闸涵进行了细致的现状调查，编制了《宝坻区农用桥、闸涵维修改造工程规划报告》（以下简称《报告》）和《宝坻区农用桥、闸涵维修改造工程实施方案》（以下简称《方案》），此《报告》和《方案》经有关专家评定，获市水利局、市财政局批准，2007年列入天津市“农用桥、闸、涵维修改造工程”试点区县，并下达了工程计划。

2007—2011年，利用5年时间实施“试点工程”，市水利（务）局每年投资1000万元，宝坻区每年安排投资500万～900万元，即按照2007年匹配500万元起步，逐年递增100万元的要求，连续5年投资完成宝坻区农用桥、闸涵维修改造工程建设。在维修改造工程项目实施中，严格实行“一书、三图、一册”，即所有项目要有项目建议书，有现状图、设计图、竣工图，有内容完整、整编成册的建设档案。严格实行资金区级报账制，强化资金管理，确保资金安全。严格执行招标投标制、合同管理制、建设监理制和竣工验收制。保证施工队伍的资质要求、建设工期要求、工程质量要求和安全生产要求。工程完工后，由区水务局及时向受益乡镇、村办理交接手续，并明确乡镇、村管护责任和后期维护资金渠道，保证工程的安全运行。2007—2010年，市水利（务）局批复天津市“农用桥、闸、涵维修改造工程”试点区县专项投资计划6500万元，其中市财政资金4200万元，区财政资金2300万元。截至2011年春的4个年度，完成生产桥拆建171座、闸涵16座。2007—2011年五年“实施方案”完成后，将极大地提高宝坻区小型水利工程的使用功能，在农业生产和群众生活中将会发挥更大的作用。

1991—1996年，完成工程总投资1354.78万元，水工建筑物及配套工程590处。其中闸涵67座，生产桥77座，扬水点88座，渡槽25座，过道管285处，斗门48处，防渗渠道17.5千米，低压线15千米。

1997年，投资439万元，其中国补130万元，乡村自筹309万元。重点完成了3个节水示范区和1个高效农业示范区建设。同时，维修扬水点12座、生产桥18座、节制闸5座；更新变压器1台；新建防渗渠道9.9千米，扬水点3座，节制闸10座，过道管32处，斗门96处，出水口69处。

1998年，投资317万元，其中国补94.5万元，县补71.5万元，乡村自筹151万元。完成新建维修小型水利工程130项，新增灌溉面积2733.33公顷，改善灌溉面积8000公顷，改造中低产田4066.67公顷。新建蓄水节制闸2座，涵洞1座，扬水点5座，节水斗门55座，防渗渠道1000米。维修扬水点10座，生产桥40座、节制闸4座、干渠蓄水闸涵11座。新建小型水库1座（朝霞水库），新增蓄水能力50万立方米，灌溉面积133.3公顷。

1999年，投资113.9万元，新建生产桥21座，改造中低产田2867公顷。

2000年，以田间配套工程建设为重点，投资141.8万元，其中县补109.1万元，乡村自筹32.7万元。完成维修扬水点3座、节制闸13座、生产桥4座；新建生产桥5座、田间配套工程258处。

2001年，结合农业综合开发，在11个乡镇发展节水示范工程1860公顷，投资1020万元，其中国补408万元，乡村自筹612万元。新建防渗渠道88.7千米、低压输水管道121.83千米、节制闸4座、过道管56处、喷灌33.33公顷、滴灌6.67公顷。维修闸涵3座、扬水点1座。

据同年全县开展的水利工程普查显示，截至2000年，全县小型农田水利工程有：扬水点650座，配套机泵828台套，设计提水能力242.5立方米每秒，装机容量23862千瓦；生产桥1162座；支斗渠配套闸涵404座；渡槽、倒虹吸81座；田间斗门（过道管）等31087处。节水工程有：地上防渗明渠492.37千米，地下输水管道811.14千米，喷灌面积280公顷，滴灌面积13.33公顷，节水工程总控制面积18300公顷。年可节水4530万立方米。

2004年，新建大口径低压输水管道56.5千米、防渗渠道2千米、扬水点15座，更新扬水点1座。完成土方78812立方米、石方1235立方米、混凝土2561立方米。新增节水灌溉面积626.7公顷。

同年，大口屯镇石辛庄村为改善灌溉条件、促进农业节水，自筹资金300万元开展节水增效示范项目，完成安装大口径低压输水管道18.39千米；新建防渗渠道2.7千米；新建滴灌大棚6.7公顷；移动式喷灌机13台套；新打机井2眼；新建扬水点6座；新建蓄水池13座；改造节制闸2座；维修扬水点3座；变压器2台套。完成土方46717立方米，砌石100立方米，混凝土560立方米；增加节水控制面积249公顷。截至2005年，全村269.4公顷耕地全部实现节水灌溉。年节水总量48.6万立方米。

2005年，天津市发展改革委下达2004年度补助费工程6项，分别是：①大钟庄镇大卦庄村节水工程；②口东镇西里村节水工程；③王卜庄镇网户村、陈山村节水工程；④八门城镇周庄村渠道整治工程；⑤牛家牌乡雅子庄节水工程；⑥新安镇井灌工程。工程建设内容为：新建防渗渠道9.5千米、低压输水管道36千米，新建扬水点8座，更新扬水点2座，新打机井1眼，新建节制闸1座。工程投资339万元，其中国补169万元，自筹170万元。

完成天津市水利局下达的2005年度小型农田水利工程项目4项，分别是：①八门城镇八门城村节水工程；②牛家牌乡王曹庄节水工程；③马家店镇烧角村节水工程；④大宝排干渠水利工程配套。工程建设内容为：建设防渗明渠4.7千米，铺设低压管道9.6千米，新建扬水点4座，新建生产桥2座。工程投资152万元，其中国补71万元，自筹81万元。落实区人大代表、政协委员的建议提案水利工程19项：拆除生产桥14

座；新建生产桥 2 座；维修生产桥 3 座。工程投资 287.5 万元，其中区补助 201.26 万元，自筹 86.24 万元。

2006 年，完成投资 790.6 万元，其中市级投资 205 万元，区级投资 251.02 万元，乡镇自筹资金 334.58 万元。完成新建防渗渠道 8 千米，铺设低压输水管道 23.6 千米、扬水点 10 座、渡槽 2 座、节制闸 1 座、生产桥 4 座。新增节水灌溉面积 833.3 公顷。落实区人大代表、政协委员的建议提案，拆除生产桥 17 座，维修生产桥 1 座，拆除节制闸 1 座，农田配套工程 3 项。

2007 年，完成投资 1198 万元，其中国补 599 万元，自筹 599 万元。新建防渗明渠 62 千米、低压输水管道 39.85 千米、扬水点 26 座、节制闸 16 座、生产桥 1 座、渡槽 1 座；维修扬水点 8 座，铺设涵管 220 米；微灌 21.33 公顷；新打机井 4 眼。新增节水面积 2680 公顷。

2008 年，投资 3919.56 万元，其中小型农田水利工程（两批）投资 1414 万元，中央投资 143 万元，市级投资 564 万元，自筹资金 707 万元。完成防渗渠道 47 千米；建地下低压输水管道 83.1 千米；新建扬水点 38 座，维修 1 座；新建渡槽 19 座；新增滴灌 55.33 公顷；新建过道桥 6 座；新打机井 24 眼，配套潜水泵 17 台，管理用房 35 间；新增节水灌溉面积 2210.87 公顷。完成 2007 年小型农用桥、闸、涵改造试点区县工程，投资 1500 万元（市补 1000 万元，自筹 500 万元）。拆建生产桥 43 座，拆建节制闸 4 座。落实区人大代表、政协委员的建议提案，投资 1005.56 万元，完成拆建生产桥 27 座、节制闸 3 座、扬水点 3 座。

同年，建设完成牛道口镇郭家深村、霍各庄镇破碌碡村和新安镇井灌区节水计量示范区工程。完成投资 278 万元，铺设地下管道 17.3 千米，新打机井 48 眼，配套潜水泵 47 台套，新建机井管理用房 85 间。其中牛道口镇郭家深村节水工程，铺设地下输水管线 4 千米，新打中井 10 眼，配套潜水泵 10 台套，新建机井管理房 18 间，新建喷灌系统 20 公顷，完成投资 66 万元，新增节水灌溉面积 40 公顷；霍各庄镇破碌碡村节水工程，铺设地下水管线 6.4 千米，新打中井 10 眼，配套潜水泵 17 台套，新建机井管理用房 17 间，完成投资 52 万元，新增节水灌溉面积 71.53 公顷；新安镇井灌区节水计量示范区工程，新打机井 28 眼，配套潜水泵 20 台套，新建机井管理用房 50 间，铺设地下输水管线 6.9 千米，完成投资 160 万元，新增节水灌溉面积 1127.8 公顷。

2009 年，完成投资 5518 万元，其中完成 2008 年市水利局分两批下达投资 3818 万元，共完成防渗明渠 94.2 千米；铺设低压管道 136 千米；新建、维修扬水点 66 座；新打机井 21 眼；新建滴灌大棚 303.33 公顷；灌溉控制面积 5050 公顷。完成 2008 年农用桥、闸、涵维修改造试点区县工程，投资 1700 万元，其中市级投资 1200 万元，区自筹资金 500 万元，完成拆建生产桥 43 座。

2010 年，完成投资 4686.3 万元，其中小型农田水利工程投资 3044.3 万元。完成防渗明渠 88.39 千米；铺设大口径低压管道 53.83 千米，小口径低压管道 50 千米；新打机井 23 眼；新建、维修扬水点 49 座；建设滴灌大棚 133.33 公顷；新增节水控制面积 2642 公顷，改善灌溉面积 300 公顷。完成 2009 年农用桥、闸、涵维修改造试点区县工程，投资 1600 万元，其中市级投资 1000 万元，区自筹资金 600 万元，完成拆建生产桥 38 座、闸涵 7 座。落实区人大代表、政协委员的建议提案，投资 42 万元，拆建生产桥 1 座。

2011 年，完成了 2010 年下达的农用桥、闸、涵维修改造试点区县工程，投资 1700 万元，其中市级投资 1000 万元，区自筹资金 700 万元，完成拆建生产桥 47 座、闸涵 5 座。

三、国有扬水站更新改造及建设

截至 2010 年，宝坻区水务局所辖 33 座国有扬水站。扬水站总排水能力为 451.2 立方米每秒，总效益面积为 16.83 万公顷（包括城区附近 1.15 万公顷无排水设施部分），总装机功率 42170 千瓦。

1991—2010 年，更新改造扬水站 11 座，为老庄子站、宝芝站、冯庄子站、胡各庄站、菜芽站、大刘坡站、八道沽站、董塔站、箭杆河站、小套站、白龙港（2）站，总投资 8148.58 万元。新建扬水站 3 座，为东老口（2）站、京津新城工业园扬水站、大套扬水站，总投资 8721.3 万元。

四、蓄水工程建设

1991—2010 年，农业蓄水工程建设总投资 15392.3 万元，主要以潮白河水库增容为重点，同时新建了西老口、大刘坡、狼尔窝、朝霞 4 座小型水库工程。截至 2010 年，全区区管水库蓄水量 9519.82 万立方米，新增蓄水量 3395 万立方米，其中潮白河水库增容 2991 万立方米，4 座小型水库增容 404 万立方米。灌区水稻种植和麦田灌溉面积达 15791.9 公顷，其他经济作物灌溉面积 6667 公顷。另对境内一级、二级河道进行治理，对区内干支渠、坑塘进行提升改造，全区修复蓄水能力达 10294.37 万立方米。截至 2010 年，全区地表水总蓄水能力可达 19814.19 万立方米。蓄水能力的提高有力促进了全区农业经济的大幅提高。

五、农用机井建设与配套改造

由于社会经济的发展，对水资源的需求量增加，受自然条件的影响，地表水资源量逐年减少，地下水资源的开采量逐年增加，导致地下水位逐年下降，部分浅层农用机井失去功能。1991 年，全区有农用机井 4109 眼，2000 年降至 3123 眼，截至 2010 年增到 3590 眼。农用机井数量的减少，主要原因是农用机井特别是浅层井使用年限较长、井管损裂等原因失去功能，迫使封井回填。

1991—1996 年，农用机井投资 1345.67 万元，新打机井 723 眼，其中农用井 523 眼，生活用井 88 眼（含低氟井 7 眼，工副业用井 83 眼），配套潜水泵 724 台套，架设低压输电线路 24.21 千米。维修机井 2018 眼，改造机井 2146 眼，测试机井 3335 眼。

1997 年，新打农用机井 241 眼，建地下防渗输水管道 58.7 千米，配套潜水泵 312 台套，维修坏井 262 眼，架设低压输电线路 2 千米，打低氟井 1 眼，测试改造机井 250 眼。

1998 年，以无井地块水资源开发和废井更新为重点，完成新打机井 153 眼，维修病坏井 240 眼，建地下输水管道 40 千米，测试改造机井 120 眼，配套潜水泵 143 台套，维修潜水泵 100 台套，维修低压线路 8 千米。宝坻县投资 170 万元用于机井工程建设和配套。

1999 年，农用机井达到 3228 眼，其中配套井泵 2714 眼（含深井 146 眼，中井 2568 眼），新打农用机井 116 眼。1999 年 12 月对全县机井进行全面普查，全县共漏报机井 108 眼，全年新增机井 224 眼。

2000 年，新打农用灌溉井 65 眼，农村饮水井 13 眼、工业企业井 10 眼。维修病坏井 292 眼。

2001 年，新打农业灌溉井 92 眼，农村饮水井 62 眼，除氟改水井 3 眼，维修病坏井 530 眼，解决 3 个村 2335 人饮用高氟水问题。

2002 年，宝坻区人畜饮水工程于 4 月全面启动，11 月 20 日工程全面竣工。新打机井 225 眼，人畜饮水工程解决 22 个乡镇 232 个村 19.8 万人和 1.24 万头大牲畜的饮水困难问题。

2003 年，新打机井 103 眼，更新机井 65 眼，维修机井 5 眼，新井配电 57 处，工程投资 1007.20 万元，工程涉及 22 个镇 174 个村 137138 人和 9142 头大牲畜。

2004 年，更新、新打机井 140 眼，维修机井 210 眼。

2006 年，完成农村饮水安全工程，打低氟井 2 眼，安装恒压变频设备 44 套，铺设主管道 199.19 千米，铺设支管道 518.05 千米，建管理房 1985 平方米，安装水表 10395 块，完成投资 1433.086 万元。

2007 年，打低氟井 7 眼，安装除氟设备 26 套，安装恒压变频设备 128 套，铺设输水管道 1773.296 千米，建管理房 4522 平方米，安装水表 40184 块，完成投资 4472.47 万元，受益村 128 个，受益人口 109681 人。

2008 年，新打机井 73 眼，其中农用井 40 眼，企事业单位用水井 17 眼，农业饮水井 16 眼。配套潜水泵 17 台套，建机井管理房 35 间。

2009 年，新打机井 12 眼，完成重点县小型农田水利工程新打机井 9 眼。

2010 年，新打机井 107 眼，其中农用井 73 眼，农村生活用井 10 眼，企业用井 14 眼，农业设施项目用井 3 眼，绿化用井 7 眼。

截至 2010 年年底，全区共有机井 4955 眼，其中生活用井 992 眼，工业、企业用井 373 眼，农业用井 3590 眼。1991—2010 年，新打机井 3719 眼，其中新打生活用井 820 眼（含人畜饮水三年解困工程），新打农业用井 2610 眼，新打工业、企业用井 289 眼。

六、农田节水工程建设

宝坻区是农业大区，淡水资源缺乏，随着全区经济的快速发展，水资源短缺与各行业需水量增加的矛盾日益突出。农业是用水大户，特别是高耗水的水稻田等，供水需求量大，保障率低，水资源短缺严重制约着农业的发展。根据宝坻区的有关资料，农业生产用水情况是：丰水年用水能得到基本保证，平水年缺水 30%～40%，枯水年缺水 70%～80%。

大力普及推广节水灌溉技术，发展防渗渠道、地下输水管道、喷、滴灌，可大幅度节约田间用水，提高水的利用率，缓解水资源供需矛盾。根据对用水户的调研了解，采用防渗明渠灌溉可节水 30%，地下输水管道可节水 30%，喷灌节水 40%，滴灌节水 40%。

20 世纪 90 年代初，宝坻区的节水技术开始起步，到 90 年代后期，节水改造建设迅猛发展，特别是里自沽灌区被列为全国大型续建配套与节水改造灌区之一，经过 1998—2008 年连续 11 年的建设，适应了农村产业结构调整的需要，促进了宝坻区农业灌溉节水技术和管理的发展，在灌区内成功推广了 U 形防渗渠道和低压输水管道输水技术，对宝坻区其他地区大范围推广节水改造建设起到了积极的示范作用，带动了全区节水工作全面发展。

1991—2010 年，宝坻区建设防渗明渠 1866.98 千米，低压输水管道 808.03 千米，喷滴灌面积 809.43 公顷，增加节水灌溉面积 22699.77 公顷。

1991—2010 年农田小型水利工程建设见表 4-2-38。

（一）黄庄万亩节水工程

1998 年启动的黄庄万亩节水工程是规模较大的节水建设工程，该工程位于宝坻区东南黄庄乡境内，是《里自沽灌区续建配套与节水改造规划》的子项工程，也是宝坻区自中华人民共和国成立以来第一项较大规模的节水工程，工程控制面积 700 公顷，实行二级渠道防渗，工程总投资 492.77 万元。

表 4-2-38 **1991—2010 年农田小型水利工程建设表**

年份	防渗明渠/千米	低压输水管道/千米	喷滴灌面积/公顷	增加节水灌溉面积/公顷
1991—1996	308.33			
1997	9.9			
1998	26.43	40		1062
1999	207.26	25	6.67	533
2000	178.91	16.3		227
2001	127.9	214.53	39.97	1860
2002	91.17	25		1020
2003	25.8	14.8		1127
2004	95.16	8.71	249.47	626.7
2005	92.3	92.26		813.3
2006	26.55	23.6		833.3
2007	158.33	79.9	21.33	3535.33
2008	89.95	83.1	55.33	3705.54
2009	148.6	81	303.33	1406
2010	280.39	103.83	133.33	5950.6
合计	1866.98	808.03	809.43	22699.77

黄庄万亩节水工程主要内容为：衬砌主干防渗渠道 2 条，长度 5154 米；衬砌支防渗渠道 19 条，长度 20276 米；新建配套节制闸 6 座、生产桥 1 座、斗门 205 处；维修输配水节制闸 13 座。动土方 109590 立方米，浇筑混凝土 6299 立方米，砌石 3080 立方米，工程总投资 492.77 万元。

黄庄万亩节水工程由宝坻县水利工程公司承建，下设防渗渠道施工队 9 个，土方施工队 1 个，建筑物施工队 1 个，施工人员 740 人。

黄庄万亩节水工程于 1998 年 10 月 12 日开工，1999 年 4 月 20 日完工，工期 191 天。黄庄万亩节水工程建成后，节约用地 20.98 公顷，每年节水 1188.5 万立方米、节电 36.7 万千瓦时、节省浇地用工 4000 工日，年节省资金 56.1 万元。

（二）大口屯石辛庄节水灌溉示范项目

大口屯镇石辛庄节水灌溉示范项目是集喷灌、滴灌、防渗渠道、低压输水管相结合的节水示范项目。2004 年示范区耕地 249.5 公顷，根据区内水源位置、排灌渠道、作物种植结构、排灌泵点布置及周围交通情况，并结合地方意见，将示范区分为4个区：Ⅰ区为地下水温室滴灌区，种植蔬菜和果树；Ⅱ区为地表水大田喷灌区；Ⅲ区为U形防渗渠道渠灌区；Ⅳ区为低压输水管道灌溉区，其中Ⅳ①～④区采用地表水灌溉，为麦田及经济作物，Ⅳ⑤区采用地表水灌溉，为露天蔬菜。

宝坻区分区控制灌溉面积见表4-2-39。

表4-2-39 **宝坻区分区控制灌溉面积表**

分区	Ⅰ	Ⅱ	Ⅲ	Ⅳ						总计
				①	②	③	④	⑤	合计	
面积/公顷	6.67	69.67	22.00	34.93	29.27	40.27	40	6.67	139.53	249.47

各区的主要工程内容如下：

Ⅰ区（温室滴灌区），布置温室大棚45个，每个长80米，宽7.5米，新建泵房1座，新打深井1眼，铺设干管515米，支管3825米。渠首枢纽包括水泵、电机、阀门、流量计、压力表、施肥罐、冲洗阀、过滤器等。

Ⅱ区（大田作物喷灌区），根据地形情况，选用13套移动式喷灌机组，每套机组控制灌溉面积约5.33公顷。在取水首部建4米×5米×4米水量调蓄及沉淀池13座，每套喷灌机组除水泵和电机外配置阀门、流量计、压力表、施肥罐、过滤器。铺设直径90毫米薄壁铝合金管2.60千米、直径75毫米薄壁铝合金管0.728千米、直径30毫米薄壁铝合金管1.04千米、竖管支架416套、中喷2号喷头416个。

Ⅲ区（U形防渗渠道灌溉区），布置输水干渠D60型1条，长0.60千米，支渠D40型4条，长2.10千米，间距0.14千米。

Ⅳ区（低压输水管道灌溉区），输水管网分两级布置，一级为输水干管，二级为输水支管，均为固定管道，埋设地下。在支管上布置出水口，通过地面软管进行灌溉，根据实际地形，管网呈“圭”字形或梳齿形布置。支管间距Ⅳ①～④区为100米，Ⅳ⑤区为50米，出水口间距Ⅳ①～④区为50米，Ⅳ⑤区为40米，单个出水口控制面积Ⅳ①～④区为0.5公顷，Ⅳ⑤区为0.2公顷，铺设直径315毫米PVC管3.02千米，直径135毫米PVC管0.28千米，直径110毫米PVC管13.946千米，直径90毫米PVC管1.146千米。

该项目配套工程有：清淤渠道土方23500立方米，渠道局部浆砌石756立方米，新增75千伏安和50千伏安变压器各1台，架设低压线路2.00千米，改造节制闸2座，改造扬水点3座。

石辛庄节水灌溉示范项目于2004年4月20日开始建设，全部工程于2004年10月20日完工，工程总投资300万元。

第三节 水 土 保 持

宝坻区水土保持工作按照“预防为主、全面规划、综合防治、因地制宜、加强管理、注重效益”的方针积极开展。1991年6月29日，《中华人民共和国水土保持法》颁布，2003年以后，依据国家水土保持相关法律法规，水土保持工作扩展到平原地区和城区。2004年，天津市第一次进行全市水土流失面积、水土流失类型、水土流失程度及水土流失分布情况的调查，在此基础上，2005年制定完成《天津市水土保持规划(2006—2020年)》。依据水土保持相关法律、法规，开展全市平原、城区、城市开发建设项目水土保持方案的编报、审批行政执法工作，水土保持工作走向规范化、法制化轨道。

一、水土流失

根据2004年调查统计显示，宝坻区水土流失情况主要以轻、微度侵蚀为主。微度侵蚀面积为1534.25平方千米，轻度侵蚀面积为6.97平方千米，中度侵蚀面积2.30平方千米。随着市场经济的发展，开发建设项目增多，工程施工开挖以及弃土、石、渣的堆放压埋，毁坏地表植被，使原土壤抗冲性、抗蚀性迅速降低，形成加速侵蚀，进一步加剧了侵蚀区水土流失。由于施工产生的弃土、石、渣，为水土流失的形成提供了丰富的松散物质源，极易被暴雨洪水搬运进入河道，形成大规模输沙，导致河道淤积，直接影响排水系统，降低区域内的排沥和拦蓄水能力，大面积城市开发建设产生的裸露地表使空气含尘量增大，空气污染加重，严重影响到城乡居民的生活环境，降低生活质量，直接影响宝坻区的投资环境。

二、水土保持监测

2006年，宝坻区继蓟县之后在天津市区县成立的第二个水土保持工作站，同时取得“两费”即水土保持设施补偿费和水土流失治理费的许可。

2008年，宝坻区加强了水土保持的宣传工作，发放宣传材料300份。完成队伍建设，建立了由主管副局长任组长，农田水利科和相关单位为成员的水土保持领导小组。具体负责水土流失预防、监督、监测等工作，并依据《天津市实施〈中华人民共和国水法〉办法》依法履行职责，对各工程项目事前、事中、事后水土保持工作开展情况进行全过程监督，严格落实水土保持实施方案要求。

2009年，根据水土保持法积极开展水土流失预防监督检测工作。对燃气集团公司管道工程和计划建设的基建工程等制定水保方案，收取两费，预防水土流失。

2010年，宝坻区水务局开展了水土保持治理工作。水土保持机构运行流畅，预防监督、监测体系进一步完善。对区内开发建设项目组织开展水土流失预防监督监测工作，制定水保方案，收取水土流失补偿费和水土流失防治费，预防水土流失。

水土保持领导小组，严格执行“一方案”“两费”“三权”“三同时”制度，即：开发建设项目水土保持方案；水土保持设施补偿费、水土流失治理费；监督权、收费权、审批权和同时设计、同时施工、同时验收投产使用的规章制度。

“一方案”：依据各类开发建设项目环境影响，报告书中关于必须有水行政主管部门同意的水土保持方案的法规，对于开发建设项目，不落实水土保持方案，不予审批的精神，约束开发建设项目单位执行水土保持工作制度，编制水土保持方案。

“两费”：开发项目建设单位在建设生产过程中造成水土流失的必须负责治理，损毁水土保持设施的，必须在限期内负责修复或者按照所需水土保持设施补偿费予以赔偿或缴纳水土流失治理费。

“三权”“三同时”：2007年，宝坻区水土保持领导小组对已编报水土保持方案的水保项目、在建的开发建设项目、2003年后完建的但未验收的开发建设项目等，进行监督检查，坚持用好监督权、收费权和审批权，保证水土保持工程与主体工程同时设计、同时施工、同时验收使用。

三、水土保持建设

紧紧依托水土流失治理等项目，结合水系绿化规划，2008年对燃气集团公司管道工程和设计建设的基础工程等制定水保方案，收取两费，预防水土流失。2008年，在全区范围内开展水系林带绿化建设，把水系绿化工作有力的向前推进。完成了潮白新河津蓟高速公路两侧、青龙湾减河高速公路两侧、潮白新河左右堤朱刘低水闸绿化工程，共种植速生杨3700棵、火炬树60000棵。2009年，在潮白新河左堤胡各庄段种植速生杨600棵，胡各庄至千米桥段种植火炬20000棵、柳树18000棵，右堤津蓟高速桥两侧种植柳树1000棵；蓟运河右堤红帽村段种植速生杨1180棵；青龙湾减河左堤庞家湾扬水站至津围公路桥段种植柳树4500棵，右堤橡胶坝至八道沽桥段种植速生杨4820棵，右堤津蓟高速桥至大杨各庄桥段种植速生杨1400棵，右堤大杨各庄桥至入潮口种植速生杨1600棵；北京排污河左堤63＋400～66＋600段种植速生杨980棵，右堤64＋900～67＋100段种植速生杨1020棵。2009年共种植树木65600棵。通过水系河道植树绿化，加强水土保持工作建设，使生态环境得到改善。

第五章

里自沽灌区

里自沽灌区建成于1970年，属全国大型灌区。位于宝坻区南部，潮白新河和引青入潮二河两岸，由里自沽南北二洼以及尔王庄、黄庄等四大洼淀组成。灌区内有二级河道3条，即导流河、青龙湾减河故道和箭杆河，干渠30条，支渠137条，除涝扬水站14座，排水能力218立方米每秒，除涝标准10年一遇。灌区涉及11个乡镇，2001年调整乡镇行政区划后为9个乡镇，216个行政村，共13.4万人。灌区总面积560平方千米，有耕地面积32600公顷，占全区总耕地面积的40%。有效灌溉面积27.87千公顷。灌区内人均耕地为0.233公顷，是宝坻区的重要粮食生产基地。

灌区建成以来，水源主要依上游潮白河来水，因该河为主要行洪河道，上游来水不稳定，使灌区供水得不到保证，1978年，在潮白新河下游建成里自沽蓄水闸，蓄水能力近亿立方米，加之灌区内河网、坑塘蓄水，使灌区灌溉用水基本得以保障。由于多年的运行，工程老化，河渠淤积和灌排系统布局不甚合理，建筑物配套欠缺、节水工程设施缺失等原因制约着灌区内农业经济发展。1998年开始，国家安排专项资金，安排灌区黄庄万亩节水工程建设。2000年又通过了水利部专家评审，被列入全国大型灌区改造计划，到2008年基本建成了蓄、灌、排为一体成套工程，使灌区生产条件明显改善，工程效益显著提高。

里自沽灌区改造工程历经11年，在这期间区政府着力推进灌区管理体制和机制的改革，使灌区经济效益大幅提升。

第一节 灌 区 规 划

一、灌区规划原则

2000年初，根据国家发展改革委、水利部关于对大型灌区实施续建配套与节水改造工程的精神，天津市水利局提出以发展节水改造工程建设为主的灌区改造总体思路，并委托具有甲级资质的水利部河北水利水电勘测设计研究院，编制了《天津市里自沽灌区续建配套与节水改造工程规划报告》，同年3月，该报告通过水利部水利规划总院专家组的评审，确定里自沽灌区列入全国大型灌区改造计划，依据报告编制了工程可行性研究报告和实施方案，经天津市发展改革委、市水利局等各有关部门组成的专家组评审，通过了可研报告和实施方案，并由天津市发展改革委、市水利局批准实施。

灌区改造工程规划依从天津市和宝坻区有关总体规划，以近期建设与长远发展相协调为原则，以节水灌溉为重点，大力发展渠道防渗工程，适当发展喷灌、微灌面积，节水灌溉不小于灌区耕地面积的60%。

建设高标准节水示范区，带动全区节水农业发展，推动“三高”农业建设。

节水工程要集中连片，形成规模开发，规划效益。节水工程应尽量避开规划的蓄、滞洪区。

工程建设与现状灌、排渠系相结合，以节省工程量和投资。

灌区改造工程不能恶化上、下游环境，不能影响防洪工程的正常调度运用。

二、规划内容

（一）防渗渠道

渠道是灌区的主要输水手段，渠道防渗衬砌是提高渠系水利用率的主要措施。灌区渠道防渗衬砌采用混凝土U形槽，其优点是：①水利条件好，近似最佳水力断面，可减少衬砌工程量；②在冻胀性和湿陷性地基上有一定的适应地基不均匀的能力；③渠口窄，节省土地，减少挖填方量；④整体性强，防渗效果优于梯形渠道；⑤便于机械化施工，可加快施工进度。

规划建设防渗渠道工程的耕地面积18667公顷，防渗渠道总长700千米。里自沽灌区现状灌溉系统分为干渠、支渠、农渠三级或干渠、农渠两级，规划衬砌干渠、支渠两级渠道，其中衬砌干渠140千米，衬砌支渠560千米。由于干渠、支渠控制面积差别较大，干渠断面选定D120型U形槽，支渠选定D80型U形槽。

（二）喷灌

喷灌技术是当今先进的节水、高效灌溉技术。规划在灌区内建设5处喷灌系统，每处133.33公顷，共计666.67公顷。其中1处为自动化控制的固定式管道喷灌系统，其余4处均为半固定式管道喷灌系统。

里自沽灌区改造喷灌工程统计见表5-1-40。

（三）高标准节水灌溉示范区

规划在灌区内建设一个高标准节水灌溉示范区，示范区面积为200公顷，示范区将建设蔬菜、爪果、水果、花卉名特品种实验示范小区和50栋温室大棚，采用自动化控制的滴灌、微灌等先进节水灌溉技术，运用各种农业综合增产措施，探索面向21世纪节水农业发展的新模式。

表 5-1-40 **里自沽灌区改造喷灌工程统计表**

地点		耕地面积/公顷	类型
乡（镇）	村		
糙甸		133.3	自动化控制固定管道式喷灌系统
中登		133.3	半固定管道式喷灌系统
黑狼口		133.3	半固定管道式喷灌系统
大唐庄		133.3	半固定管道式喷灌系统
大口屯		133.3	半固定管道式喷灌系统

（四）稻田微机自动控制系统

随着经济的发展，水资源、能源的短缺及劳务成本的上升，越来越多的节水灌溉系统将采用自动控制。因此规划在黄庄乡黄庄村建设一个667公顷稻田灌溉微机自动化控制系统。控制系统内的各级渠道均采用混凝土防渗渠道。

（五）灌区配套不完善和老化工程的更新及维修

灌区配套不完善和老化失修影响灌区正常使用，规划继续完善灌区配套，对老化失修工程进行更新、改造和维修，共计建节制闸25座，维修节制闸16座，新建扬水点54座，维修扬水站点68座。

（六）灌区种植结构及灌溉制度

1. 作物种植结构

根据不同作物灌溉保证率、灌溉制度、渠系水利用系数和 $P=50\%$、$P=75\%$ 年典型来水过程及灌区蓄水能力，经调节计算，确定里自沽灌区总种植面积42667公顷，其中水稻10667公顷，冬小麦9333公顷，大田旱秋作物13333公顷，晚秋作物9333公顷（冬小麦收割后种植）。

2. 灌溉制度

(1) 水稻灌溉制度。里自沽灌区水稻灌溉普遍采用淹水灌溉，田间深层渗漏较大，深层渗漏不仅浪费了灌溉水量和能源，还造成土壤中可溶性养分、矿物质随水流失，使耕地环境恶化。规划在灌区推广“薄、浅、湿、晒”灌溉制度，建立节水灌溉模式，这种灌溉制度技术简明，农民易于掌握，便于大面积推广应用，根据有关调查资料，拟定稻田灌溉净定额 $P=50\%$、$P=75\%$ 年分别为8850立方米每公顷、9300立方米每公顷。

$P=50\%$ 水稻灌水月、旬分配见表5-1-41。

$P=75\%$ 水稻灌水月、旬分配见表5-1-42。

表 5-1-41 **P=50%水稻灌水月、旬分配表** 单位：立方米每公顷

月份	旬	生育阶段						
		拉荒泡田	还秧期	分蘖	孕穗抽穗	灌浆乳熟	成熟期	合计
5	上							
	中	2250						2250
	下							
6	上		600					600
	中		360	240				600
	下			600				600
7	上			600				600
	中			600				600
	下			480	195			675
8	上				630			630
	中				645			645
	下				180	405		585
9	上					495		495
	中					360	75	435
	下						150	150
合计								8850

表 5-1-42 **P=75%水稻灌水月、旬分配表** 单位：立方米每公顷

月份	旬	生育阶段						
		拉荒泡田	还秧期	分蘖	孕穗抽穗	灌浆乳熟	成熟期	合计
5	上							
	中	2250						2250
	下							
6	上		660					660
	中		390	255				645
	下			630				630
7	上			630				630
	中			630				630
	下			495	225			720

续表

月份	旬	生育阶段						
		拉荒泡田	还秧期	分蘖	孕穗抽穗	灌浆乳熟	成熟期	合计
8	上				705			705
	中				705			705
	下				225	405		630
9	上					510		510
	中					360	75	435
	下						150	150
合计								9300

(2) 冬小麦、大田作物灌溉制度。根据有关节水灌溉资料，拟定冬小麦灌溉净定额 $P=50\%$、$P=75\%$年分别为 2700 立方米每公顷、3000 立方米每公顷，早秋作物灌溉净定额 $P=50\%$、$P=75\%$年分别为 1500 立方米每公顷、2250 立方米每公顷，晚秋作物灌溉净定额 $P=50\%$、$P=75\%$年均为 1200 立方米每公顷。

$P=50\%$、$P=75\%$冬小麦、大田作物灌水量年内分配见表 5-1-43、表 5-1-44。

(3) 冬小麦喷灌制度。根据冬小麦渠灌制定喷灌水的有效利用率，初步拟定冬小麦喷灌定额为 2250 立方米每公顷。冬小麦喷灌水量年内分配见表 5-1-45。

表 5-1-43 **P=50%冬小麦、大田作物灌水量年内分配表**

作物名称	灌水次数	生育阶段	灌水定额/立方米每公顷	灌水定额/立方米每公顷	灌水时间		天数
					起	止	
冬小麦	1	播前	540		9月11日	9月18日	8
	2	冬灌	480		11月11日	11月17日	7
	3	起身	480		3月21日	3月27日	7
	4	拔节	600		4月19日	4月25日	7
	5	扬花	600	2700	5月16日	5月23日	8
早秋	1	播前	750		4月10日	4月18日	9
	2	拔节	750	1500	6月12日	6月24日	13
晚秋	1	拔节	600		7月6日	7月11日	6
	2	抽雄扬花	600	1200	8月11日	8月16日	6

表 5-1-44 P=75%冬小麦、大田作物灌水量年内分配表

<table>
<tr><th rowspan="2">作物名称</th><th rowspan="2">灌水次数</th><th rowspan="2">生育阶段</th><th rowspan="2">灌水定额/立方米每公顷</th><th rowspan="2">灌水定额/立方米每公顷</th><th colspan="2">灌水时间</th><th rowspan="2">天数</th></tr>
<tr><th>起</th><th>止</th></tr>
<tr><td rowspan="5">冬小麦</td><td>1</td><td>播前</td><td>600</td><td></td><td>9月11日</td><td>9月18日</td><td>8</td></tr>
<tr><td>2</td><td>冬灌</td><td>540</td><td></td><td>11月11日</td><td>11月17日</td><td>7</td></tr>
<tr><td>3</td><td>起身</td><td>600</td><td></td><td>3月21日</td><td>3月27日</td><td>7</td></tr>
<tr><td>4</td><td>拔节</td><td>630</td><td></td><td>4月19日</td><td>4月25日</td><td>7</td></tr>
<tr><td>5</td><td>扬花</td><td>630</td><td>3000</td><td>5月16日</td><td>5月23日</td><td>8</td></tr>
<tr><td rowspan="3">早秋</td><td>1</td><td>播前</td><td>750</td><td></td><td>4月10日</td><td>4月18日</td><td>9</td></tr>
<tr><td>2</td><td>拔节</td><td>750</td><td></td><td>6月12日</td><td>6月24日</td><td>13</td></tr>
<tr><td>3</td><td>灌浆</td><td>750</td><td>2250</td><td>7月19日</td><td>7月31日</td><td>13</td></tr>
<tr><td rowspan="2">晚秋</td><td>1</td><td>拔节</td><td>600</td><td></td><td>7月6日</td><td>7月11日</td><td>6</td></tr>
<tr><td>2</td><td>抽雄扬花</td><td>600</td><td>1200</td><td>8月11日</td><td>8月16日</td><td>6</td></tr>
</table>

表 5-1-45 冬小麦喷灌灌水量年内分配表

<table>
<tr><th rowspan="2">作物名称</th><th rowspan="2">灌水次数</th><th rowspan="2">生育阶段</th><th rowspan="2">灌水定额/立方米每公顷</th><th colspan="2">灌水时间</th><th rowspan="2">天数</th></tr>
<tr><th>起</th><th>止</th></tr>
<tr><td rowspan="5">冬小麦</td><td>1</td><td>播前</td><td>450</td><td>9月11日</td><td>9月18日</td><td>8</td></tr>
<tr><td>2</td><td>冬灌</td><td>450</td><td>11月11日</td><td>11月17日</td><td>7</td></tr>
<tr><td>3</td><td>起身</td><td>450</td><td>3月21日</td><td>3月27日</td><td>7</td></tr>
<tr><td>4</td><td>拔节</td><td>450</td><td>4月19日</td><td>4月25日</td><td>7</td></tr>
<tr><td>5</td><td>扬花</td><td>450</td><td>5月16日</td><td>5月23日</td><td>8</td></tr>
</table>

第二节 灌 区 建 设

一、建设管理

里自沽灌区自1998年实施黄庄万亩灌区节水改造工程开始，至2008年整个灌区续建配套与节水改造工程完成，历经11年，在灌区工程改造过程中严格按照相关部门的要求实施工程建设管理，使工程高质、高效、顺利完成。

工程资金管理。工程资金专款专用，里自沽灌区管理处作为建设单位，专门设立银行账户，一切财务支出委托宝坻区水务局审计科跟踪审计，施工单位单独设账，一切开支保证票据齐全合理。每年度工程竣工后，由天津市财政局评审中心对工程财务决算进行评审，并委托具有资质的审计单位进行财务审计，各年度工程财务均符合国家相关要求。

工程“四制”管理。灌区改造工程一律按“四制”实施管理，即：“项目法人制、招投标制、监理制、合同制”。2001 年 3 月组建宝坻县水利局里自沽灌区管理处后，即将灌区各年度节水改造工程建设管理落到实处。工程采取招投标制，灌区管理处委托天津市普泽工程咨询有限责任公司编制招标文件。2001—2002 年采用邀请招标，选择综合得分较高的企业承担施工任务。2003—2008 年度工程采用了公开招标。各年度工程均委托天津市水利工程建设监理咨询中心承担施工阶段监理工作，实现合同约定的工程质量、投资、进度目标。建设单位分别与设计单位、施工单位、监理单位签订《设计合同》《施工合同》《监理合同》，在建设主管部门备案登记。项目竣工后，经市发展改革委、市水利局、市财政局组成验收专家组，采取查阅各种设计、建设、管理等文件资料，听取建设单位、施工、监理等汇报以及现场查看等形式，通过专家组打分，综合得分达到 70 分以上，则通过验收。灌区改造工程实施“四制”管理后，工程完成时间、质量均得到保证，促进了灌区的生产发展。

二、建设程序

天津市里自沽灌区管理处作为项目法人，负责灌区各年度节水改造工程建设管理。

推行工程招标制。灌区管理处委托天津市普泽工程咨询有限公司编制招标文件，1998—2000 年度项目采用邀请招标，选择综合得分较高的企业承担施工任务。2000 年，国家计委、水利部颁布《大型灌区续建配套项目建设管理办法》，项目建设要推行项目法人责任制，工程建设监理制和招标投标制。2003—2008 年度采用公开招标实施工程。

为确保工程质量，各年度工程均委托天津市水利工程建设监理咨询中心承担施工阶段监理工作，实现了合同约定的工程质量、投资、进度目标。

为确保工程顺利进行，建设单位分别与设计单位、施工单位、监理单位签订《设计合同》《施工合同》《监理合同》，在建设主管部门备案登记。

三、资金投入

里自沽灌区改造工程投资由国家、市、区县、乡镇四方承担。在工程建设中，资金管理严格，专款专用。里自沽灌区管理处作为建设单位，专门设立银行账户，一切财务支出委托宝坻区水务局审计科跟踪审计，施工单位独立设账，一切开支保证票据齐全合理。同时，每年度工程竣工后，均由天津市财政局评审中心对工程财务决算进行评审，并委托具有资质的审计单位进行财务审计，各年度工程财务均符合国家相关要求。

1998—2008年，里自沽灌区通过11年的节水改造，累计投资20692.7万元，其中国家支持7500万元，市财政补助1950万元，区财政筹措1100万元，乡村自筹10142.7万元。

四、项目验收

项目竣工后，按照项目验收要求，各年度工程由天津市发展改革委、市水利局、市财政局组织验收专家组，采取查阅各种设计、建设、管理等文件资料，听取建设单位、施工、监理等汇报及现场查看等形式，通过专家组打分，综合得分达到70分以上方能通过验收。

五、年度工程建设

1998年，黄庄万亩节水工程即在黄庄乡黄庄村进行防渗渠道工程建设，衬砌防渗渠道20条，总长25.43千米，其中衬砌干渠2条，长5.15千米；衬砌支渠18条，长20.28千米。新建节制闸6座、生产桥1座、分水口门205处，维修节制闸13座。工程总投资492.77万元，其中国家补助资金200万元，地方自筹资金292.77万元，实现节水灌溉面积700公顷。

1999年，在郝各庄、中登、周良庄、尔王庄、大白庄、大唐庄、欢喜庄、黄庄8个乡（镇）进行防渗渠道工程建设，衬砌防渗渠道长194千米，建分水口门1781处、过道管396处、蓄水闸7座、扬水点15座，维修节制闸9座、扬水点5座。工程总投资2000万元，其中国家补助资金800万元，地方自筹资金1200万元，增加节水灌溉面积2474.5公顷。

2000年，在大唐庄、黑狼口、糙甸、欢喜庄、林亭口5个乡（镇）进行防渗渠道和低压输水管工程建设，衬砌干、支两级防渗渠道39.2千米，建分水口门676处、过道管251处、扬水点30座，安装低压输水管道92.75千米，其中干管16.35千米、支管76.4千米，维修扬水点7座、节制闸2座，清淤战备渠长25.73千米，清淤土方100万立方米。工程总投资1500万元，其中国家补助600万元，地方自筹900万元。增加节水灌溉面积1656.1公顷，其中防渗渠道增加节水灌溉面积784公顷，低压输水管道增加节水灌溉面积 872.1 公顷。

2001 年，在大唐庄、尔王庄、八门城、林亭口 4 个乡（镇）进行防渗渠道和低压输水管道工程建设，衬砌干、支两级防渗渠道总长 55.97 千米，建分水口门 677 处、过道管 1 处、扬水点 3 座、蓄水闸 1 座、农用生产桥 102 座，安装低压输水管道总长 35.194 千米，其中干管长 5.369 千米，支管长 29.825 千米，维修扬水点 6 座。工程总投资 1000 万元，其中国家补助资金 400 万元，地方自筹资金 600 万元。实现节水灌溉面积 1021.2 公顷，其中防渗渠道节水面积 732.7 公顷，低压输水管道节水灌溉面积 288.5 公顷。

2002 年，在黄庄、八门城、郝各庄 3 个乡（镇）进行防渗渠道和低压输水管工程建设，衬砌干、支 2 个防渗渠道总长 25.8 千米，建分水口门 385 处、扬水点 5 座、节制闸 11 座、小型蓄水闸 5 座，安装低压输水管道总长 14.8 千米，其中干管长 1.8 千米、支管长 13 千米，维修扬水点 6 座、农用生产桥 89 座，清淤干渠 9.4 千米。工程总投资 1000 万元，其中国家补助资金 400 万元，地方自筹资金 600 万元。增加节水灌溉面积 1126.6 公顷，其中防渗渠道节水灌溉面积 993.3 公顷，低压输水管道节水灌溉面积 133.3 公顷。

2003 年，在林亭口、大白庄、八门城、郝各庄、黑狼口 5 个乡（镇）进行防渗渠道和低压输水管道工程建设，衬砌干、支两级渠道总长 31.654 千米，建分水口门 467 处、扬水点 11 座、钢筋混凝土过道 34 座，安装低压输水管道 23.41 千米，其中干管长 4.649 千米，支管长 18.761 千米，清淤干渠 8.5 千米。工程总投资 750 万元，其中国家补助资金 300 万元，地方自筹资金 450 万元。增加节水灌溉面积 869 公顷，其中防渗渠道节水灌溉面积 667 公顷，低压输水管道节水灌溉面积 202 公顷。

2004 年，在八门城、黄庄 2 个乡（镇）进行防渗渠道工程建设，衬砌干、支两级渠道总长 26.1 千米，建分水口门 310 处、混凝土过道 34 座、涵洞 4 座、扬水点 5 座，清淤干渠 3.2 千米。工程总投资 750 万元，其中国家补助资金 300 万元，地方自筹资金 450 万元。增加节水灌溉面积 815.1 公顷。

2005 年，在黄庄、八门城 2 个乡（镇）进行防渗渠道工程建设，衬砌防渗渠道 18.55 千米，建防渗渠道节制闸 10 座，建分水口门 180 处，建混凝土板过道 12 处，建渡槽 2 座，建涵洞 2 座，建扬水点 3 座，维修节制闸 2 座，清淤干渠 10.78 千米。工程总投资 750 万元，其中国家补助资金 300 万元，地方自筹资金 450 万元。增加节水灌溉面积 681.3 公顷。

2006 年，在八门城、黄庄 2 个乡（镇）进行防渗渠道工程建设，衬砌防渗渠道 23.33 千米，建分水口门 152 处，建防渗渠道节制闸 25 座，建混凝土板过道 2 处，建扬水点 7 座，建渡槽 18 座，建涵洞 1 座，清淤干渠 4.95 千米。工程总投资 750 万元，其中国家补助资金300万元，地方自筹资金450万元。增加节水灌溉面积855.3公顷。

2007年，在大唐庄、林亭口、八门城3个乡（镇）进行防渗渠道工程建设，衬砌干渠防渗渠道42.95千米，建分水口门575处，建防渗渠道节制闸72座，建过道管13处，建混凝土板过道84处，建扬水点2座，维修扬水点8座，对大唐排干11千米干渠进行清淤，清淤土方19.8万立方米。工程总投资1500万元，其中国家补助资金500万元，地方自筹资金1000万元。增加节水灌溉面积1494.7公顷。

2008年，第一批续建配套与改造工程涉及尔王庄、黄庄、郝各庄3个乡（镇）。其中尔王庄、黄庄2个乡（镇）衬砌干渠防渗渠道23.3千米，建分水口门211处，建防渗渠道节制闸32座，建混凝土板过道16处，维修扬水点4座；郝各庄镇西郝村建低压输水管道7.4千米。工程总投资1200万元，其中国家补助资金400万元，地方自筹资金800万元。增加节水灌溉面积1353.4公顷，其中防渗渠道节水灌溉面积1286.7公顷，低压输水管道节水灌溉面积66.7公顷。

2008年，第二批续建配套与改造工程涉及黄庄、八门城2个乡（镇），工程内容为：衬砌干支渠道总长74.5千米，建分水口门776处、过道管19处，建混凝土板过道140处、涵洞18座、防渗渠道节制闸178座、蓄水闸8座、扬水点23座、渡槽51座，对中登渠、尔王庄干渠、潮右截渗沟进行清淤，清淤总长度45.65千米，清淤土方80.82万立方米。工程总投资4500万元，其中国家补助资金1500万元，地方自筹资金3000万元。增加节水灌溉面积2687.5公顷。

2008年，第三批续建配套与改造工程涉及八门城、大唐庄2个乡（镇），工程内容为：衬砌干支渠道总长87.7千米，建分水口门780处，建防渗渠道节制闸188座，建过道管12处，建混凝土板过道80处，建节制蓄水闸6座，建扬水点18座，维修节制闸14座，建渡槽10座，对大刘坡排干、黄庄退水渠进行清淤，清淤总长23.84千米，并对黄庄洼退水渠进水口处两坡进行护砌，护砌长0.60千米。工程总投资4500万元，其中国家补助资金1500万元，地方自筹资金3000万元。增加节水灌溉面积2085.3公顷。

1998—2008年宝坻区里自沽灌区工程项目及投资汇总见表5-2-46。

六、工程效益

（一）节水效益

灌区续建与节水改造工程完成后，可减少渠道渗漏损失，加上节水灌溉和科学管理，节水效益十分显著。根据黄庄万亩节水工程经验，渠道节水工程完成后，经实际测算，与工程实施前相比，平均每公顷稻田一般可节约灌溉用水7500立方米左右，每公顷

表 5-2-46　**1998—2008 年宝坻区里自沽灌区工程项目及投资汇总表**

年份	效益面积/公顷			投资/万元			工程项目												
	小计	明渠	暗管	小计	国补	自筹	混凝土防渗明渠/千米	分水口门/处	过道管/处	混凝土板桥/处	新建生产桥/座	低压管道/千米	防渗渠道节制闸/座	蓄水闸/座	建扬水点/座	维修节制闸/座	维修扬水/座	清淤干渠/千米	涵洞/座
1998	700	700		492.77	200	292.77	25.43	205			1		6			13			
1999	2474.5	2474.5		2000	800	1200	194	1781	396					7	15	9	5		
2000	1656.1	784	872.1	1500	600	900	39.2	676	251			92.75			30	2	7	25.73	
2001	1021.2	732.7	288.5	1000	400	600	55.97	677	1	102		35.194		1	3		6		
2002	1126.6	993.3	133.3	1000	400	600	25.8	385		89		14.8	11	5	5		6	9.4	
2003	869	667	202	750	300	450	31.65	467		34		23.41			11			8.5	
2004	815.1	815.1		750	300	450	26.1	310		34					5			3.2	4
2005	681.3	681.3		750	300	450	18.55	180		12			10		3	2		10.78	2
2006	855.3	855.3		750	300	450	23.33	152		2			25		7			4.95	1
2007	1494.7	1494.7		1500	500	1000	42.95	575	13	84			72		2		8	11	
2008 第一批	1353.4	1286.7	66.7	1200	400	800	23.3	211		16		7.4	32				4		
2008 第二批	2687.5	2687.5		4500	1500	3000	74.5	776	19	140			178	8	23			45.65	18
2008 第三批	2085.3	2085.3		4500	1500	3000	87.7	780	12	80			188	6	18	14		23.84	
合计	17820	16257.4	1562.6	20692.8	7500	13192.8	668.5	7175	692	593	1	173.55	522	27	122	40	36	143.05	25

注　2008 年度工程分成三批投资。

麦田可节约灌溉用水1500立方米左右。按照灌区种植结构规划的稻田种植面积10667公顷、冬小麦种植面积9333公顷，则稻田可节约灌溉用水量8000万立方米，冬小麦可节约灌溉用水1400万立方米，全灌区总计可节约灌溉用水9400万立方米。根据水稻的灌溉用水定额$P=75\%$时，每公顷用水9300立方米，可扩大水稻种植面积1010.7公顷，每公顷可增加收入6000元，水利分摊系数取0.5，按频率法计算多年平均效益约为3032万元。

（二）土地利用率效益

采用混凝土防渗渠道后，通过相同水量时所需的过水断面减小，因此可少占耕地面积。根据里沽灌区渠道衬砌经验，渠道衬砌后提高耕地利用率4%，按灌区规划节水控制面18667公顷计算，可增加耕地面积746.7公顷，按每公顷增加收入6000元计，水利分摊系数取0.5，通过提高耕地利用率增加收益每年约为224万元。

（三）渠道维护效益

渠道衬砌后可以减少管理维修费用50%～70%，从而显著节约运行费用。根据八门城项目区2004年度节水改造前后对比，每公顷耕地节省150元灌区维护费，按灌区规划节水控制面积18667公顷计算，每年可节约运行维护费约280万元。

（四）粮食增产效益

灌区续建配套与节水改造工程完成后，由于水源有保证和灌溉及时，可普遍提高粮食产量，从而增加收益。根据灌区多年节水工程实践证明，按每公顷平均增收900元计算，灌区18667公顷节水控制面积每年可增加收益约1680万元。

灌区续建配套与节水工程完成后，每年增加经济效益5216万元。

第三节 灌 区 管 理

天津市农业灌排一直沿用本地区统筹管理的灌排模式，灌区仅为相对集中成规模的农作物种植区域，没有形成独立灌排系统的灌区模式。直到2000年3月，宝坻县里自沽灌区列入国家重点大型灌区改造工程后，为了加强对灌区的建设管理，2001年3月，在里自沽灌区建设管理办公室的基础上，成立了里自沽灌区管理处，灌区管理开始走向正规化管理。

一、管理体制

里自沽灌区内水利工程管理一直采取分级分散的粗放型管理，为改变粗放型管理的模式，1998年成立了宝坻县里自沽灌区管理办公室，主要负责灌区续建配套与节水改造规划设计、组织年度工程实施，制定灌区管理改革方案。因为灌区管理职责有限，灌区管理只在续建配套与节水改造工程建设方面得到加强，工程建设质量能够得到保障。但对灌区水利工程的综合管理还没统抓统管，一些政策和制度难于落实。为此，2001年3月，宝坻县政府研究成立专门的灌区管理机构，即“宝坻县水利局里自沽灌区管理处”，2004年5月，宝坻区机构编制委员会批复成立“宝坻区里自沽灌区管理处”，该处是灌区水利工程建设、管理的法人单位，负责灌区规划、工程建设，节水改造工程、水资源调度、灌溉、排水、水位水质监控、水利科技推广、水费征收及骨干灌排养护等。里自沽灌区管理处成立后，对灌区全面行使管理职能，不断加大灌区改革力度，健全和完善管理体制，提高了管理水平。为加强对灌区内斗渠河道的维护，促进水利工程的良性运行，调动农民直接参与农田灌溉和工程管理的积极性，2005年里自沽灌区成立以村为单位的农民用水者协会。村民自愿加入协会和参与用水管理。

二、灌区水资源管理

里自沽灌区浅层地下水为咸水或微咸水，不适宜灌溉。灌溉水源主要依靠潮白新河和青龙湾减河上游的入境水和当地降雨产生的径流。根据实测资料统计分析，里自沽灌区保证率50%、75%时年地表水资源量分别为5.80亿立方米、2.44亿立方米。虽然水资源总量较大，但由于径流的年内分配极为不均，7月、8月径流一般占全年的50%～80%，个别年份占90%以上，大部分无法利用而流向境外，灌区每年灌溉面积仅维持在18000～20667公顷，占灌区总面积的60%左右。

三、工程运行管理

（一）用水者小组职责

里自沽灌区节水改造工程完成后，产权归工程所在地村集体所有。灌区管理处根据灌区整体情况，指导制定出详细的维修养护及运行管细则。由用水者管理小组具体实施，并做好如下工作：

（1）管理与使用管辖区内的灌排工程，保证完好能用。

（2）按编制好的用水计划及时开车，保证作物适时灌溉。

（3）按操作规程开泵提水，保证安全运行。

（4）按时记录开泵时间、停泵时间、水泵出水量、干支渠分水口门分水量、水泵能耗及灌溉面积。

（二）灌溉用水管理

1. 合理灌溉，计划用水

灌区管理处根据灌区试验资料和当地丰产灌溉经验，制定各种作物的灌溉制度，并结合水源可供量、作物种植面积、气象条件、工程条件，制定灌水次数、灌水定额，每次灌水所需时间及灌水周期、灌水秩序、计划安排。用水者管理在每次灌水之前根据当时作物生长及土壤墒情的实际情况，对计划加以修正，以达到节水、高效的灌溉效果。

2. 用水管理措施

（1）灌区实行统一用水管理，统一浇地，计划用水，按方收费。

（2）取缔传统的大水漫灌的落后灌水方法，推广节水灌水技术，实行小定额灌溉。

（3）及时足额征收水费。实行以公顷定额配水，以水量收费，超额加价收费的用水制度。

（4）定期对管理人员进行技术培训和职业道德教育。

3. 工程设备管理

工程设备管理的基本任务是保证水源、机泵、输水渠道的正常运行，延长工程设施设备的使用年限，发挥最大的灌溉效益。

水泵运行与维护。在开泵前对水泵系统进行一次全面细致的检查，检查各固定部分是否牢固、转动部分是否灵活；开泵后应观察出水量、机泵运转声音及各种仪表是否正常，及时排除事故隐患。

防渗渠道工程的管理与维护。本着“以防为主，防重于修”的原则，做好防渗渠道的防护工作，防止工程病害的发生和发展，防渗渠道工程在放水前后或暴雨后，要进行全面检查、维修，达到周围无空穴，衬砌体无缝、错位、下滑、深陷、破碎、脱落、孔洞现象；伸缩缝和砌筑缝完好，不漏水；渠内无淤积、杂草，渠堤无陷穴、冲坑、裂缝和滑坡。定期进行变形观测，发现问题及时处理。渠道在运行过程中出现局部决口时，应紧急停泵，同时用草袋或土工布织物袋装土堵塞，并辅以填土夯实等临时处理。待行水结束后再进行处理。

第六章

供水与排水

1991—2010 年，宝坻区政府加大对城镇和工业供排水的投资力度，对全区供排水工程进行了系统的改造和建设，推动了全区供排水工程建设的发展，截至 2010 年，全区基本建成了完备的城镇供排水（污水处理）系统，实现了供排水的规模化、网络化，促进了全区工农业的发展和人民生活幸福指数的提高。

第一节 供 水

宝坻城区供水主要由宝坻区水务局自来水管理所负责。2002 年以前，自来水管理所隶属宝坻区建委，2002 年 5 月机构改革，宝坻区水务局负责区域内的供水行政管理工作。自来水管理所一并归属宝坻区水务局，为局属科级事业单位，下设 4 个班组，专职负责净水厂和应急水厂的运行、管道抢修、水利公共设施的管理等。2002 年 5 月，自来水管理所有职工 116 人，2010 年年底，有在职人员 122 人。另外，2 座水厂负责行业监管。

一、水厂建设

（一）泉州水务有限公司

泉州水务有限公司原为宝坻城区自来水净水厂，1984 年开始建厂，宝坻区政府投资 360 万元，占地 3.75 万平方米，供水水源为引滦水，设计供水能力 5000 立方米每日。城区主供水管网 30.85 千米，配水管网 283.2 千米，年售水 670 万立方米。净水厂的建设使宝坻居民结束了喝高氟地下水的历史。

1995 年，随着城区范围的不断扩大，城区人口的不断增长，原 5000 立方米每日的净水厂净水能力已不能满足城区人民的生产生活用水需要。因此，经宝坻县委、县政府有关领导和主要技术人员的反复规划研究，总投资 1000 余万元，建成日供水 2.5 万立方米的Ⅲ类地表水水厂 1 座，出厂水压力达到 0.4 兆帕。水厂净化处理主要采用常规处理工艺，其设计、设备、设施基本满足净水厂工艺要求。水质方面，净水厂严格执行《生活饮用水卫生标准》（GB 5749—2006）并采用了液氯清消毒及双管路供水方法，在技术更新改造方面也取得了突破性进展，水厂安装了微机程控恒压变量控制系统，攻克了供水压力不稳定、耗电量大的难题，使得每年可节约用电20%，真正做到了“水好、压足、保障不间断供水”的承诺。

1998年，宝坻区自来水管理所在净水厂的基础上出资组建宝坻区泉州自来水有限公司，11月6日注册成立，经营范围有集中式供水和自来水管道安装与维修。

1999年5月，自来水管理所自行投资7.2万元购置了2台美国WQT公司10k系列墙挂式全自动加氟机，以确保水质检测的达标，同时，为了使水厂供水的可靠性更加完备，在2001年又投资3万元购置了美国米顿罗公司C系列电磁驱动隔膜全自动加药泵2台。

随着宝坻区经济社会的快速发展，用水需求不断增加，对水量、水质、水安全的要求越来越高。2010年，宝坻区政府与市水务局积极磋商，编制并签订了《组建泉州水务有限公司意向书》，确定在原宝坻区泉州自来水有限公司的基础上，宝坻区自来水管理所与滨海水业集团共同出资，重新组建天津市泉州水务有限公司（地址为建设路2号），原宝坻净水厂同时更名为泉州水厂（地址为林黑路西）。重组实现了优势互补，优化了水资源配置，提升了供水服务水平。5月31日，新组建的天津市泉州水务有限公司揭牌仪式在宝坻区举行。天津市水务局副局长王天生、李文运，宝坻区副区长艾玉琨，天津市水务局有关单位及宝坻区水务局负责人出席揭牌仪式。此次重组，滨海水业投资占51%的股权，宝坻区占49%的股权。天津市泉州水务有限公司将充分发挥双方的优势，加快园区升级，优化发展环境，改善民生民计，建立规范高效的企业管理体系，拓展供水领域，提高供水效益，更好地适应宝坻未来的产业发展和居民生活用水的需求；加快宝坻供水基础设施建设，全面推动供水管网配套和改造，扩建供水设施，扩大供水规模，提升供水保障能力，为宝坻经济社会发展提供优质的供水服务。

新组建的泉州水务有限公司供水区域涵盖整个宝坻城区，水厂日供水能力为2.5万吨，可保证38556个居民用水户和2250个企事业单位用水安全。

2012年，按照关于泉州水务股份出让的工作协调会议精神，自来水管理所回购滨海水业持有的51%泉州水务股权，回购后取得泉州水务100%股权。

重组后，天津市泉州水务有限公司分两期对水厂进行改扩建工程。2011年启动第一期改扩建工程，于2013年投入使用，制水规模达5万立方米每日。2015年启动二期扩建工程，扩建规模5万立方米每日，于2017年完工。至此，天津市泉州水务有限公司一、二期工程并网运行总制水规模达到10万立方米每日。供水区域涵盖整个宝坻城区。

（二）应急水厂

应急水厂隶属宝坻区自来水管理所。2001年，城区居民用水户达到了38000户，为保障工业、居民生活用水，2003年，宝坻区政府决定投资建设应急水厂。应急水厂位于城区东部，西起引滦明渠，东至方家庄镇西王庄，北起通唐公路，南到口东镇境内的一八渠。水源地保护范围控制面积20平方千米。

应急水厂设计单位为天津市给排水设计院，设计日供水1.8万立方米，工程于2003年5月28日开工，同年9月28日竣工。主要建设项目为：新打机井11眼（井群控制面积2平方千米），铺设集水管道7100米，建蓄水3000立方米清水池1座，铺设输水管道1200米，建送水泵房1座，同时还建有相关的附属设施。

完成工程量：土方7211.8立方米，混凝土及钢筋混凝土1166.1立方米。工程投资1050万元。

（三）天宝工业园区地下水厂

天宝工业园区地下水厂隶属宝坻区天宝工业园管理，工程于2004年7月20日开工，11月10日竣工。该工程主要包括新打机井6眼、铺设管道2800米，新建2000立方米清水库一座及相关附属设施。设计日供水能力8000立方米。由宝坻区水利建筑工程公司组织施工，宝坻区建筑设计所设计。工程建设达到优良标准，完成投资387万元。

（四）宝坻东山水厂（京津新城东山自来水厂）

宝坻东山水厂又称周良项目区水厂，位于牛家牌镇，津蓟高速公路以西、柴家铺排灌区以北、赵辛庄村南侧。水厂由天津市宝坻区水利建筑工程公司施工，建设规模日供水量8000立方米，工程于2004年6月6日开工，2004年11月10日竣工。完成主要工程为：新建送水泵房192.63平方米，清水池1座2000立方米，办公用房147.55平方米，围墙1720米，室外排水1项，配电设备及电缆1项，变频系统1项，厂外井群供水管网2420米，新打机井4眼，潜水泵及水泵自控阀4套，室外给水1项，送水泵房工艺1项。水厂隶属宝坻区水务局。

2006年3月，宝坻东山水厂原址改建京津新城东山自来水厂，占地面积69495.8平方米，建设规模5305.88平方米，建设构筑物19800.46立方米，总投资1.2亿元，供水能力为5万立方米每日。该项目由天津华永房地产开发有限公司（台港澳法人独资）建设，主要建设内容包括办公楼、提升泵站、加氯加药间、絮凝沉淀池、清水池、滤池间、送水泵站、输水管道等工程。2007年8月建成并供水，供水水源由地下水改为引滦水，原宝坻东山水厂地下水源（8眼机井）为应急备用水源，供水范围为珠江温泉城、大学城、九园工业园区、京津金融服务外包园区、石材城，以及潮白河以南9个乡镇农村用户。宝坻区水务局对水厂进行行业监管，企业注册为天津华永房地产开发有限公司，水厂自主经营，自负盈亏。

2008年5月20日，引滦工管处代表天津市水利局与天津华永房地产开发有限公司签订了引滦供水协议。从2008年6月1日起，每日由京津新城东山水厂向宝坻京津新城供水1.6万立方米。协议明确规定了水价、取水许可审批总量、设备管理、水量计量、税费收缴方式等内容。

二、城区供水管网建设与改造

（一）宿舍、住宅小区的管网建设和改造

宝坻区水务局为群众排忧解难。2004年完成车站街、电力宿舍、前田小区管道改造，为255户居民解决水压低、水质超标、用水困难的问题；强化计量管理，全年维修更换水表800块，安装IC卡水表754块，封表1554块。

2005年，完成宝平小区二期配套工程，铺设管道1.3千米；顺驰小区二期配套工程，铺设管道1.06千米；蓝水湾小区管网配套工程，铺设管道1.80千米。

2006年，宝平景苑小区新增管道0.23千米，宝鑫景苑小区新增管道0.81千米；完成了南关大街、南三路、建设路和国税宿舍楼管网改造工程，共计改造主管道2.93千米，新建内直径630毫米管道10.00千米。

2007年，完成潮阳花园小区3.26千米、蓝水湾小区1.23千米、泰达小区5.52千米、万兆小区3.62千米、绿色家园小区3.88千米、宝鑫小区1.77千米的管网建设。

2008年，不断加大自来水基础设施投入，蓝水湾小区、宝鑫小区三期延伸共新增管道2.41千米，其中内直径110毫米以下管道1.07千米，内直径200毫米管道共1.22千米，内直径315毫米管道共0.12千米。

2009年，完成建设路小区0.52千米、梁庄东8户内直径50毫米管道0.10千米、馨泰小区0.71千米、朝阳花园0.40千米管网建设。

2010年，完成了“龙熙帝景”“龙第世家”等6个新建居民小区的给水配套工程，铺设输水管道共计16.11千米。

（二）商业、铺户区的供水管网建设和改造

2005年，完成76户商业铺户的改造、铺设管道0.37千米、75个消防栓的安装工程。

2006年，完成火车站北商业门脸楼新增管道0.22千米。

2007年，完成国美电器、吴苏路菜市场1.20千米的管网建设。

2009年，完成北方装饰城门脸0.41千米、商贸街西门脸0.15千米。

2010年，完成步行街门脸、东街门脸和建设路门脸改造，更换水表共计100块，管网建设0.5千米。

(三) 行政事业单位供水管网的建设和改造

2004 年，完成供水量 300 万吨，宝坻区水务局自筹资金，于 3 月中旬按计划完成城区自来水 0.70 千米深井工程建设，经抽水试验、化验，符合饮用水标准和规划设计要求，并投入使用。

2005 年，完成气象局等 13 处给水安装工程，铺设管道 0.80 千米。

2006 年，完成管网建设顺驰小学新增管道 0.38 千米。

2007 年，完成高速路服务站管网建设 4.80 千米。

2008 年，完成潮阳小学、宝坻六中、北环路延伸共新增供水管道 2.36 千米；完成审计局机关、区工会低改供水管道共计 6.35 千米。

2009 年，完成宝平派出所 0.11 千米。

(四) 工业园区供水管网的建设和改造

2005 年，宝坻区水务局加强了城区供水管网改造力度和供水管理，完成了天宝工业园水厂管道二期施工，铺设管道 1.55 千米。

2008 年完成口东工业区一期给水工程。总计新增供水管道 4.71 千米。

三、供水服务与设施管理

截至 2010 年，宝坻城区居住人口约 10 万人，随着经济的不断发展，城市化进程不断加快，城市规模不断增加，对城区供水服务与设施管理提出了新的要求。宝坻区水务局为群众排忧解难，加强水务队伍建设，提高服务质量，保证水压足、水质好。

水厂出厂水压一般保持在 0.38～0.4 兆帕，供水服务压力管网末梢不低于 0.12 兆帕，同时保证住宅楼六层的正常用水，用户反映水压不足时，维修人员都及时到现场查看情况。局部水压减少主要是个别用户因维修户内设施私自关闭区域或总闸门，而打开闸门时难以完全开启造成的，因此也遭到了用户的不理解，遇到这种情况，自来水管理人员耐心地对用户进行解释。

自来水管理所制定了供水管网检查巡视制度，并要求严格执行，巡视情况有清楚的原始记录。春季对供水主管网和闸阀进行了巡查、维护、保养。在管网抢修工作中，做到小漏不超过 24 小时，大漏连续干。共修漏 385 处，有效地降低了管网水漏失率。

对于管网漏水的举报，维修人员在 40 分钟内抵达现场进行处理，做到小修不超过 24 小时，大修连续干，确保在最短的时间内恢复供水。

任何施工现场必须设置警示标志和防护措施，工程完毕做到及时恢复和清场，做好与相关单位的协调。因抢修需局部较长时间停水的，及时通知到相关部门和用户，告知停水原因和恢复供水时间，让用户提前做好储水准备，取得用户的支持和谅解。

用户表井或水表发生问题时及时进行维修或更换，卡表维修与更换时间每户不超过2个小时；一般拆井工程和维修不超过半个工作日，特殊情况下连续作业；各种井盖、井圈维修补配随时进行，有投诉告知的，立即派人更换，各种闸门进行不定期的检查和维修，及时添加防漏水材料，确保启闭灵活和密封良好。

入冬前对各种外漏明管供水管道（过河管）进行防冻情况检查，对冻坏或需要更换保温材料的及时进行维修或更新保温设施，确保冬季供水安全。2004年对区自来水厂和桥北泵站的供水设备进行全面维修，大修深井7眼，维修送水泵及电器设备128台套，更新电缆0.22千米，砌筑深井井池3座，维修堵漏402处，更新阀门26组。水厂安装流量计和加氟机各1台，保证了24小时供水。

2002—2010年宝坻城区供水量统计见表6-1-47。

表6-1-47 **2002—2010年宝坻城区供水量统计表** 单位：万立方米

年份	供水量	居民生活	事业单位	工商行政	宾馆娱乐	特种行业	总计
2002	590	98	45	72	49	1	265
2003	644	114	62	69	14	10	269
2004	648	121	51	83	17	13	285
2005	612	157	44	86	19	5	311
2006	619	204	37	66	16	9	323
2007	699	182	40	83	16		321
2008	729	199	33	83	14		329
2009	751	271	34	74	15		394
2010	751.1	321	47	101	19	1	489

四、农业供水

（一）农用地表水供水与调水

宝坻区农业供水水源受本地区自然环境影响较大，年供水量季节性强，并不稳定。因此，年度的雨情、水情和上游来水直接影响着本年度或第二年度的供水量。

1997年，全年累计调蓄水3.34亿立方米，其中自蓄水2.05亿立方米，外调水1.29亿立方米，包括引滦水0.1亿立方米。

1998年，全年共供调水3.58亿立方米，其中自蓄水1.65亿立方米，外调水1.93亿立方米。

1999年，属典型干旱年份，进入6月以来，上游来水量和本地降雨均较常年偏小，到8月底，境内自备水源已基本枯竭。经与北京、廊坊等有关地区进行协调，先后从上游调入地上水1.43亿立方米。

2000年，全年累计农业供水3.38亿立方米。

2001年，全年共从上游引调地表水3.08亿立方米，其中一季度1.26亿立方米，二季度0.42亿立方米，三季度0.54亿立方米，四季度0.86亿立方米。

2002年，从上游引调地表水2.94亿立方米，其中一季度1.04亿立方米，二季度0.51亿立方米，三季度1.03亿立方米，四季度0.36亿立方米。

2003年，从上游引调地表水4.01亿立方米，其中一季度1.57亿立方米，二季度0.62亿立方米，三季度0.70亿立方米，四季度1.12亿立方米。

2004年，累计调蓄水4.46亿立方米，其中外调水3.4亿立方米，拦蓄本地雨水资源0.16亿立方米。

2005年，地表水供水5.45亿立方米，其中调蓄水5.10亿立方米，自蓄水0.35亿立方米。

2006年，累计调蓄水5.97亿立方米，农业供水6.38亿立方米。

2007年，调水总量为7.1亿立方米，农业供水6.8亿立方米。

2008年，调水总量6.4亿立方米，农业供水6.1亿立方米。

2009年，调水总量6.5亿立方米，农业供水6.14亿立方米。

2010年，全年累计调蓄水4.9亿立方米，其中外调水3.3亿立方米，拦蓄上游及本地雨洪水资源1.60亿立方米。全年为农业供水3.93亿立方米。

（二）农业用地下水资源开采量

井灌区建设以无井地块水资源开发和废井更新为重点。1991—2010年，地下水开采总量20.8578亿立方米，年均开采量1.0429亿立方米，其中生活用水总量4.6658亿立方米，年均开采量0.2333亿立方米；农业灌溉用水总量14.9992亿立方米，年均开采量0.7500亿立方米；企业用水总量1.1928亿立方米，年均开采量0.0596亿立方米。

1991年，开采地下水10716.93万立方米，其中农业灌溉用水7834.86万立方米，地下水灌溉面积17617.47公顷。

1992年，开采总量为12199.53万立方米，其中农业灌溉用水9840.25万立方米，地下水灌溉面积17617.47公顷。

1993年，开采总量为11750.63万立方米，其中农业灌溉用水9300.99万立方米，地下水灌溉面积20914.21公顷。

1994年，开采总量为12425.355万立方米，其中农业灌溉用水9250.96万立方米，地下水灌溉面积 20801.71 公顷。

1995 年，开采总量为 11238.63 万立方米，其中农业灌溉用水 7945.66 万立方米，地下水灌溉面积 17866.61 公顷。

1996 年，开采总量 8797.4 万立方米，其中农业灌溉用水 4699.87 万立方米，地下水灌溉面积 10568.13 公顷。

1997 年，开采总量 11213.1 万立方米，其中农业用水 7412.15 万立方米，地下水灌溉面积 16666.67 公顷。

1998 年，开采地下水 7518.96 万立方米，其中农业用水 3766.75 万立方米，地下水灌溉面积 15266.67 公顷。

1999 年，开采地下水 7387.68 万立方米，其中农业用水 4473 万立方米，地下水灌溉面积 15333.33 公顷。

2000 年，开采地下水 8305.89 万立方米，其中农田灌溉用水 5505.97 万立方米，地下水灌溉面积 15600 公顷。

2001 年，开采地下水 13825.65 万立方米，其中农田灌溉用水 10675.73 万立方米，地下水灌溉面积 14800 公顷。

2002 年，开采地下水 13818.13 万立方米，其中农业用水 10686.29 万立方米，地下水灌溉面积 14800 公顷。

2003 年，开采地下水 8982.07 万立方米，其中农业用水 6162.04 万立方米，地下水灌溉面积 8534.13 公顷。

2004 年，开采地下水 9211.4 万立方米，其中农业用水 6416.045 万立方米，地下水灌溉面积 8885.91 公顷。

2005 年，开采地下水 9440.73 万立方米，其中农业灌溉用水 6670.05 万立方米，地下水灌溉面积 19776.65 公顷。

2006 年，开采地下水 10456.93 万立方米，其中农业灌溉用水 7805.97 万立方米，地下水灌溉面积 19514.93 公顷。

2007 年，开采地下水 10697.67 万立方米，其中农业灌溉用水 7968.71 万立方米，地下水灌溉面积 19920 公顷。

2008 年，开采地下水 9745.81 万立方米，其中农业灌溉用水 7469.28 万立方米，地下水灌溉面积 18672.5 公顷。

2009 年，开采地下水 10452.66 万立方米，其中农业灌溉用水 8072.22 万立方米，地下水灌溉面积 20180 公顷。

2010 年，开采地下水 10392.73 万立方米，其中农业灌溉用水 8035.57 万立方米，地下水灌溉面积 20087.5 公顷。

第二节　排　　水

一、城区排水设施

（一）城区排水河道及排干

宝坻区水务局排灌管理站为城区排水主管单位。宝坻城区现有主要排水河道、排干包括：鲍丘河、窝头河、百里河、北干渠、潮北南排干、西河务排干、西台渠、蓟潮引渠、鲍西引渠等，另有数条支渠。

鲍丘河为宝坻区二级河道。起点北干渠芮家庄闸，途经牛道口、焦山寺、桥头、西河务、前白庙、北埑、杨家口，在王卜庄村东南与窝头河汇入箭杆河。

窝头河为宝坻区二级河道。起点为引泃入潮左堤褚庄闸，向东流经朱楼下、朱方庄、杨庄、宋辛庄、石佛营、黑豆窝、石桥、老君堂、辛务屯、口东，在王卜庄村东南与鲍丘河汇合后入箭杆河。

百里河为宝坻区二级河道。起点朱方庄村西与窝头河相接处，止于幸福渠，沿途流经窦家桥、陈甫、朝霞店子、丁家套、前莲花、前西苑、后西苑、贾渠、胡家园、李家园、高家庄、核桃园，到幸福渠，再经过百里河南段入窝头河。

北干渠由鲍丘河交口，至引泃入潮。

潮北南排干由引滦闸至石佛营，至引泃入潮，再到香河县界。

西河务排干由西河务扬水点至西李庄北。

西台渠由百里河至窝头河。

蓟潮引渠由鲍丘河至窝头河。

鲍西引渠，北起鲍丘河，南至西河务排干，宝平路西侧，岳家庄以东。

（二）城区排水泵站

宝坻区城区现有排水（污）泵站3座，临时排污泵点1座。其中窝头河泵站装机4台套，控制排水效益面积3.78平方千米；田场泵站装机2台套，控制排水效益面积0.44平方千米；革命渠泵站装机3台套，控制排水效益面积0.968平方千米；大口巷临时泵点根据汛期降水情况临时加装机组排水。4座泵站及泵点的排水能力为4.21立方米每秒，控制面积5.188平方千米。2010年排除城区沥水225万立方米，开车1349台时，耗电79662千瓦时。

二、排水小区

按照天津市水利局的要求，宝坻区水务局编制了《2003—2010 年农田排涝规划》，规划中根据宝坻区地形和地理条件，将宝坻区划分为 11 个排水小区，分别为大钟庄小区、八门城小区、胡各庄小区、里自沽小区、青龙湾减河以西小区、青龙湾减河以东小区、白龙港小区、箭杆河小区、郭庄小区、大口屯小区、城关小区。

三、排沥除涝

根据降雨和农田排沥的需要，汛期多数扬水站开车排水。1991—2010 年，全区国有扬水站开车排水 700396 小时，耗电 6461.66 万千瓦时，排出沥水 353626.73 万立方米。

1991—2010 年宝坻区排水见表 6-2-48。

表 6-2-48 **1991—2010 年宝坻区排水一览表**

年份	开车时长/小时	耗电/万千瓦时	排出沥水/万立方米	年份	开车时长/小时	耗电/万千瓦时	排出沥水/万立方米
1991	20600	460	27000	2002	2642	59	6772
1992	10903	88	5100	2003	1209	27	3105
1993	4903	134.5	3954.2	2004	8510	69	7920
1994	317907	370	21000	2005	3672	82	9359.6
1995	79000	976	54000	2006	19066	254.31	13946.93
1996	126569	1712.8	60160	2007	26481	490.39	19732
1997	8024	58	6652	2008	3970	62.34	11125
1998	26000	612	34000	2009	22700	549.72	17100
1999	6627	148	17000	2010	1851	90.6	10700
2000	4299	96	11000	合计	700396	6461.66	353626.73
2001	5463	122	14000				

第三节　供排水价格及征收

一、供排水价格

为合理开发利用宝坻区水资源，防治水害，加强水务管理，实现水资源的可持续利用，满足国民经济和社会发展对水资源不断增长的需要，根据《中华人民共和国水法》《取水许可制度办法》《天津市取水许可管理规定》等法律法规，宝坻区于1995年实行取水许可制度和有偿使用制度。2004年9月1日，宝坻区水务局作为行政主体，进驻宝坻区行政许可服务中心集中分属办公，负责审批包括取水许可在内的行政审批事项。各取用水单位和个人，在取水前向水务局提出取水许可申请，取得许可证后，依法凭证取水，并按天津市政府规定的标准，按月缴纳水资源费。区水务局地下水资源管理中心结合取水许可发放取水许可证及年审，为各用水户下达计划用水指标。

宝坻区水务局按政府制定和有关部门批准的价格收缴农田排水费、地下水供水费、地下水资源费及自来水费。农田排水费由区水务（水利）局排灌管理站负责征收，地下水资源费由宝坻区人民政府地下水资源管理办公室负责征收，自来水费由区水务（水利）局自来水管理所负责征收。通过实施按计划有偿用水的措施，提高了全民的节水意识，使有限的水资源得以发挥最好的效益。

二、水费征收

宝坻区水务局水费征收分为农田排水费、地表水供水费、地下水资源费和自来水供水费。

（一）农田排水费

农田排水费由排灌管理站负责征收，主要用于排灌系统管理人员经费和工程维修改造，于2002年停止收费。1994年12月3日，县长办公会研究决定对农田排水费标准进行调整，调整后的征收标准农田每公顷由1990年的21.9元提高到37.5元，自1995年元月1日起执行。

（二）地表水供水费

地表水供水费由农业供水服务公司负责征收。经县政府第38次常务会议讨论，通过《宝坻县农用地表水有偿使用暂行办法》（宝政发〔1996〕11号）（以下简称“办法”），1996年元月1日起执行。《办法》确定农用地表水收费标准为：稻田450元每公顷（年）、养殖水面450元每公顷（年）、麦田及经济作物60元每公顷（年），其他作物30元每公顷（年）。小水库春末蓄水所保稻田及小水库周围超过计算面积的稻田照常收费，汛末蓄水的小水库所保稻田不收费。

（三）地下水资源费

地下水资源费由宝坻区人民政府地下水资源管理办公室负责征收。按照天津市地下水资源管理细则规定征收地下水资源费。1987年的收费标准为：乡镇企业取用地下水费为0.05元每立方米，独资企业、合资企业、国有企业单位取用地下水费为0.0968元每立方米，该水费用于管理人员经费、节水工程建设及配套。

2000年3月29日，经宝坻县政府批准，调整乡镇企业取用地下水收费标准，每立方米由0.05元调整为0.50元，其他企业取用地下水每立方米由0.0968元调整为0.50元，于2000年3月1日执行。取用地下水的单位和个人，必须装表计量，按月交费，次月缴纳上月地下水资源费。

2002年11月8日，宝坻区政府再次调整收费标准，即：凡已具备自来水水源的用水户，地下水资源费由现行的每立方米0.50元调整为1.90元；不具备自来水水源的用水户，地下水资源费由现行的每立方米0.50元调整为1.30元。于2002年12月1日起执行，按抄见水量和新价格收费。

2007年2月25日，根据《天津市南水北调工程基金筹集和使用管理实施办法》（津政办发〔2006〕4号），天津市主要通过提高水资源费征收标准以及将现行水资源费部分收入划入南水北调基金的方式筹集。宝坻区地下水资源费标准每立方米提高0.30元，即：城市公共供水范围内的地下水资源费标准每立方米由1.90元调整为2.20元，城市公共供水范围外的地下水资源费标准每立方米由1.30元调整为1.60元。新调增的水资源费专项用于南水北调工程基金，于2007年3月1日起执行。

2009年，调整地下水资源费标准筹集南水北调基金。宝坻区地下水资源费征收标准每立方米提高0.40元，即：城市公共供水范围内的地下水资源费标准每立方米由2.20元调整为2.60元，城市公共供水范围外的地下水资源费征收标准每立方米由1.60元调整为2.00元。新调增的水资源费专项用于南水北调工程基金，于2009年4月1日起执行。截至2010年年底，仍按此标准收费。

（四）自来水供水费

宝坻区（县）自来水水费收缴由宝坻区自来水管理所负责。1994—2010年，经区（县）政府批准，自来水供水价格进行了8次调整。

1994年1月5日，对供水价格进行调整，确定为生活用水0.65元每立方米；工业生产用水1.15元每立方米；商业建筑用水1.25元每立方米。

1996 年 4 月 2 日，重新调整用水户及供水价格，居民生活用水按原收费标准不动，为 0.65 元每立方米；行政事业单位用水为 0.7 元每立方米；工业、商业、金融、建筑业用水调整为 1.10 元每立方米；宾馆、饭店、发廊、娱乐业以及水为原料的生产用水调整为 1.35 元每立方米。于 1996 年 4 月 1 日起执行。

1997 年 9 月 1 日，调整部分自来水供水价格，居民生活用水仍执行 0.65 元每立方米不变；行政事业单位用水，每立方米由 0.70 元调整为 0.8 元；工业、商业、建筑企业用水，每立方米由 1.10 元调整为 1.20 元；宾馆、饭店、娱乐业、饮料加工用水，每立方米由 1.35 元调整为 1.50 元。于 1997 年 9 月 1 日起执行。

1999 年 12 月 6 日，调整自来水用水价格，居民生活用水价格每立方米由 0.65 元调整为 1.15 元；行政事业单位用水价格每立方米由 0.80 元调整为 1.30 元；工业、商业、金融、交通、建筑业用水价格每立方米由 1.20 元调整为 1.70 元；宾馆、饭店、娱乐、饮料、酿酒业用水价格每立方米由 1.50 元调整为 2.00 元。随水价征收污水处理费，其中居民生活用水每立方米征收 0.20 元，其他用水每立方米征收 0.30 元。于 1999 年 12 月 1 日起执行。

2001 年 11 月 14 日，宝坻区政府对供水价格进行调整，居民生活用水价格由每立方米 1.15 元调整为 1.50 元；行政事业单位用水价格由每立方米 1.30 元调整为 1.80 元；工业、交通、商业、金融、建筑业用水价格由每立方米 1.70 元调整为 2.30 元；宾馆、饭店、娱乐业及饮料、酿酒、烟草业用水价格每立方米由 2.00 元调整为 2.70 元；高档洗浴业及生产饮用水的企业用水价格每立方米由 2.00 元调整为 3.70 元。污水处理费不做调整。于 2001 年 12 月 1 日起执行。

2003 年 3 月 17 日，调整自来水价格，居民生活用水价格由每立方米 1.50 元调整为 2.00 元；行政事业单位用水价格由每立方米 1.80 元调整为 2.30 元；工业、交通、商业、金融、建筑业用水价格由每立方米 2.30 元调整为 2.80 元；宾馆、饭店、娱乐业及饮料、酿酒、烟草业用水价格每立方米由 2.70 元调整为 3.20 元；高档洗浴业及生产饮用水的企业用水价格每立方米由 3.70 元调整为 4.20 元。污水处理费不做调整。于 2003 年 3 月 11 日起执行。

2004 年 7 月 20 日，调整自来水价格，居民生活用水价格每立方米由 2.00 元调整为 2.10 元；行政事业单位用水价格每立方米由 2.30 元调整为 2.40 元；工业、交通、商业、金融和建筑等行业用水价格每立方米由 2.80 元调整为 2.90 元；经营服务业（宾馆、饭店、娱乐业、酿酒、烟草等）用水价格每立方米由 3.20 元调整为 3.30 元；特种行业（高档洗浴业、生产饮用水企业）用水价格每立方米由 4.20 元调整为 4.30 元。居民生活用水污水处理费每立方米由 0.20 元调整为 0.40 元，其他各类用水污水处理费每立方米由 0.30 调整为 0.50 元。于 2004 年 8 月 1 日起执行。

2010 年 12 月 12 日，宝坻区政府对供水价格进行调整，居民生活用水价格每立方米由 2.5 元（水价中含污水处理费）上调 0.4 元，改为 2.9 元；行政事业单位用水价格每立方米由 2.9 元上调 0.6 元，改为 3.5 元；工业、商业用水价格每立方米由 3.4 元上调 0.6 元，改为 4.00 元；经营服务业（宾馆、饭店、娱乐及饮料酒、烟草和原交通、金融、建筑业）用水价格每立方米由 3.8 元上调 1.0 元，改为 4.8 元；特种行业（高档洗浴业、洗车、生产饮用水企业）用水价格每立方米由 4.8 元上调 2.2 元，改为 7.0 元。随水价增征收南水北调基金，每立方米水增收 1.00 元，分两步收取，2011 年 1 月 1 日收取 0.5 元，另 0.5 元收取由天津市另行通知。于 2011 年 1 月 1 日起执行。对使用 IC 卡水表的用户，自 2011 年 1 月 1 日购买水量起执行调整后的价格；每月抄表的用户，自 2011 年 2 月 1 日抄见水量起执行调整后的价格；每两个月抄表的用户，自 2011 年 3 月 1 日抄见水量起执行调整后的价格。

1991—2010 年宝坻区水费收缴情况见表 6－3－49。

表 6－3－49 **1991—2010 年宝坻区水费收缴情况表** 单位：万元

年份	农田排水费完成	农用地表水供水费完成	地下水资源费完成	自来水售水费完成
1991	167		49	
1992	166		48	
1993	159		66	
1994	155		54	
1995	158		48	
1996	290	66.11	50	
1997	286	534.14	49.9	
1998	404	319.40	62	
1999	402	669.60	55	
2000	320	101.82	100	
2001	233	93.54	100	
2002	290	436.79	100	811.3
2003	129	364.61	274.99	800.6
2004		457.29	312.99	859.6
2005		472.41	380.4	908.7
2006		496.53	361.60	945.7
2007		512.76	450	914
2008		627.92	444.68	928.6
2009		663.31	478.63	1084.7
2010		654.26	508	1409.24
合计	3159.00	6470.49	3993.19	8662.44

第七章

工程建设管理与移民

宝坻区（县）水利工程建设是在改革中不断深化的。20 世纪 80 年代，水利工程建设管理实行投资包干责任制。90 年代，随着市场经济的深入发展，水利工程建设管理全面推行项目法人制、招标投标、建设监理和合同管理的“四制”管理。2004 年 3 月 1 日，天津市第一部以政府令形式出台的《天津市水利工程建设管理办法》正式实施，该办法对水利工程建设程序管理、招标投标管理、质量安全管理及所涉及的法律责任均做出详细规定，水利建设管理更加规范。至 2010 年，逐步建立起水利工程建设管理的“六大体系”，即政策法规体系、质量保障体系、安全监管体系、资金管理体系、工程技术支撑体系和廉政保障体系。为宝坻区水利工程建设提供了制度保障。

第一节　水利工程建设

1991—2010 年，宝坻区（县）水利工程建设管理水平持续提升。1990 年已初步建立起农村水利灌排体系，为农业生产提供排水供水保障。90 年代，随着农村经济的发展，农村水利建设走上全面深入的发展道路。在河道治理，拦蓄水工程建设，国有扬水站更新改造，小型桥、闸、涵、扬水点建设及水环境治理上逐年加大了工程建设力度。

一、河道治理工程

1. 泃河

泃河在宝坻区境内堤防有险工 12 处，分别是王庄子、老高寨、贾良庄、下午庄、于家观、单街子、三岔口、中会、东会、小吴庄、安乐庄、张古庄。自 1991 年开始着手对险工险段的重点堤防进行护砌，截至 1996 年，共完成下午庄、老高寨、单街子、于家观险段护砌 1480 米，占原险工 3420 米的 43.2%，完成土方 1.6603 万立方米，砌石 1.2485 万立方米。工程总投资 292 万元。

1997 年，完成险工险段护砌工程。泃河中会村段护坡长 380 米，完成石方 3300 立方米，投资 106 万元；小吴庄段护坡长 430 米，完成石方 5300 立方米，投资 171 万元；

于家观险段浆砌石护坡长275米，完成土方2655立方米，砌石2723立方米，投资95.35万元。

1998年，完成洵河右堤险段砌石护坡工程，贾良子村北0.15千米、贾良子东0.15千米、下午庄村北0.28千米及于家观村东西两段，完成石方8681立方米，土方9627立方米，投资303.81万元。

1999年，完成洵河险工护砌工程。右堤下午庄村北、村东、贾良庄村北，护砌总长1015米，完成土方1.02万立方米，砌石9212立方米。工程投资339.8万元。

2000年，完成洵河除险加固工程。于家观险工护砌工程，完成土方130立方米，浆砌石1012立方米，碎石200立方米；西会险工护砌工程，完成土方160立方米，浆砌石1635立方米，碎石324立方米；张古庄险工护砌，完成土方260立方米，浆砌石2468立方米，碎石490立方米。三项工程共计投资205.8万元。

2001年，完成洵河于家观、白龙港砌石护坡工程。于家观险段护砌工程长250米，白龙港险段护砌长150米，共完成开挖土方5229立方米，回填273立方米，M10浆砌石3523立方米。工程投资166.9万元。

2002年，完成老高寨段（右堤）险工护砌工程。险工护砌位置为桩号0＋730～1＋030段，护砌长300米，护砌顶高程9.5米，完成土方3990.70立方米，砌石3394立方米。该工程6月15日开工，7月20日竣工。工程投资126.40万元，其中国补75.84万元，区乡自筹50.56万元。

2003年，完成洵河右堤除险加固工程。该工程位置位于洵河与武河的交界处，上游由西四庄西北起，下游到老高寨北止，全长2500米。此河段蜿蜒曲折，右堤堤身单薄，堤顶宽2～3米，堤埝多为砂质土，抗冲刷能力差，曾多次出现险情，为消除隐患，确保行洪安全，故对此段堤防进行复堤加固。施工要求：堤顶宽5米，内外边坡均为1∶3，堤顶高程维持现状，堤线尽量保持原来走向，局部可做适当调整。2003年4月25日开工，6月10日竣工。完成土方17.45万立方米，其中挖方10.65万立方米，填方6.80万立方米。工程投资269.29万元，其中国补161.57万元，区自筹107.72万元。

2004年，完成洵河除险加固工程。洵河右堤管理设施重建工程，完成土方1194立方米，砌砖117立方米，混凝土70立方米，总投资60万元；洵河左堤白龙港穿堤闸涵拆除工程，完成土方5320立方米，浆砌石拆除950立方米，投资25.52万元。

2005年，完成洵河老高寨段复堤工程，复堤长1000米，完成填土方43800立方米，投资105.72万元。

2007年，完成洵河右堤张古庄段浆砌石护坡工程，完成土方2025立方米，石方3049立方米，投资80万元。

2009 年，完成洵河宝坻段治理工程。洵河宝坻段治理工程被列入 2009 年全国重点地区中小河流项目。2010 年 2 月 11 日，天津市水务局以《关于 2009 年天津市洵河宝坻段治理工程初步设计的批复》对该项目进行了批复，批复工程总投资 2778.2 万元。3 月 8 日，市水务局和市财政局联合以《关于下达 2009 年洵河宝坻段治理工程投资计划的通知》对工程下达投资计划 2778.2 万元，其中中央财政专项补贴 1000 万元，市水利建设基金 1778.2 万元。工程建设内容包括复堤 7561 米；新建护砌 13 处，3595 米，其中拆除重建段 1100 米；新建抛石护脚 12 处，3730 米；堤顶铺设泥结碎石路面 18.471 千米；拆除封堵现有穿堤口门 7 座，维修加固 6 座。设计防洪标准为 20 年一遇，排涝标准为 10 年一遇，堤防等级为 3 级，穿堤建筑物与堤防同级，地震基本烈度Ⅶ度设防。工程于 2010 年 4 月 20 日开工，至 11 月 25 日全部竣工。工程完成清基土方 2.7 万立方米，土方开挖 3.72 万立方米，土方回填 7.73 万立方米，石方 4.36 万立方米，混凝土 0.23 万立方米。完成批准投资 100%。

2010 年，完成洵河宝坻段维修养护工程。完成投资 1735 万元，其中市水务局北三河处下达三岔口闸交通桥引道修复工程 34 万元。

2. 蓟运河

蓟运河在宝坻区境内右堤堤防上有险工 21 处。分别是网户、九王庄、马营、民会、红帽、芮庄子、辛庄子、小高庄、左家铺、埝北、新安镇、王善庄、曹家口、于家口、孙家口、大沽、冯庄子、滩沽、宝船窝、南王庄、西走线窝。1991—1996 年，有重点地对滩沽、辛庄子、红帽、曹家口、左家铺、孙家口、于家口、新安镇等险工段进行护砌，护砌长度 2720 米，占原总险工 5150 米的 53.19%。完成土方 1.284 万立方米，砌石 2.2139 万立方米，工程总投资 305.9 万元。

1994 年开始，对蓟运河堤防险工重要堤段进行复堤，到 1996 年完成于家口至孙家口、滩沽至宝船窝，南王庄至鲁沽三段复堤任务。复堤总长 6.2 千米，完成土方 14.75 万立方米，工程总投资 204.5 万元。

1995 年，完成蓟运河复堤加固工程。蓟运河滩沽段左堤滩沽村西至宝船窝村复堤加固工程，长 1.2 千米，投资概算总核 123 万元。

1995—1996 年，完成蓟运河灌浆工程共 3 处，蓟运河右堤北潭段 2000 米，右堤鲁沽至南王庄 3000 米，右堤九王庄闸下 2300 米，总长 7300 米，完成土方 1 万立方米。工程总投资 20 万元。

1997 年，完成新安镇至左家铺段复堤工程，长 4000 米，完成土方 21.5 万立方米，投资 301.9 万元；宝芝至船窝段复堤工程，长 5973 米，完成土方 15.42 万立方米，投资 481.00 万元；鲁沽至南王段防渗固坡工程，长 1800 米，完成土方 4.49 万立方米，投资 84 万元；勾庄子段，导渗固坡工程，长 200 米，完成土方 0.71 万立方米，石方

670 立方米，投资 19 万元。

1998 年，完成蓟运河西走线窝至南燕窝护坡工程，长 1293 米，完成土方 20000 立方米，砌石 4500 立方米，投资 222 万元；蓟运河系 15 段水毁石护坡修复工程，完成浆砌石 1729 立方米，干砌石 333 立方米，混凝土 136 立方米，土方 890 立方米，投资 67.8 万元；蓟运河小高庄至左家铺段复堤护坡工程，长 1500 米，完成土方 99300 立方米，石方 2900 立方米，混凝土 100 立方米，投资 334.27 万元。

1999 年，完成蓟运河除险工程。蓟运河大钟庄段房屋维修工程；左家铺至小高庄段除险加固 550 米砌石护岸，复堤加固 1500 米；张头窝退水闸维修加固工程。完成投资 370.77 万元。

2000 年，完成蓟运河西庄沽险段除险加固工程。浆砌石护坡长 619 米，搅拌桩防渗墙长 530 米，复堤 1400 米。全年以一级河道堤防整修加固和闸涵维修为重点，共投资 846.5 万元，其中国补 573.5 万元，县投 273 万元。

2001 年，完成蓟运河险工险段处理。蓟运河冯庄子至滩沽险段维修养护工程，长 1462 米；西走线窝险段维修养护，长 915 米；蓟运河马营段裂缝处理。全年总投资 1534.5 万元，其中国家和市补 1102 万元，区投资 432.5 万元。

2002 年，完成蓟运河右堤险工维修养护工程。西庄沽至小高庄段，长 3908 米。工程于 2001 年 11 月 25 日开工，2002 年 5 月 22 日竣工。完成土方 11.928 万立方米，浆砌石护砌长 880 米，石方 7961 立方米，维修涵洞 2 座，用混凝土 166 立方米。国家投资 450.87 万元。

2003 年，完成蓟运河复堤工程。东鲁沽至宽江段 2042 米，全线复堤（包括 1＋168～2＋042 段在滩地上重新筑堤），滩地上重新筑堤段在迎水侧采用 100＃浆砌石护坡，1＋180～1＋720 段迎水侧新挖一条排灌渠，全线泥结碎石路面 2042 米，1＋680～1＋830 段采用预制框格护坡及挡土墙工程，预制框格采用 250＃混凝土制作。工程于 2003 年 9 月 26 日开工，12 月 21 日停工。完成土方 61039 立方米，占复堤及土方任务的 70％，余下工程 2004 年完成。工程投资 388.36 万元。

2004 年，完成蓟运河险工治理工程（包含二标段、四标段）。蓟运河险工治理工程（二标），长 2042 米，完成土方 87199 立方米，石方 6173 立方米，混凝土 258.5 立方米，泥结石路面 8008 平方米，新建闸 1 座，总投资 388.3574 万元；蓟运河险工治理（四标），长度 2956 米，完成土方 150495 立方米，总投资 288.4651 万元。

2005 年，完成蓟运河治理工程。蓟运河李家口段 1200 米戗堤，以及李家口扬水站后墙加固，投资 99.23 万元；蓟运河芮庄子闸拆除复堤等 4 项除险加固工程，投资 297.72 万元。

2006 年，完成蓟运河重点堤段堤顶平整工程。

2007年，完成蓟运河房屋维修及红帽庄段维修加固工程。蓟运河管理段房屋维修工程，投资9.8万元；蓟运河红帽庄段维修加固工程，完成浆砌石3154立方米，土方开挖2746立方米，完成投资150万元。

2010年，完成蓟运河宝坻区九王庄段险工工程。完成土方开挖3764立方米，浆砌石3827立方米，投资191万元。

3. 潮白新河

1992—1994年，完成潮白新河灌浆工程3处，共计长2500米，完成土方量0.723万立方米，投资13.5万元。

1995年，完成何各庄段险工浆砌石护坡处理工程。该工程分两期完成，一期工程自1995年4月3日至5月6日，二期工程自1995年9月1日至10月30日。共完成土方0.3314万立方米，砌石0.3472万立方米，护砌总长度850米，工程总投资50万元。

同年，完成黄庄洼退水闸改建工程。退水闸位于潮白新河左堤，北里自沽村南1千米处。1972年5月建成，设计流量110立方米每秒，系黄庄洼分洪闸的配套工程。1976年7月28日，唐山大地震波及宝坻县，黄庄洼退水闸闸底下沉，底板开裂，洞身变形，闸门漏水，多年“带病”运行，每年汛期期间均按险工险段对待，并安排专人值守，这种状况一直维持到1994年。1995年投资120万元，对黄庄洼退水闸进行改建，完成混凝土0.1万立方米，石方0.08万立方米，土方0.59万立方米。1995年5月30日建成生效。

1998年，完成修复潮白新河水利三库堤顶砂石路面工程，长2.5千米，完成土方3433立方米，碎石920立方米，投资33.57万元。完成潮白新河左堤火葬场至胡各庄碎石路面工程，长2.5千米，完成路基1500立方米，碎石垫层1000立方米，碎石路面1万平方米，投资37.57万元。

1999年，完成潮白新河除险加固工程。菜芽庄扬水站进、泄两座涵闸维修加固；潮白新河灌浆加固6.5千米；黄庄洼5孔退水闸维修加固；潮白新河左堤整治工程，完成堤防总长10.3千米，土方1.59万立方米。工程共计投资153.6万元。

2000年，完成潮白新河维修养护工程。潮白新河左堤0+000～10+000段复堤，长10.0千米；潮白新河右堤30+500～35+500灌浆，长5.0千米；朱刘庄低水节制闸更新止水；南干渠灌溉涵洞维修；东刘引水涵洞维修；现管闸涵维修保养等。以一级河道堤防整修加固和闸涵维修为重点，共投资846.5万元，其中国家补助573.5万元，县级投资273万元。

2001年，完成潮白新河除险加固工程。潮白新河右堤灌浆，长5.2千米，填方量为2.08万立方米；西河口闸涵加固工程，更换闸门1扇，启闭机2台等，完成开挖土方1000立方米，浆砌石349立方米，混凝土19立方米；董塔涵闸加固工程，完成开挖土方600立方米，回填土400立方米，浆砌石297立方米，混凝土4立方米；潮白新河右堤复堤长2830米，完成开挖土方4560立方米，回填土方15020立方米。工程共计投资168.3万元。

2002年，完成潮白新河左堤灌浆工程，灌浆位置在桩号37+500～42+500，长5.0千米。该工程于5月16日开工，7月19日竣工。完成土方3.72万立方米，投资70.60万元，其中国补42.36万元，区乡自筹28.24万元。

同年，完成潮白新河左堤管理段设施改建工程。改建项目为建管理房143平方米，厕所15平方米，打饮水井1眼，配套井房14.70平方米，新架设10千伏供电线路2千米，配套20千伏安变压器1台，新建管理段围墙75延米。该工程于5月20日开工，7月15日竣工。投资45.70万元，其中国补27.42万元，区乡自筹18.28万元。

同年，完成潮白新河左堤老庄子段加固工程。里自沽蓄水闸上12千米处，老庄子扬水站压力池侧墙、后墙渗水处理和老庄子穿堤涵洞除险加固工程。该工程于2002年10月10日开工，12月6日竣工。完成混凝土及钢筋混凝土量770立方米，投资100.50万元。

2003年，完成潮白新河左堤灌浆工程。该工程为除险加固范围，位置为潮白新河左堤32+500～37+500，全长5.0千米，堤身渗漏严重、堤顶塌陷，经开挖检查发现堤身内部存在许多纵横交错的裂缝，裂缝宽度5～10厘米。市水利局下达《关于宝坻区2003年除险加固工程设计的批复》（津水管〔2003〕24号）、《关于下达2003年行洪河道除险加固工程第一批投资计划的通知》（津水计〔2003〕36号）文件，批准对该堤防进行黏土灌浆加固。工程于4月28日开工，6月18日竣工。完成土方2万立方米。投资72.40万元，其中国补43.44万元，区自筹28.96万元。

同年，完成潮白新河左堤复堤工程，其位置在胡各庄至西河口，桩号18+000～25+500，全长7.5千米，堤线较顺直，堤距800米，堤顶高程9.8～9.0米，比设计高程低1米。市水利局下发《关于宝坻区第二批除险加固工程初步设计的批复》（津水管〔2003〕60号）文件批准，对该地段复堤加高至设计高程。随后下达《关于下达2003年行洪河道除险加固工程第二批投资计划的通知》（津水计〔2003〕65号），工程于8月18日开工，10月15日竣工。完成土方23.69万立方米，其中挖方14.62万立方米，填方9.07万立方米。工程投资276.21万元，其中国补166.03万元，区自筹110.18万元。

2004年，完成潮白新河灌浆加固工程，该工程为左堤灌浆加固，灌浆段为27+500～32+500，长5.0千米，完成土方2万立方米，投资14.8万元。完成潮白新河左堤胡各庄管理段设施改造工程，新建管理房120平方米，完成砌砖184.9立方米，混凝土70立方米，打机井1眼，架设10千伏变压线路1.5千米，配置20千伏安变压器1

台，投资37.64万元。

2006年，完成潮白新河左堤灌浆工程，灌浆段为22+500～27+500段，长5.0千米，投资60万元。2007年完成工程的50%，剩余部分于2008年完成。

2008年，完成潮白新河宝白路跨潮白新河大桥防护工程，完成浆砌石3914立方米，混凝土路面394平方米，投资200万元。宝白路跨潮白新河大桥防洪通道土方工程，完成土方填筑17230立方米，投资62.28万元。完成潮白新河左堤应急度汛工程，完成土方填筑161868立方米，投资432.22万元。

2009年，完成潮白新河灌浆及右堤护砌工程。潮白新河右堤35+500～40+500段灌浆加固工程，工程于4月16日开工，6月16日竣工，完成灌浆土方2万立方米，投资64万元；潮白新河右堤千米桥至入潮口段护砌工程，工程于5月24日开工，6月30日竣工，完成石方4200立方米，投资162.37万元。

2010年，完成潮白新河治理工程，共7项。潮白新河左堤8+300～13+300段灌浆工程，完成土方2万立方米，投资64万元；潮白新河左堤、右堤津围公路桥上下游1千米复堤工程，完成土方65000立方米，投资162.5万元；潮白新河左堤、右堤津围公路桥上下游1千米水泥搅拌桩工程，投资380万元；潮白新河右堤千米桥至蓄水闸护砌工程，完成土方开挖1260立方米，浆砌石2040立方米，投资76.63万元；潮白新河左堤九园公路桥至宝白路桥段堤防整修工程，投资15.97万元；潮白新河右堤宝宁界至里自沽蓄水闸段堤防整修工程，投资25.13万元；潮白新河右堤应急复堤工程，长16.35千米，投资335.6万元。

4. 青龙湾减河

1991—1996年，完成左堤香宝界至庞家湾林场复堤2千米，完成土方量4万立方米，投资33.9万元；青龙湾减河左堤东老口段灌浆2千米，完成土方0.25万立方米，投资3.4万元。

1997年，完成青龙湾减河李家牌段护坡工程。该工程长380米，完成土方0.71万立方米，石方670立方米，投资16.7万元。

1998年，完成青龙湾减河牛家牌至西老口段复堤工程。该工程长4.8千米，完成土方23.4万立方米，投资55.24万元。

1999年，完成李家牌闸涵维修工程。该工程更新了闸门启闭机3台套，机架桥翼墙加固，护坡护底加固延长10米，共拆砌石210立方米，新砌筑521立方米，投资29.3万元。

2000年，完成青龙湾减河八道沽维修工程。该工程重建闸室、排架、工作桥，更新闸门及启闭机3台套，闸上八字翼墙重建。闸上、下游及闸涵上土堤增设浆砌石护坡。完成浆砌石846立方米，碎石156立方米，混凝土260立方米，清淤2567立方米。

投资 95.3 万元。

2002 年，完成青龙湾减河引青入潮段右堤复堤工程。该工程复堤位置 40＋400～40＋800，长 400 米，41＋400～48＋600，长 7200 米。堤顶宽 6 米，堤顶高程恢复设计标准，泥结石路面 8000 平方米。工程于 8 月 19 日开工，10 月 31 日竣工。完成土方 8.1 万立方米。工程投资 296 万元，其中国补 167.97 万元，区乡自筹 128.03 万元。

同年，完成青龙湾减河左堤西老鸦口涵洞除险加固工程。该工程更新了闸门启闭机 4 台套、机架桥拆除重建、进出水涵洞翼墙、护底、护坡加固、涵洞前池清淤。工程于 2002 年 6 月 1 日开工，7 月 5 日竣工。完成土方 2800 立方米，混凝土 31 立方米，砌石 143 立方米。投资 32.60 万元。

2003 年，完成青龙湾减河右堤应急度汛工程。市水利局下达《关于青龙湾减河右堤应急度汛复堤工程的批复》（津调水〔2003〕3 号）文件，批准对青龙湾右堤 48＋600～51＋750 段进行应急度汛复堤工程，长 3150 米。工程于 3 月 19 日开工，4 月 27 日竣工。完成土方 5.78 万立方米，其中清基方 1.89 万立方米，填筑土方 3.89 万立方米。投资 100 万元，其中国补 70 万元，区自筹 30 万元。

2004 年，完成青龙湾减河左堤至东老口穿堤涵闸加固工程。该工程完成土方 660 立方米，石方 296 立方米，混凝土 75 立方米，投资 61.35 万元。完成青龙湾减河右堤堤顶路面硬化工程。完成泥结石路面 4.14 万平方米，投资 220.6 万元。

2005 年，完成青龙湾减河左堤包括引青入潮复堤加固工程。该工程完成土方 102087 立方米，投资 234.2 万元。完成青龙湾减河左堤除险加固工程 1 项，投资 105 万元。

2006 年，完成青龙湾减河右堤狼尔窝至橡胶坝段堤顶硬化工程。该工程长 3.10 千米，投资 111.52 万元。

2007 年，完成青龙湾减河右堤 41＋400～46＋550 段堤顶硬化工程。该工程长 5.15 千米，投资 108 万元。

2008 年，完成青龙湾减河右堤 35＋800～38＋200 段复堤加固工程，投资 113.31 万元。完成石佛营引水涵洞及配套工程，投资 120 万元。

2009 年，完成青龙湾减河右堤 35＋800～40＋600 段复堤加固工程。该工程于 2008 年批复，分 2008 年、2009 年两年实施，共完成填筑土方 76464 立方米，工程总投资 232.4 万元。2008 年完成 35＋800～38＋200 段工程施工，投资 114.80 万元；2009 年完成 38＋200～40＋600 段工程施工，投资 117.6 万元。

同年，完成青龙湾减河左堤复堤后续工程和李家牌引水涵洞工程，完成投资 130 万元。

5. 引泃入潮

1995年，完成引泃入潮右堤郭庄子段堤防灌浆工程。该工程长2千米，投资7万元。

1999年，完成引泃入潮黄家集险段护砌工程。该工程长250米，完成土方2806立方米，砌石2012立方米，投资46万元。

2002年，完成引泃入潮复堤应急加固工程。工程位于引泃入潮左堤褚庄闸至入潮口，全长1.5千米。该工程于7月5日开工，7月20日竣工，完成土方1.5万立方米，投资35万元。

2006年，完成引泃入潮重点堤段堤顶平整工程（与闸涵维修），工程共计投资365万元。

6. 北京排污河

1997年，完成北京排污河复堤工程。该工程全长5.4千米，完成土方10.88万立方米，投资156.62万元。

2004年，完成北京排污河左堤穿堤涵闸拆除工程。该工程完成土方4.58万立方米，拆除浆砌石1189立方米，拆除混凝土33立方米，投资14万元。

2006年，完成北京排污河重点堤段堤顶平整与闸涵维修工程，投资365万元。

2010年，完成北京排污河左堤63＋400～66＋600段堤顶整修工程，投资3.98万元。

二、拦蓄水工程建设

宝坻区是农业大区，随着农业种植结构的不断调整和完善，特别是20世纪90年代，随着水稻产区的不断扩大，对水资源的需求日益紧张，因此提高蓄水能力势在必行。

（一）潮白河水库增容工程

潮白河水库增容工程由潮白河水库增容护砌工程、牛家牌橡胶坝建设工程、里自沽蓄水闸除险加固工程和潮白新河胡各庄橡胶坝4项工程组成。

1. 潮白河水库增容护砌工程

潮白河水库增容护砌工程于1995年汛前完成，主要建设项目有：蓄水闸闸门改造，将原闸门尺寸8米×8.95米改造成8米×9.2米，闸门蓄水位达到7.25米，闸门改造投资344万元；原护坡接高26.2千米，砌体3.4万立方米，护坡高程由7.2米增加到7.8米，投资483.46万元；新建浆砌石护坡36.7千米，砌体15.8万立方米，护坡高程由5.5米增至7.8米，投资2246.67万元：原护坡整修加固26.2千米，砌体9.0万立方米，投资225万元；穿堤13座闸涵维修加固投资303万元；背水坡截渗沟清淤57.6千米，土方115.2万立方米，投资345.6万元。工程总投资3947.73万元。

2. 牛家牌橡胶坝建设工程

牛家牌橡胶坝位于青龙湾减河左堤桩号35+600处，其主要作用是在非汛期防止潮白新河水上溯至青龙湾减河上游，造成水源浪费，从而提高了潮白新河和青龙湾减河宝坻区段的蓄水能力。

2003年5月14日，市水利局对牛家牌橡胶坝工程可行性研究报告给予批复，宝坻区水务局根据批复意见，委托天津水利勘测设计院编制《牛家牌橡胶坝初步设计报告》，宝坻区水务局以《关于宝坻区牛家牌橡胶坝初步设计报告的请示》（津宝水〔2003〕22号）文件向天津市水利局上报，市水利局于2003年7月26日以《关于宝坻区牛家牌橡胶坝工程初步设计报告的批复》（津水规〔2003〕62号）文件批复该请示。

牛家牌橡胶坝工程于2003年8月21日开工，12月4日竣工。

工程设计指标为：坝底高程2.0米，坝顶高程7.0米，垂直水流方向的坝长110米，平行水流方向的坝宽12米，双向斜坡式。

主要建设项目有：坝体工程及其附属物，二层砖混管理房（宿办、变电室、控制室、水泵房）300平方米。

完成主要工程量：土方39394立方米，混凝土6697立方米，砖、石砌体3439立方米，工程投资1167.41万元。

3. 里自沽蓄水闸除险加固

潮白新河里自沽蓄水闸位于潮白新河与青龙湾减河汇流口下游1150米处，主要功能为防洪、蓄水、灌溉，是解决宝坻区农业用水的关键工程。该闸设计流量2100立方米每秒，闸上水位为7.42米，设计蓄水位6.5米，最高挡水位7.0米，建成于1978年，为开敞式结构，分离式灌注桩基础，全闸共20孔，闸室总宽度200.9米，工作闸门为升卧式平面钢闸门，共18扇，上游侧检修闸门为直升式平板钢闸门共4节2扇，两侧为死孔兼做检修门库。

由于多年运行，里自沽蓄水闸出现混凝土表面碳化、上下游翼墙和扭曲面裂缝、启闭机控制楼倾斜开裂、金属结构和电气设备老化，并存在年久失修等问题。经对海漫长度、上游翼墙稳定、上下游翼墙和小底板配筋、工作桥和交通桥强度等复核计算，均满足不了运行要求，已严重影响该闸安全。经专家评定，该闸安全类为三类闸，需进行除险加固处理。2005年，天津市水利局批复里自沽闸除险加固工程实施方案，核定了工程投资，资金由宝坻区自筹解决。2006年，天津市水利局根据批准的实施方案，下达投资计划。

里自沽蓄水闸除险加固工程主要工程内容为：上下游翼墙和扭曲面拆除重建；上下游干砌石护坡修复；闸墩防碳化处理；闸室中底板加固；闸室渗流处理及海漫接长；闸门二期混凝土拆除重新浇筑混凝土；工作桥、交通桥拆除重建；启闭机控制楼拆除重建及新建启闭机房；闸门及启闭机更新；电气设备更新。

主要工程量：浇筑混凝土 1407.02 立方米，防碳化处理 9968.7 平方米，更换闸门、启闭机 18 台套，电气设备安装 27 台套，全部工程投资 3528.39 万元。

工程于 2005 年 11 月 1 日开工，2006 年 7 月 31 日竣工。

4. 潮白新河胡各庄橡胶坝工程

潮白新河胡各庄橡胶坝位于宝坻区城区东南侧潮白新河上，工程等级为Ⅱ等，工程规模为大（2）型，主要建筑物为 2 级，次要建筑物为 3 级。

橡胶坝工程由坝体、泵房、深水井及管理房等设施组成。

橡胶坝长度 646.4 米，在橡胶坝左端布置泵房。深槽段坝体为 1 孔，梯形断面，底宽 80 米，边坡为 1∶2.5，坝底高程 2.5 米，设计挡水高度 4.5 米，左侧浅槽段设 4 孔，每孔长度 72.5 米，右侧浅槽段设 3 孔，每孔长度 80 米，浅槽每孔之间设混凝土隔墩，隔墩厚度 0.8 米。

泵房位于坝体左岸，为封闭式钢筋混凝土结构，满足 50 年一遇防洪水位要求，泵房长 20.42 米，宽 8.72 米，底板厚 1.0 米，侧墙上部厚 0.7 米，下部厚 0.9 米，底板高程 0.5 米。管理房设在左堤外侧，建筑面积 290.1 平方米。

该项工程于 2007 年 12 月 7 日开工，2008 年 11 月 20 日竣工，日历工期 348 天。

完成主要工程量为：土方 101868 立方米、混凝土 29182 立方米、砌石 4314 立方米、水泵电机安装 5 台套、高低压配电柜 10 面、变压器 1 台、建管理房 290.1 平方米，完成投资 6432.65 万元。

潮白河水库增容工程完成后，最高蓄水位达到 7.0 米，蓄水量达到 9116 万立方米，新增蓄水量 2991 万立方米，供水条件明显改善。

里自沽蓄水闸除险加固工程完成后，使全区小麦 30333.3 公顷、春播作物 33333 公顷、夏播作物 33333 公顷、水稻 13333 公顷、水产品 4000 公顷获得了水资源保障。

2008 年，根据里自沽蓄水闸除险加固工程完成的实际，采取抬高潮白新河的蓄水水位、适时利用黄庄洼地面冬季蓄水、二级河道及干支渠冬季在不影响农业生产的前提下适当抬高蓄水位等有效措施，不断加大本区蓄水力度。11 月，宝坻区地表水蓄水总量 2.04 亿立方米，其中一级河道 1.07 亿立方米，二级河道 1058.2 万立方米，干支渠 3663.57 万立方米，坑塘、小水库 5404 万立方米。可用水量 1.24 亿立方米。

（二）西老口水库工程

西老口水库位于西老口村北，南北长 1.10 千米，东西宽 0.60 千米，占地 66.7 公顷，设计水位 5.5 米，蓄水深度 2.0 米，水库周长 3.4 千米，总库容 119.76 万立方米，围堤土方 32.11 万立方米。配套工程有：扬水点 1 座，节制闸 1 座，引水涵洞 1 座，生产桥 1 座，工程总投资 79.94 万元。

水库于 1995 年 5 月建成蓄水生效，当年为 133.3 公顷水稻提供水源，单产 6000 千克，公顷产值 9750 元，净产值 5250 元，年内净增产值 70 万元。

（三）大刘坡水库

大刘坡水库位于大刘坡村东，占地 86.7 公顷，蓄水量 157 万立方米，1995 年汛前建成。水库围堤长 3.4 千米，围堤顶宽 6 米，堤高 3.5 米，外坡戗台顶宽 4 米，戗台高 2 米，临水坡 1∶6，背水坡 1∶3，建设项目为：围堤土方 328968 立方米，扬水点 1 座，引水涵洞 2 座，生产桥 2 座。工程总投资 97.69 万元。

大刘坡水库建成后，133.3 公顷低产田和荒地种水稻单产量达 6750 千克，年可净增产值 57 万元。利用水库水面养鱼，年净产值 66 万元，围堤栽种果树 3700 棵，年产值 18 万元。

（四）狼尔窝水库

狼尔窝水库位于狼尔窝村西，水库南北长 0.75 千米，东西宽 0.5 千米，呈长方形，库区占地面积 37.5 公顷，1996 年汛前建成并蓄水生效。

水库设计蓄水位 5 米，蓄水深 2 米，设计总库容 77.06 万立方米。

水库建设项目有：围堤长 2.50 千米，土方 19.37 万立方米，开挖截渗沟 2.40 万立方米，建扬水点 1 座，引水涵洞 1 座，排水涵洞 1 座，工程总投资 96.49 万元。

水库建成后，利用水库水源种水稻 33.3 公顷，小麦 24.7 公顷，两种作物年净增产值 62.55 万元。

（五）朝霞水库

朝霞水库位于朝霞村南，建于 1997 年，占地面积 33.3 公顷，蓄水面积 26.7 公顷，堤顶高程 5.6 米，设计总库容 50 万立方米，灌溉面积 133.3 公顷，工程总投资 42 万元。

三、小型桥、闸、涵、扬水点建设

2010 年，宝坻区有 8 条二级河道，87 条干渠，433 条支渠，其中二级河道上建有农用桥 82 座、闸涵 51 座（3 座已报废）。干渠上建有农用桥 464 座、闸涵 87 座、扬水点 312 座。支渠上有农用桥 934 座、闸涵 139 座、扬水点 207 座。小型水利工程使宝坻区形成了比较完善的农田灌溉和排水体系，承担着宝坻区农田输水、蓄水、除涝、灌溉、生产交通任务，发挥了巨大的工程效益，在宝坻区农业生产中起着至关重要的作用。

小型水利工程多在20世纪70年代或80年代建设，另有一部分生产桥是在70年代以前建设，建设标准低，使用多年，损坏严重，有的已失去使用功能，不能发挥工程效益，直接影响农村经济的发展和农村人民群众的生产、生活。

根据2006年小型水利工程调查统计资料，宝坻区1480座农用生产桥中完好731座，轻损279座，损坏470座；270座闸涵中区管闸涵66座，乡镇管闸涵204座。在乡镇管闸涵中，完好73座，轻损47座，损坏84座。

小型水利工程建设是农村工作和水利工作的重要内容之一，是改善农民生存环境、生产和生活条件，促进农村经济发展的重要措施。1991—2010年，宝坻区拆建和维修农用生产桥401座，建设和维修闸涵224座，建设和维修扬水点379座。小型水利工程的建设改善了农业生产条件。

大规模桥、闸、涵改造工程建设始于2007年，为了加快宝坻区小型水利工程改造、建设的进程，宝坻区水务局和宝坻区财政局积极向上级主管部门争取资金。按照天津市水利局的要求，2006年，宝坻区水务局组织工程技术人员，利用4个月时间对宝坻区小型水利工程——农用桥、闸、涵进行了细致的调查，编制了《宝坻区农用桥、闸、涵维修改造工程规划报告》和《宝坻区农用桥、闸、涵维修改造工程实施方案》，并获天津市水利局、财政局批准，2007年列入天津市“农用桥、闸、涵维修改造工程”试点区县，并下达了工程计划。“试点工程”实施自2007年开始到2011年，利用5年时间天津市水利（务）局每年投资1000万元，宝坻区每年安排投资500万～900万元，即按照2007年匹配500万元起步，逐年递增100万元的要求，连续5年投资完成宝坻区农用桥、闸、涵维修改造工程建设。

2007—2011年春，完成了4个年度农用生产桥、闸、涵的建设，共建设农用生产桥171座，闸、涵16座，完成总投资6500万元，其中市财政资金4200万元，区财政资金2300万元。2007—2011年五年“实施方案”完成后，提高了宝坻区小型水利工程的使用功能。

四、水环境治理及污水处理

农村水环境治理主要涉及农村骨干河道、再生水利用、生活污水处理及坑塘整治四大主要工程。20世纪90年代，水环境治理仅局限在排涝矛盾突出的河道进行局部治理。骨干河道、坑塘等脏、乱、臭现象日趋严重，农村水环境急剧恶化，严重影响社会经济的发展。2001年后，随着农村建设的发展，农村水环境治理工作提上日程。宝坻区经济社会的不断发展及城区规划的进一步实施，对城市的发展和环境的改善提出了更高的要求。围绕城区发展，强力打造水生态环境，建设了一批有助于改善水环境、水生态的工程项目。

从2002年起对城区3座排污泵站进行维修，明渠清淤，道口建防护网以及土建等工程。开工时间为2002年6月1日，竣工时间为2002年7月5日，总投资32.60万元。

2003年，对东开发区、窝头河、田场3座泵站及大口巷地下排水泵点进行维修，投资45万元。

2004年，宝坻区建成城南污水处理厂，共计投资830万元，处理能力1.3万吨每日，排水体制为雨污分流，排放标准为《城镇污水处理厂污染物排放标准》(GB 18918—2002)二级。对排污泵站机电设备维修51项，完成投资25.5万元；排污泵站出水口清淤及土建维修19项，土方9957立方米，投资21.84万元，共计投资47.34万元。城区排污明渠郝庄段清挖工程，完成土方2.3912万立方米，投资89.52万元。新建革命渠排污泵站1座，投资215万元。

2005年，宝坻区水系综合治理规划立项报告，窝头河治理工程实施方案编制完成。同时，还协助天津市水利局开展了天津市再生水利用规划等专项规划编制工作。

2006年8月17日至10月6日，宝坻区水务局投资152万元，完成百里河治理工作，百里河治理前，东苑庄、龙潭段河道淤积，生活垃圾堵塞河道，严重影响城区排水，河道水质污染严重。百里河治理后，东苑庄、龙潭段实现了暗管排水，提高了宝坻区的排污标准，改善了城区的水生态环境。

2007年，完成了窝头河治理工程、革命渠治理工程和窝头河漫水闸工程。

窝头河治理工程。治理前窝头河河道淤积严重，部分断面被生活垃圾阻塞，河道水面漂浮物过多，水体污染严重，窝头河治理工程的实施，清除了多年河道淤积和生活垃圾，疏通了河道构成了城区流动的河网水域，打造出城区路边有河，河岸有景，人与自然和谐的生态环境。

2007年，实施窝头河治理工程，从宝平路桥至石桥桥总长2.25千米，工程主要内容为河道清淤、砌石护岸、筑岛，建景观桥梁、亲水平台、亲水台阶等项目。其中河道清淤2.125千米，砌石护岸449.2米，筑岛1座，面积10376平方米，建行人景观桥5座，装饰人行吊桥1座，建桥总长度195米，建亲水平台568.3米，建亲水台阶413米。

窝头河治理工程主要工程量为：①河道治理及筑岛部分，清运淤泥27703立方米、土方开挖143676.97立方米，土方回填及碾压27148立方米；②砌石护岸部分，土方开挖115700.04立方米，土方回填7861.45立方米，浆砌毛石3000.66立方米，浆砌料石

157.22立方米，浆砌花岗岩80.86立方米，安装汉白玉栏杆294延米，安装不锈钢栏杆155.2延米；③景观桥部分，土方开挖169.28立方米，土方回填157.41立方米，C30钢筋混凝土356.2立方米，C25钢筋混凝土362.0立方米，石材桥面32.2平方米，石材栏杆113.6延米，不锈钢栏杆245.8延米，吊索铁链240延米，木板桥面4.9立方米；④亲水平台及亲水台阶部分，土方开挖13444立方米，土方回填6195立方米，浆砌毛石2630.2立方米，浆砌料石135立方米，花岗岩面层3325.6平方米，C15混凝土2544.1立方米，C30混凝土613.6立方米，安装宽木平台1786.6平方米、不锈钢扶手638.6延米、木扶手638.6延米，工程总投资1089.59万元。工程于2007年4月15日开工，2007年10月27日竣工。

革命渠治理工程。2007年，实施革命渠治理工程，包括：革命渠、窝头河（宝平路至革命渠南端）清淤3.9千米；新建窝头河及百里河三孔节制闸2座，设计流量均为20立方米每秒；新建跃进渠两孔节制闸1座，设计流量10立方米每秒；维修革命渠南口闸1座。革命渠治理工程主要工程量：①革命渠清淤（含宝平路桥至革命渠口窝头河段）部分，淤泥清除及外运63960立方米，拆砌原河道混凝土板2460平方米；②建闸及闸维修部分，土方开挖4569立方米，土方回填1568立方米，浆砌石4358.92立方米、混凝土及钢筋混凝土1436.93立方米，安装2.5米×3米闸门8扇，安装2.7米×3.5米闸门2扇，安装10吨启闭机10台。工程总投资579.5404万元。工程于2007年4月15日开工，2007年10月27日竣工。

窝头河漫水闸工程。2007年，实施窝头河漫水闸工程，包括：窝头河（石桥桥至下游）0.35千米清淤，新建3孔窝头河漫水闸1座，控制水位3.7米。窝头河漫水闸采用开敞式结构形式，上下游护坡、护底、消力池均为钢筋混凝土结构，在混凝土闸墩上搭设便桥一座，桥面板采用钢筋混凝土板。工程总投资117.56万元。工程于2007年4月15日开工，2007年10月27日竣工。

2008年，完成潮白新河引水涵闸及配套工程、宝坻区第二污水处理厂建设一期工程和境内一级河道水环境整治。

潮白新河引水涵洞及配套工程。2008年，为了补充、切换宝坻区城区水系的水源，宝坻区在石佛营村西、潮白新河左堤实施新建潮白新河引水涵洞。该工程设计流量20立方米每秒，引水至窝头河，保证城区切换水体所需水源。工程主要内容：新建引水涵洞1座，设计流量20立方米每秒，新建节制闸1座，维修涵洞2座，拆建生产桥3座，开挖渠道365米，清淤渠道1.3千米。工程完成主要工程量：混凝土1221立方米、浆砌石2871立方米。工程总投资419.04万元。

宝坻区第二污水处理厂一期工程。工程于2008年4月开始建设，2009年10月正式运行。该污水处理厂坐落于建设路东，占地2.4公顷，负责处理污水范围为南三路以北，北关大街以东，火车道以西，唐通改线以南地区，收水面积约为8.1平方千米，区域内总人口9.75万人，实际投资5098万元。水厂采用A/A/C+污泥机械浓缩脱水处理工艺，设计处理能力1万吨每日，出水水质为国家一级B排放标准。

境内一级河道水环境整治工程。2008年，对宝坻区6条一级河道进行了环境整治、垃圾清运、打捞水上漂浮物、堤坡杂草清理等项目。累计出动人工1582人次、运输车375辆次、打捞船6艘、小型挖掘机2部、大型挖掘机1部、推土机2部，完成牛家牌生产桥麦秆打捞等多项临时清理工作。通过环境整治，改善了全区一级河道周边环境，达到了水清、岸洁、景美的治理效果。

2009年5月23日至12月1日，对城区老宝平公路桥至新宝平公路桥段2.15千米窝头河进行清淤治理，清淤土方12.5万立方米。工程投资223万元。提高了宝坻城区的排沥标准，促进了水资源合理利用，改善了城区的水生态环境。

2010年，城区水环境治理工程完成两项：①鲍丘河治理，包括鲍丘河清淤、护岸、亲水平台、景观、绿化等，治理2千米，完成水工部分投资1300万元（清淤、护岸、亲水平台）；②窝头河漫水闸下游清淤工程，完成清淤窝头河漫水闸以下河道1.6千米，并建节制闸1座，宝坻区政府投资573.89万元。

第二节 工程建设管理

一、工程建设规范管理

（一）质量监督管理

1991年8月27日，经天津市水利建设工程质量监督中心站批准，成立宝坻县水利建设工程质量监督站。按照《水利工程质量管理规定》《水利工程建设安全生产管理规定》《天津市水利工程建设质量监督和安全监督实施细则》等有关文件，对全区（县）水利工程及承揽的县外水利工程进行安全检查。制定了项目法人质量管理制度。在工程质量管理中，建立健全了“四大体系”，即：工程建设单位质量检查体系、监理单位质量控制体系、施工单位质量保证体系及设计单位现场服务体系。加强工程质量检查，及时、规范地做好工程日志，会同设计、监理、监督部门制订工程检测计划，做好工程材料和工程质量的检测工作，配合有关部门做好工程验收工作。

2006年天津市水利建设工程质量监督中心站更名为天津市水利工程建设质量与安全监督中心站，宝坻区水利建设工程质量监督站相应更名为宝坻区水利工程建设质量与安全监督站。从此，将水利建设质量和安全生产一并纳入工程建管内容。

在宝坻区（县）水利工程建设施工中，依据国家有关的法律、法规、规章和规范文件，做好对参加建设工程项目的建设单位、勘察单位、设计单位、施工单位、工程监理单位及其他有关单位的质量检查与监督，依法承担水利工程建设工程质量责任，并接受天津市水利工程建设质量与安全监督中心站的监督管理。

（二）安全生产管理

宝坻区水利工程建设质量与安全监督站实行站长负责制的安全生产管理体系，坚持安全生产责任制，逐级负责，做好工程建设范围内的环境保护，劳动卫生和安全生产等各项工作。贯彻“安全生产、预防为主”的方针，选择具备相应资质等级、取得安全生产许可证的单位施工。各施工工地设立安全员，公司与施工队层层签订《安全生产责任书》，明确安全员的职责。施工前做好安全生产的宣传教育和管理工作；检查施工单位施工现场安全管理制度和相应措施；针对工程的特点编制具体的安全技术措施和安全操作规程。施工中，检查施工现场的施工设备设施是否符合防火、防雨、防风要求；挖掘机工作时，任何人不得进入挖掘机的危险半径之内等。多年来，工程质量管理井然有序，安全措施得当，保护了施工人员的安全，防止了各类事故的发生，保证了工程的顺利进行。

（三）基建资金与财务管理

认真贯彻《基本建设财务管理若干规定》和《会计条例》。加强基本建设财务管理和监督，依法、合理、筹集，使用建设资金。做好基本建设资金的预算、编制、执行、控制、监督和考核工作，严格控制建设成本，减少资金损失和浪费，提高投资效益。在初步设计和工程概算获得批准后，宝坻区水务局及时向同级财政部门提交初步设计的批准文件和项目概算，并按照预算管理的要求，及时向财政部门报送项目年度预算建设项目停建、缓建、迁移、合并、分立以及其他主要事项，提交有关文件、资料的复印件。实行汇总核算制。

（四）文明工地管理

2006年，水利部下发《关于开展2006年度水利系统文明建设工地评审工作的通知》（以下简称《通知》），依据《通知》，宝坻区水务局成立了文明工地组织机构，制订文明工地计划，组织职工开展创建精神文明工地。

施工区与生产区悬挂文明施工标牌或文明施工制度，办公室、宿舍、食堂等公共场所整洁卫生；现场材料堆放，施工机械摆放整齐有序；施工现场道路平整、畅通，作业区排水通畅；危险区域有醒目的安全警示牌，夜间作业设警示灯，施工现场做到工完场清，建筑垃圾集中堆放并及时清运。

2007年，宝坻城区革命渠综合治理和窝头河城区段治理工程建设中，工程项目在宝坻区发展改革委进行立项，委托宝坻区水利工程建设管理处作为法人办理环保、能耗等评价，进行公开招标，由天津市金帆工程建设监理有限公司进行监理，宝坻区水利工程质量与安全中心站对工程实施全程监督，工程开工前，施工单位编写相应预案；工程建设实施期间，严格按照签订的合同条款履行资金管理。

2007年，宝坻区水务局被天津市水利局授予“2006—2007年度天津市水利系统文明工地”称号。

二、“四制”建设

宝坻区水务局在工程建设中，自1998年开始，认真执行“四制”建设管理的要求，即项目法人制、招标投标制、建设监理制和建设合同制。

（一）项目法人制

为确保水利工程建设项目的顺利实施，宝坻区水务局健全了以政府部门监督指导，建设主管部门宏观控制，项目法人为龙头，设计、监理单位共同实施的管理体系。项目法人对项目建设的全过程负总责。1998—2010年，项目法人制不断完善，明确项目法人质量管理、制定项目法人安全生产管理制度、项目法人技术档案管理制度、项目法人财务管理制度、项目法人内部审计制度，为全面实行工程招投标和建设监理制，提供可靠保证。

在各类工程项目建设中，全部成立现场指挥部，设立现场建设管理机构，实施项目法人责任制。充分发挥项目集中管理的优势，强化工程的科学管理。各施工单位加强现场建设管理机构的建设，制定相应的管理制度，分别成立工程质量、环境监测、审计、安全生产和文明施工领导小组，构成较为合理的组织机构。抓好“六图一表”的落实，按标准配备现场管理人员，明确岗位职责和工作程序，确保了工程质量和进度及资金的合理使用。

（二）招标投标制

1998年，根据《天津市水利工程建设项目招标管理规定》，宝坻县水利局作为水行政主管部门，负责所管水利工程项目招标活动的监督管理，在天津市水利建设工程招标管理站和天津市水利工程建设交易管理中心的具体管理下进行工作。

严格执行水利项目招标标准：①勘察设计，监理单项合同估算价在50万元人民币以上（含50万元）的；②施工单项合同估算在100万元人民币以上（含100万元）的；③货物采购单位合同估算价在100万元人民币以上（含100万元）和单项合同估算价低于本条第①②③项规定的标准，但项目总投资额在3000万元人民币以上（含3000万元）的执行水利项目招标标准。

水利项目勘察设计招标条件：按照国家有关规定需要履行项目审批手续的，已履行审批手续，取得批准；勘察设计所需资金已经落实或已有明确安排；必需的勘查设计基础资料已收集完成；法律法规规定的其他条件。

水利项目监理招标条件：可行性研究报告或初步设计已经批准（或已通过技术审查且初步设计概算并且核定）；监理所需资金来源已经落实或已有明确安排；招标所需基础资料已收集完成。

水利项目施工招标条件：招标人已经依法成立；初步设计已经批准；年度投资计划已下达或资金来源已经落实；有招标所需的设计图纸及技术资料；有关建设项目的拆迁征地工作已落实或有明确安排。

水利建设的招投标条件：一是水利项目的招标一般应当采用公开招标的方式。采用邀请招标的，招标人应当依法按照审批权限报批后方可进行。二是投标人应当按照招标文件的要求编制投标文件。投标文件应当对招标文件提出的实质性要求和条件做出响应。三是投标人根据招标文件载明的项目实际情况，拟在中标后将中标项目的部分非主体、非关键性工作进行分包的，应当在投标文件载明。

1998年开始，宝坻区水利工程建设项目执行招投标制。工程科认真组织投标工作。

（三）建设监理制

1998年，宝坻县水利局开始实行工程建设监理制。建设项目均委托天津市水利工程建设监理中心负责工程的监理工作。在承建各类工程中，与勘查、设计、施工、监理等单位签订水利工程建设合同后，与水利工程建设监理咨询中心办理监理手续，明确质量责任人及其责任。水利工程建设监理咨询中心受理后的10个工作日内，签发水利工程建设质量监理书。

实行水利工程建设监理制以来，宝坻区水务局在工程建设中坚持做到不任意压缩工期，不明示或暗示设计、施工单位使用不合格的建筑材料、建筑构配件、设备、商品混凝土及其制品。坚持实行监理制，密切配合监理部门，保证了工程质量和工期，得到有关部门的好评。

（四）建设合同制

1998年，宝坻县水利局开始实行水利工程建设合同制，建设单位发出中标通知后，发包方与承包方签订合同，形成协议书、中标通知书、投标报价书、专用合同条款、通用合同条款、技术条款，已标价的工程量清单、履约担保书、图纸，组成合同的其他文件等项内容的合同文件。最初工程采取合同包干制，随后逐年进行完善，至2010年水利工程建设实行项目法人合同管理制度。认真执行建设合同制，履行合同规定的各项义务，建立严格的合同台账和管理制度。

第三节 尔王庄水库移民及后期扶持

尔王庄水库是引滦输水工程建设的中型平原调蓄水库，始建于1982年，位于尔王庄乡尔王庄村西，水库水面面积11.03平方千米，正常蓄水位5.5米（黄海高程），总库容4530万立方米，有效库容3868万立方米，尔王庄水库工程建设基本情况见表7-3-50。

表7-3-50 尔王庄水库工程建设基本情况表

指　　标	内　　容
水库名称	天津市引滦工程尔王庄水库
所在河流	蓟运河潮白水系引滦明渠
建设地点	宝坻区尔王庄乡尔王庄村西
建设起止时间	1982年8月19日至1983年7月17日
水库主要功能	调蓄、供水
总库容/亿立方米	0.453
防洪库容/亿立方米	0.3868
最大坝高/米	6.44
水库水面面积/平方千米	11.03
正常蓄水位/米	5.5（黄海高程）
防洪保护面积/公顷	126.67
年供水量/万立方米	6670
工程总投资/万元	5873.2

一、尔王庄水库移民迁建

（一）水库淹没及迁建

水库淹没土地面积。尔王庄水库淹没土地范围涉及10个村，其中尔王庄乡7个村，大白庄镇3个村。共淹没旱地1750.791公顷，经济林地2.67公顷，尔王庄水库淹没各类土地面积见表7-3-51。

表 7-3-51 尔王庄水库淹没各类土地面积

乡（镇）	村	水田/公顷	旱地/公顷	园林/公顷	经济林地/公顷
尔王庄乡	黄花淀	0	228.6	0	0
	尔王庄	0	420.34	0	0
	西杜庄	0	118	0	0
	中心台	0	8	0	0
	高庄户	0	328	0	0
	郑贵庄	0	116.318	0	2.67
	于家垡	0	55.533	0	0
大白庄镇	孙校庄	0	25.33	0	0
	大白庄	0	164	0	0
	小白庄	0	286.67	0	0
总计	10	0	1750.791	0	2.67

水库淹没房屋面积。水库淹没房屋涉及尔王庄乡黄花淀村，淹没房屋面积 2.9 万平方米，其中砖木结构的房屋 0.2 万平方米，土木结构的房屋 2.7 万平方米。

尔王庄水库涉及移民的迁建村 1 个，为尔王庄乡黄花淀村，户数为 111 户，人口为 378 人，其中移民人口 336 人。人均耕地面积为 0.184 公顷，人均年收入 11452 元，2010 年移民迁建村基本情况见表 7-3-52。

表 7-3-52 2010 年移民迁建村基本情况

乡（镇）	村	户数/户	人口/人	劳动力/人	移民人数	耕地面积/公顷	人均耕地面积/公顷	人均年收入/元
尔王庄乡	黄花淀	111	378	236	336	62.2	0.184	11452

（二）移民占地

尔王庄水库涉及移民占地村 9 个，分属宝坻的 2 个乡（镇），总户数 2437 户，人口 8241 人。人均耕地面积 0.11 公顷，其中人均耕地面积小于 0.067 公顷的村庄有 2 个，人均耕地面积大于 0.067 公顷小于 0.133 公顷的村庄有 6 个，人均耕地面积大于 0.133 公顷的村庄有 1 个，2010 年库区占地村基本情况见表 7-3-53。

表 7-3-53 **2010 年库区占地村基本情况**

乡（镇）	村	户数/户	人口/人	耕地面积/公顷	人均耕地面积/公顷	人均年收入/元
尔王庄乡	尔王庄	396	1335	43.07	0.032	11472
	西杜庄	88	355	31.73	0.089	11370
	中心台	80	270	131.53	0.487	11417
	高庄户	669	2060	84.6	0.041	11415
	郑贵庄	190	680	140.67	0.207	11443
	于家堼	230	740	194	0.262	11515
大白庄镇	孙校庄	211	748	91.87	0.123	11070
	大白庄	406	1453	119.93	0.083	11040
	小白庄	167	600	72	0.12	11280
总计	9	2437	8241	909.4	0.11	11326.4

尔王庄水库移民村和占地村拥有的土地资源主要为旱地和水面，其中旱地 962.46 公顷，水面 384.2 公顷，此外还有水田 36.67 公顷，移民拥有各类土面积见表 7-3-54。

表 7-3-54 **移民拥有各类土地面积**

乡（镇）	村	水田/公顷	旱地/公顷	水面/公顷
尔王庄乡	黄花淀	0	62.2	2
	尔王庄	0	43.03	26.67
	西杜庄	0	31.73	53.33
	中心台	0	131.53	53.33
	高庄户	0	22.67	8.87
	郑贵庄	0	140.65	8
	于家堼	0	193.98	17.33
大白庄镇	孙校庄	0	180	133.33
	大白庄	0	140	54.67
	小白庄	36.67	16.67	26.67
总计	10	36.67	962.46	384.2

（三）移民经济现状

尔王庄水库移民村和占地村 2006 年人均纯收入为 7170.3 元，2010 年人均纯收入为 11326.4 元，增长 4156.1 元。移民收入来源主要为农作物种植、养殖、外出务工等，见表 7-3-55。

表 7-3-55　　2010 年移民村和占地村经济状况统计表

乡（镇）	村	人均年收入/元			移民收入来源
		2006 年	2010 年	差额	
尔王庄乡	黄花淀	7067	11452	4303	种植农作物、养殖、打工
	尔王庄	7135	11472	4337	种植农作物、养殖、打工
	西杜庄	7076	11370	4341	种植农作物、养殖、打工
	中心台	7287	11417	4518	种植农作物、养殖、打工
	高庄户	7128	11415	4324	种植农作物、养殖、打工
	郑贵庄	7033	11443	4382	种植农作物、养殖、打工
	于家堼	7083	11515	4360	种植农作物、养殖、打工
大白庄镇	孙校庄	7339	11070	3731	种植农作物、养殖、打工
	大白庄	7325	11040	3715	种植农作物、养殖、打工
	小白庄	7011	11280	4269	种植农作物、养殖、打工
总计		7170.3	11326.4	4156.1	种植农作物、养殖、打工

二、水库移民后期补偿机构设置及职责

2007 年 4 月，天津市尔王庄水库移民工作办公室成立，办公地点设在宝坻区水务局，为内设机构，其主要职责是：根据《国务院关于完善大中型水库移民后期扶持政策的意见》（国发〔2006〕17 号）、《天津市完善大中型水库移民后期扶持政策实施方案》（津政发〔2006〕101 号）等相关文件精神，开展天津市尔王庄水库移民后期扶持工作，负责水库移民后期扶持人员的登记、核定工作及移民资金的发放；负责编制天津市尔王庄水库移民安置区基础设施建设和经济发展规划；负责尔王庄水库移民安置区的基础设施项目的施工。

2007 年 6 月，移民办完成了宝坻区大中型水库移民扶持人员的登记工作，经核定列入资金直接补助的移民有 517 人，其中有尔王庄水库迁建村黄花淀移民人口 344 人，外省（自治区、直辖市）及其他区县移居宝坻区的移民人口 173 人（含于桥水库移民人口）。

三、基础设施建设和经济发展规划

2008 年 7 月，宝坻区政府批复了宝坻区编制的《天津市尔王庄水库库区和移民安

置区基础设施建设和经济发展规划（2006—2010）》（第一个五年规划），11月得到市发政委的批复。该规划的原则是：①坚持重点，统筹兼顾，村组直接受益，优先解决移民群众生产生活中的突出问题，加强基础设施建设，促进库区和移民安置区全面发展；②坚持从实际出发，在分析需要与可能的基础上，合理制定发展目标，科学规划，协调发展；③坚持以人为本，体现移民意愿，切实维护移民村群众在规划编制和实施中的知情权，参与权和监督权；④坚持开发性移民方针，增强移民村群众自我发展能力，在国家的帮助下，动员移民村群众自力更生，艰苦创业，合理开发利用资源，增强自我积累，自我发展的能力；⑤坚持保护生态环境，节约利用土地，严格保护耕地的方针，按照建设节约型社会的要求促进人与自然和谐，实现经济发展与人口、资源、环境相协调和社会可持续发展；⑥坚持与区域经济发展规划相结合，在本地区经济社会发展的基础上，制定本规划，加快库区和移民安置区经济社会的发展速度。

该规划的目标是：近期目标：通过加大投入，解决制约库区和移民安置区经济发展的突出问题，使库区和移民安置区的经济社会发展基本达到当地“十一五”末的平均水平。中期目标：结合建设社会主义新农村和全面建设小康社会的要求，进一步加强库区和移民安置区基础设施和生态环境建设。远期目标：移民村生活水平达到当地农村平均水平，实现库区和移民安置区的经济社会与当地农村同步发展。

四、水库淹没涉及村庄后期补偿性基础设施建设

2006年5月，国务院下发《关于完善大中型水库移民后扶持政策的意见》，依据文件精神，水利部制定下发《大中型水库移民后期扶持规划编制工作大纲》，天津市移民后期扶持规划的编制以区县为单位，宝坻区编制完成2006—2010年尔王庄水库移民后期扶持规划及基础设施建设和经济发展规划。2008—2010年，宝坻区尔王庄水库库区扶持项目有道路工程，机井工程，防渗管道工程，管道清淤工程，土地平整工程，管网入户工程，交通桥维修工程，扬水点工程等。

（一）区级批复项目

根据宝坻区政府《关于对水务局〈关于尔王庄水库库区及移民安置区后期扶持项目工程款的请示〉的审核意见》（宝财农〔2008〕50号）文件的要求，2008年，移民补偿性基础设施建设项目共完成16项，总投资400.28万元。其中尔王庄村新建村内混凝土路面建设工程，投资38.13万元；尔王庄村新建学校混凝土路面建设工程，投资35.8万元；尔王庄村自来水管网改造工程，投资38.12万元；黄花淀村新建混凝土路面建设工程，投资21.94万元；黄花淀村自来水管网改造工程，投资12.75万

元；高庄户村新建生产桥建设工程，投资61.88万元；郑贵庄村自来水管网改造工程，投资21.53万元；中心台村自来水管网改造工程，投资10.32万元；西杜村自来水管网改造工程，投资12.35万元；西杜村新打机井建设工程，投资5.87万元；小白庄村自来水管网改造工程，投资20.14万元；小白庄村新建混凝土路面建设工程，投资40万元；大白庄村自来水管网改造工程，投资47万元；孙校庄村新开渠道建设工程，投资8万元；孙校庄新打机井建设工程，投资5.87万元；孙校庄村机井管理房建设工程，投资2.78万元。

根据宝坻区政府《关于对水务局〈关于宝坻区2009年度尔王庄水库库区及移民安置区基础设施建设项目工程可行性研究报告的请示〉和〈关于尔王庄乡高庄户村街道硬化变更的请示〉的审核意见》（宝财农〔2010〕12号）文件的要求，2009年度移民补偿性基础设施建设项目共完成3项，总投资182.2万元（包含项目勘测费），其中尔王庄村新建排水管道工程，投资93.66万元；高庄户村新建混凝土路面工程0.83千米，投资37.98万元；小白庄村新建混凝土路面工程，投资45.56万元。

（二）市级批复项目

2008年，库区基础设施建设总投资182.2万元，道路工程：涉及尔王庄村和黄花淀村，其中尔王庄村内街道硬化工程，混凝土路面宽4米，长1870米，完成混凝土浇筑1496立方米；黄花淀村内街道硬化工程，混凝土路面宽度6米，总长550米，完成混凝土浇筑660立方米。土地平整工程：完成于家堼村平整土地19.4公顷。机井房建设工程：完成孙校庄村建机井房1间。管网入户工程：完成尔王庄、黄花淀、西村庄、郑贵庄、中心台、大白庄、小白庄7个村管网入户。交通桥维修工程：完成大白庄、高庄户两座交通桥维修。

2009年，尔王庄水库库区及移民安置区基础设施建设项目批复表一期工程，总投资123万元，共包括5项内容，其中小白庄村内道路硬化工程，修建C20混凝土路面1.02千米，投资46.41万元；西杜村新打0.24千米深的机井一眼，投资9.15万元；孙校庄村新打0.24千米深的机井一眼，投资9.15万元；于家堼村防渗渠道修复，渠长3.96千米，投资20.32万元；孙校庄村渠道清淤恢复，清淤渠道长2.2千米，投资25.06万元。

2009年，尔王庄水库库区及移民安置区基础设施建设项目批复表二期工程，总投资128.14万元。其中大白庄村内道路硬化工程，修建C20混凝土路面2.34千米，投资70.79万元；郑贵庄村内道路硬化工程，修建C20混凝土道路1.31千米，投资53.35万元。

2010年库区基础设施建设总投资109.35万元。道路工程：涉及尔王庄乡西杜庄村和高庄户村两个村，铺设混凝土路面两段，长830米，其中西杜庄村680米，高庄户村

150 米，路面宽 4 米。管道清淤工程：于家埝村清淤管道 40 条，清淤总长 12 千米，其中支渠管道清淤长度 1.56 千米，斗渠管道清淤长 10.44 千米。清淤土方共 3.34 万立方米。扬水点工程：孙校庄村新建二分干渠扬水点 1 座。扬水点结构由上游段、泵房段、下游段组成。

第八章

工程管理

1991—2010年，宝坻区水利工程管理工作，按照《中华人民共和国水法》《天津市实施〈中华人民共和国水法〉办法》和《天津市河道管理条例》等有关法规，制定相关的水利工程管理制度，充分发挥政府在城乡一体化水务管理中的主导地位，建立健全区、乡镇、村三级管理网络，在管理单位内部实行河道堤防、泵站、闸涵、机井等水利工程管理责任制，落实工作任务、管理范围、管理标准，加强工程设施维修养护和水利设施保护，注重堤防绿化，健全长效水务工程发展机制，以实现水务高效管理水平。

第一节　河　道　管　理

宝坻区（县）河道管理所始建于1974年6月，组建之初为水利局河防组，1981年4月，河防组升格为科级事业单位，改称河防管理站。1991年1月，根据1990年12月18日水利部《关于规范河道管理单位名称的通知》（水管〔1990〕37号）文件精神，将河防管理站更名为天津市宝坻县水利局河道管理所。2009年变更为天津市宝坻区河道管理所。

河道管理所下设一室、一队、三组，即：办公室；机务队；工程组、管理组、财务组。下辖八段：朱刘庄管理段、小套管理段、胡各庄橡胶坝管理段、黄庄洼分洪闸管理段、蓄水闸管理段、牛家牌橡胶坝管理段、泃河管理段、蓟运河管理段。

1991—2007年，宝坻区河道管理所主要职能是负责宝坻境内的河道管理，其中宝坻境内一级河道（堤防）有泃河、蓟运河、潮白新河、引泃入潮、青龙湾减河和北京排污河6条，由天津市水利局委托宝坻区（县）水务（水利）局河道管理所管理。一级河道（堤防）岁修经费由市财政逐年拨付。2007年，天津市实施水利工程管理体制改革，成立河系管理处，全市一级河道的管理权限统一由各河系处管理，对涉及宝坻境内的6条一级河道（堤防），还对黄庄洼分洪闸、黄庄洼退水闸、里自沽蓄水闸、张头窝退水闸、官庄放淤闸5座水闸进行代管，管理模式由河系管理处以合同形式委托管理，河系管理处与宝坻区水务局河道管理所逐年签订管理合同，河道管理所负责河道日常维修养护、巡视检查工作。截至2010年，仍沿用此管理模式。

一、制度建设

宝坻区河道管理所依照《中华人民共和国水法》《天津市实施〈中华人民共和国水法〉办法》《天津市河道管理条例》及配套法规，制定了相关的管理制度，即：《河道管理所管理制度》《堤防养护制度》《堤防岗位责任制度》《堤防巡视检查制度》及《堤防绿化管理制度》等。

河道管理所管理制度：严格考勤制度，严肃工作纪律，严格请假制度，加强值班，各段管理实行岗位责任制，按实际情况分责任段并确定责任人，加强堤防和闸涵的巡视检查，发现问题及时解决和及时上报。

堤防养护制度：堤顶宽度、高度保持原标准，无明显凹凸，堤顶无冲沟，无高秆杂草。保持堤顶平顺，戗台无明显沟壑，无雨淋沟、洞穴，护坡、防浪墙、抛石护岸无人为破坏。雨淋沟大于1平方米要及时修补。公里柱、界碑、警示牌等水利设施齐全，完好无损。险工险段、穿堤建筑物要及时掌握情况。堤防树林、新植树木保证成活率85%以上，丢失率控制在2%以内。堤坡内禁止取土、采砂、埋坟、建筑等违章行为。

堤防岗位责任制：堤防管理人员要全面掌握辖区堤防的技术标准、养护标准，堤防管理人员在汛期对所辖堤段的各种隐患必须详细检查，认真做好记录，服从命令，听从指挥。

堤防巡视检查制度：巡视检查平时每周不少于2次，汛期每天都要巡查，发现问题及时上报，加强险工险段巡视检查，及时勘测，整理险工、险段变化资料，重大汛情后，要将堤防运行情况、检查结果上报存档。

堤防绿化管理制度：保证年度的更新绿化，落实管护承包责任制，签订统一制式、统一编号的承包管理责任书。树木更新、砍伐由乡村承包者向河道管理所提出申请，河道管理所做出计划，报经市主管部门批准。未经批准任何单位和个人不得砍伐或间伐堤防树木。

二、河道日常管理

1991—1996年，宝坻区河道管理所认真贯彻《中华人民共和国水法》《河道管理条例》及配套法规，制定了有效的管理制度，加强水利设施管理。占用河道堤防管理范围内的建设项目，按照《天津市河道管理条例》中有关规定执行，建设单位必须依照有关程序报河道主管部门履行审批手续。每年汛前，河道管理所各河道管理段动员设障单位和个人自行清障。对河道堤防水毁修复工程严格施工质量控制。对隐蔽工程、重点工程的关键部位进行阶段性验收。对各施工段的工程技术档案、竣工验收等都有明确的要求。

水利部下发《关于印发河道管理考核办法的通知》（水管〔1994〕33号）文件以后，河道管理所按照通知要求，加大了河道管理力度，制定了“四位一体”（管堤、管树、管闸、管汛）的管理办法，进行综合治理。

1997年，主要抓了完善制度，落实责任，坚持考评3项工作。完善制度，根据水利工程管理的需要，制定并落实了《河道堤防管理岗位责任制》，使水利工程管理有章可循，逐步向制度化、规范化发展；落实责任制，按照各项工程管理实际，河道所落实了“四位一体”管理责任制，做到了职责分明，每项工程有人管理、使用和维修；坚持考评，对制度落实情况及时进行检查考评，采取半年初评，年终总结，奖勤罚懒，按时兑现的办法，对评出的水利管理先进单位和先进工作者给予一定的精神和物质奖励。

2005年，河道所制定日常巡视制度，全年发现人为设障29处，其中蓟运河临时搭阻水木桥3座、码头4处，潮白新河网箱渔具21处，青龙湾减河大杨庄桥加宽搭土坝1处。对发现的问题配合水政科做了及时处理，对两水夹一堤的堤段进行了仔细的测量，并对分洪区的鱼池经营户下达了清坑通知。

2006年，对潮白新河、蓟运河、泃河、引泃入潮、青龙湾减河、北京排污河进行了检查，发现人为设障28处，其中蓟运河临时木桥2座、码头3处，潮白新河网箱渔具23处，责令私搭者自行拆除，对拒不拆除者采取强制措施；发现病险闸涵4处，分别为潮白新河放淤闸、胡各庄闸、泃河西四庄闸、三岔口闸。制订计划上报，并采取临时措施，确保行洪安全。

2007年，对潮白新河等6条一级河道进行了详细的检查，发现人为设障23处，其中蓟运河临时木桥15座、码头7处、土坝1处，潮白河网箱渔具23处，发现病险闸涵4处，分别为官庄放淤闸、胡各庄闸、泃河西四庄闸、庞家湾闸，分别采取了启闭机更换和维修等处理措施。

2008年，对宝坻区6条一级河道进行环境整治，进行垃圾清运，打捞水上漂浮物、堤坡杂草清理等项目。累计出动人工1582人次、运输车375辆次、打捞船6只、小型挖掘机2部、大型挖掘机1部、推土机2部、装载机1部。完成了牛家牌生产桥麦秆打捞等多项临时清理工作。通过环境治理，改善了全区一级河道周边环境，达到了“水清、岸洁、景美”的治理效果。石佛营引水涵闸及配套工程是宝坻区2008年重点工程之一，该工程建设将有效地切换窝头河水体，从而彻底解决城区水系水体脏臭等问题。

2009年，对潮白新河等6条一级河道进行详细检查，发现人为设障22处，其中蓟运河阻水障碍物15处，潮白新河网箱渔具23处，各河系病险闸涵5处，分别为潮白新河官庄放淤闸、泃河西四庄低水闸、青龙湾减河八道沽故道涵闸、李家牌闸、庞家湾闸。采用临时措施，确保行洪安全。

2010年，城区水环境治理工程，包括鲍丘河清淤、护岸、亲水平台、景观、绿化等；完成窝头河漫水闸下游清淤1.6千米，并建节制闸1座，改善了城区的水生态环境治理。

对潮白新河等6条一级河道进行检查，发现人为设障21处，其中蓟运河阻水障碍物15处，潮白新河网箱渔具27处，各河系病险闸涵5处，分别为潮白新河官庄放淤闸、泃河西四庄低水闸、青龙湾八道沽故道闸涵、李家牌老闸、庞家湾闸。通过采取措施，确保行洪安全。

三、河道绿化

河道管理所对堤防绿化逐年按堤段核定指标，下达绿化任务。根据绿化计划每年除完成空白段植树任务外，同时对经批准的砍伐更新段树木进行补植。河道管理所依合同形式采用承包的方法将任务下达到承包人，承包人负责完成树木种植、病虫害防治以及除草任务，保证树木成活率。

1991年春季，青龙湾减河左堤西十字港段植杨树1000株，投资0.11万元。1991—1996年，潮白新河共植树20000株，投资6.15万元；蓟运河堤防植树3.55万株，总投资9.24万元。

1999年，堤防植树总计26200株，投资3万元，于4月10日竣工。

2005年，完成潮白新河左堤八台港段树木更新，种植白毛杨3200株，分洪闸下分洪河道两侧种植白毛杨5400株，成活率90%，长势良好。

2006年，完成泃河老高寨段树木更新，堤长1200米，种植速生杨4500株；完成蓟运河右堤西走线窝段树木更新，堤长1000米，种植速生杨3000株。完成投资8.4万元。

2007年，完成潮白新河西河口村段树木更新，堤长1.15千米，种植速生杨1000株；潮白新河于古庄段树木更新，堤长1.1千米，种植速生杨1500株；潮白新河蓄水闸两侧树木更新，种植速生杨1500株。

美国白蛾防治。美国白蛾是国际上高度关注的检疫性有害生物，具有取食范围广、适生能力强、传播蔓延快、危害损失大等特点。1995年，美国白蛾传入天津，天津市每年都要组织美国白蛾防治工作。2007年，宝坻区水务局成立美国白蛾防治专业队伍，共10人，出动车辆141辆次，人员695人次，工作71天，完成了2007年度一级河道堤防树木病虫害防治工作。

2008年，完成潮白新河津蓟高速公路两侧、青龙湾河高速公路两侧绿化工程，长1200米，种植速生杨2500株；完成潮白新河左右堤朱刘庄低水闸至千米桥绿化工程，共种植火炬树 60000 株。

2008 年，北京奥运会举办期间，美国白蛾第二代幼虫危害的高峰期。国家林业局下达天津市美国白蛾防治任务。宝坻区水务局积极组织除虫专业队，对美国白蛾开展防治工作。

2009 年，在潮白新河左堤胡各庄段种植速生杨 600 株，左堤胡各庄至千米桥段种植火炬树 20000 株、柳树 18000 株，右堤津蓟高速桥两侧种植柳树 1000 株；蓟运河右堤焦王庄至宽江段种植速生杨 10500 株；蓟运河右堤红帽村段种植速生杨 1180 株；青龙湾左堤庞家湾扬水站至津围公路桥段种植柳树 4500 株，右堤橡胶坝至八道沽桥段种植速生杨 4820 株，右堤津蓟高速桥至大杨庄桥种植速生杨 1400 株，右堤大杨庄桥至入潮口种植速生杨 1600 株；北京排污河左堤 63＋400～66＋600 段种植速生杨 980 株，右堤 64＋900～67＋100 段种植速生杨 1020 株。全年共种植树木 65600 株。

组织除虫专业队对第一代、第二代、第三代美国白蛾及榆三节叶蜂等树木病虫害开展防治工作。

2010 年，完成青龙湾减河津蓟高速桥两侧绿化工程，种植速生杨 2000 株；完成潮白新河津蓟高速桥两侧绿化工程，种植速生杨 2000 株；完成潮白新河左右堤胡各庄橡胶坝至千米桥绿化工程，种植柳树 33876 株。同时，组织 5 人的除虫专业队伍进行第一代、第二代、第三代美国白蛾防治工作，以及榆三节叶蜂和春齿蠖虫等树木病虫害防治工作。

2010 年 9 月，天津市重大外来林业有害生物防控领导小组办公室组成检查验收组对防治效果进行验收，经检查验收，全市防治后平均有虫株率为 0.03%，宝坻区防治后平均有虫株率 0.02%。

第二节 国有区管扬水站管理

天津市宝坻县水利局排灌管理站于 1981 年 4 月成立，2009 年 2 月变更名称为天津市宝坻区排灌管理站。排灌管理站主要负责宝坻境内国有扬水站和二级河道及排干渠管理。

一、制度建设

1996 年 5 月 1 日起执行《宝坻县国营扬水站管理办法》。实行“百分考核制”，各项管理工作落实到人，管理责任与管理利益挂钩，奖惩分明。每年开展两次水利设施管理大检查，平时进行抽查，半年初评，年终总评。水利设施的管理工作逐渐走上了依法管理、规范化管理的正确轨道。制定的主要工作制度有：

（1）办公室工作制度：工作人员必须坚守工作岗位，认真履行职责；坚持高标准、高效率、创造性地开展工作；汛期期间无休息日，全员上岗，坚持每天考勤，事假一律经主管负责人批准。

（2）机电组工作制度：按站长和上级的安排做好值班工作，发现设备或技术上存在问题，提出改进措施并安排落实。做好各项记录、图表的填写，为检修部门提供改进资料，搞好设备试验和检修。

（3）扬水站人员工作制度：扬水站工作人员要努力学习业务知识，熟悉本站设备情况、运行方式，执行上级颁发的规章制度。

（4）巡视检查制度：对机电设备巡视检查应遵守明确规定的检查项目、周期、路线，要精神集中细听、细看、细嗅，确保巡视质量。每次巡视后，应将巡视结果记入记录簿，巡视者应对记录安全负责，因巡视不周所发生的问题，要追究责任，对于发现重大缺陷或预防事故者给予奖励。巡视周期，每日交接班时，双方共同巡视一次，正常巡视时每小时一次，定时做无灯光检查；特殊巡视时，天气急变、雷雨、大风、冰雹应加强巡视。正常巡视时，检查设备所有瓷质部分有无破损及放电痕迹和异响，注油设备的油位、油色是否异常，有无渗油现象，主设备内部有无异响，电气设备的接点是否良好，有无发热打火现象，运行中的仪表是否正常。特殊巡视时，雷雨天气主要检查设备有无闪烁放电；大风天气时，主要检查导线摆动情况；大雪天气时，要及时打扫冰冻。

（5）设备缺陷管理制度：设备缺陷管理是为了全面掌握设备的缺陷情况，以便按其性质及时组织力量进行处理，努力做到防患于未然，保证设备经常处于安全运行的良好状态，给设备检修试验工作提供重要的依据。按供配电安全的威胁程度，对扬水站变电站设备缺陷分为危急缺陷、重要缺陷、一般缺陷，消除缺陷的检修试验工作完毕后，负责人应将主要内容、试验结果、缺陷消除情况及遗留缺陷填写在扬水站、变电站检修记录簿中，经扬水站、变电站值班员验收签字。机电组计划大修试验和消除缺陷、检修试验工作后，必须在一个月内提交扬水站、变电站主要设备的试验报告。值班人员对设备缺陷讨论分析后，提出发生的原因、发展的规律和处理结果，从而吸取经验，制定预防措施。

二、国有扬水站更新改造

宝坻区有扬水站33座，其中20世纪60年代建6座，70年代建18座，80年代建6座，2005—2008年年底相继新建3座，依据使用年限分为Ⅰ类站、Ⅱ类站、Ⅲ类站。

Ⅰ类站建于2005年以后，有3座，截至2010年运行良好；Ⅱ类站建于80年代，有6座，截至2010年依然可正常使用；Ⅲ类站建于60代年和70年代，有24座，截至2010年设备老化，土建设施损坏严重，已达不到设计要求的除涝标准。

80年代对宽江（1）站、张头窝站、里自沽站、闫皮庄站、西老口站、东老口站、八门城站、小辛马站进行更新改造；90年代对老庄子站、宝芝站、冯庄子站、胡各庄站、菜芽站、大刘坡站进行了更新改造；2000年以后对八道沽站、董塔站、箭杆河站、小套站、白龙港（2）站进行更新改造。

（一）老庄子扬水站更新改造

老庄子扬水站始建于1974年，位于潮白新河左堤鲁文庄村南，设计流量26立方米每秒，安装36－ZLB－85型水泵13台，配用MDRV－7Ⅸ型电动机13台，排涝标准10年一遇，效益面积8520公顷。该站更新改造前，电动机在运行中经常发生转子回路接地，噪声、振动过大，预防性试验直阻、绝阻多数不合格，泄漏电流过大，水泵为宝坻机械厂产品，不仅质量差，而且厂家早已转产，运行中经常出现故障，维修配件无处购买，油开关是SN10－10型，属于淘汰产品，土建设施损坏严重。

老庄子扬水站于1991年进行更新改造，机电部分：将原13台机组及电气设备全部更新，采用上海水泵厂生产的ZLB_2－5.4型水泵13台，上海电机厂生产的JRL14－12型电机13台；更新SN10－10/Ⅰ型油开关16组；增设水泵油箱水循环系统1套。土建部分：对站前拦污栅下游进行加固，站前拦污栅下游冲刷严重，拦污栅底板砌石已冲刷破坏，采用M10水泥砂浆对护底砌石加固，护底长5.2米，厚0.5米；对压力池后大墙进行漏水处理，压力池后大墙伸缩缝漏水严重，采取设置橡皮止水，现浇200号混凝土加固柱，大墙裂缝及八字角采用环氧砂浆抹面处理；对主厂房屋顶漏雨进行处理，主厂房屋顶原为二毡三油防水层，油毡及沥青严重老化，漏雨严重，经多次处理效果不好，采用200号钢筋混凝土，厚度10厘米，配量直径6毫米钢筋，间距20厘米，加固面积655平方米；对主副厂房门窗进行更新，主副厂房的木门窗损坏严重，已不能正常关闭，采用双截口木门窗进行更新，更新面积100平方米；对进、泄涵机架桥进行加固，进涵及泄涵机架桥由于冰压力及冻融等原因，混凝土脱落严重，采用200号混凝土补浇，并外加防水钢套；对前池墩墙砌石进行加固和勾缝，前池墩墙由于冰压力的作用，砌石勾缝脱落，并且局部损坏，对损坏部位进行补砌，勾缝脱落处进行勾缝；对前池进行清淤，前池及泵室淤积严重，深度在0.7～1.0米，影响机组正常运行。清淤土方1355立方米；对拦污栅进行更新，更新面积100平方米，材料采用12号槽钢及5毫米×50毫米扁钢；对启闭机进行更新，站前闸，进、泄启闭机损坏严重，已不能正常使用，更新10吨螺杆式启闭机10台。全部工程总投资144.39万元。

（二）宝芝麻窝扬水站更新改造

宝芝麻窝扬水站始建于1974年，位于蓟运河右堤、宝芝麻窝村东南，设计排水能力16立方米每秒，安装36ZLB-85型水泵，MDRV-7Ⅰ型电动机8台套，效益面积4830公顷，排涝标准10年一遇。该站更新改造前，机电设备严重老化，土建设施损坏严重，严重影响安全运行。

扬水站于1993年更新改造，机电部分：该站原配用的8台电动机为MDRV-7Ⅰ型，是天津卫东电机厂1974年生产的产品，出厂时存在质量差的问题，在运行中经常发生转子回路接地，噪声、振动过大，预防性试验直阻、绝阻多数不合格，泄漏电流过大，不能继续使用，更新为上海电机厂生产的JRL14-12型电机8台；原配用的8台水泵为36ZLB-85型，是宝坻县机械厂产品，不仅质量差，而且厂家已转产，维修配件无处购买，后更新为上海水泵厂生产的ZLB_2-5.4型水泵8台；原10组油开关为SN10-10型，更新为SN10-10每Ⅰ型10组；增设水泵油箱循环系统1套、低压线路改造1千米、通讯线路改造15千米。土建部分：续建站前闸1座，由于资金不足，该站建站时未配套站前闸，出现故障检修相当困难。续建的站前闸，设计流量16立方米每秒，采用箱涵形式，砌石及混凝土结构；续建砌砖院墙300延米；对拦污栅铁篦子进行更新，采用12号槽钢及5毫米×50毫米扁钢；更新前池拦污栅工作板，采用钢筋混凝土槽形板结构；采用浆砌石护底、护坡并对拦污栅下游进行加固处理；对主、副厂房漏雨，采用现浇10厘米厚钢筋混凝土进行防水加固处理；采用现浇钢筋混凝土对压力池底板进行加固；更新主副厂房木门窗80平方米；更新启闭机2台；对机井进行改造，并建水塔1座；全部工程总投资152万元。

（三）冯庄子扬水站更新改造

冯庄子扬水站始建于1966年，位于蓟运河右堤、冯庄子村南，设计排干能力9.9立方米每秒，安装机组3台套，效益面积7320公顷，排涝标准3年一遇。该站运行多年，机电设备老化，经测试各项技术指标达不到设计要求，土建设施损坏严重。

扬水站于1995年更新改造，机电部分：更新JRL15-12型电机、48ZL-87型水泵3台套；更新高压开关柜2台、低压柜2台、综合启动柜3台、水循环系统1套、变压器1台。土建部分：新建站前闸1座；拆建宿办5间；续建砌砖院墙300延米；更新拦污栅100平方米；更新启闭机2台；更新捞草船1只；更新通信线路4千米；对主副厂房进行维修；对前池翼墙和护坡进行加固；对引渠进行清淤。工程总投资266.6万元。

（四）胡各庄扬水站更新改造

胡各庄扬水站始建于1974年，位于潮白新河左堤、胡各庄村西，设计流量30立方米每秒，安装机组15台套，效益面积7130公顷，排涝标准为10年一遇。

胡各庄扬水站1997年进行更新改造，机电部分更新ZLB_2-5.4型水泵、JRL14-12

型165千瓦电机15台套；更新$VV_{22}-3\times35^2$和$VV_{22}-3\times95^2$电力电缆1500米；更新SN10－1016.3－16G型少油断路器19组；新建水循环系统1套；改造低压供电线路1000米；更新站用变压器（SJ－30型）1台及配电柜1台；增设站前闸配电设备1套；改造原电机底盘15个；改造通信线路15千米。土建部分：新建站前闸1座，设计流量30立方米每秒，底板高程1.5米；更新站前2道拦污栅，面积875平方米；加固压力池及进水涵洞底板875平方米，厚度20厘米；更新启闭机4台；对进水涵洞下游砌石挡土墙、护底、护坡进行维修加固；对主、副机房门窗进行更新；对前池进行清淤和管理房进行修缮。工程总投资682万元。

（五）菜芽庄扬水站更新改造

菜芽庄扬水站始建于1974年，位于潮白新河右堤菜芽庄村东，设计排水能力20立方米每秒，安装机组10台套。单泵流量2立方米每秒，效益面积4530公顷，排涝标准为10年一遇。该泵站安装使用的是宝坻机械厂生产的水泵和天津电机厂生产的电机，由于运行多年，水泵侵蚀严重，电机泄漏电流过大，电气开关柜经常出现拒动、误动等故障，土建设施有不同程度的损坏，闸门、启闭机锈蚀毁坏严重。

根据天津市水利局《菜芽庄扬水站更新改造》（津水规〔1998〕100号）文件批准，菜芽庄扬水站于1999年进行更新改造。改造的主要内容有，机电部分：将原10台套机组全部更新，选用上海电机厂生产的ZLB_2－5.4型水泵10台、上海水泵厂生产的JRL14－12型、165千瓦电机10台套；更新天津电气开关厂生产的XGN型高压柜14面、GGD型低压柜2面；更换S9－30千伏安、10千伏/0.4千伏厂用变压器1台；更换部分电缆1600米、改造低压供电线路1000米。土建部分：对拦污栅隔墩进行加固，并更新拦污栅440平方米；采用20厘米厚钢筋混凝土加固压力池底板，并对压力池立墙分缝及裂缝处渗漏进行处理，面积为320平方米；新建宿办4间及伙房1间，面积为100平方米；新建院墙40米，并对原宿办进行维修；加固处理主副厂房顶580平方米并对门窗进行更新。闸门、启闭机更新8台套。完成土方3000立方米。总投资480万元，其中机电设备投资282.30万元；土建投资146.3万元；其他投资53.40万元。工程于1999年汛前完成。

（六）大刘坡扬水站更新改造

大刘坡扬水站始建于1972年，位于引青入潮河右堤、大刘坡村北，设计排水能力10立方米每秒，安装机组5台套，排涝标准为10年一遇，效益面积1666.7公顷。该站改造前机电设备严重老化，电机绝缘强度降低，多数值阻不合格，水泵气蚀严重，部分叶轮损坏，开关柜操作失灵，经常发生误动。土建部分主、副厂房，站前闸，拦污栅墩及篦子，前池翼墙，水泵工作台及电机梁均有不同程度的损坏。

大刘坡扬水站于1997年进行更新改造，机电部分更新上海水泵厂生产的36ZLB－

70 型水泵 5 台及更新 JSL14－12 型电机 5 台及更新 LGQ1－150/62 型综合启动柜 5 面、CG－1A 型高压开关柜 2 面、PGL 型低压柜 2 面、CW1－400 型隔离开关 1 组；更新 VV_{22} 电力电缆 300 米、KXQ14×2.5^2 控制电缆 600 米；新建水循环系统 1 套；更新低压线路 2.5 千米；并对通信线路进行改造。土建部分：对拦污栅及前池翼墙增高加固，由 1.10 增高至 1.9 米；对拦污栅进行更新，拦污栅框采用 12 号槽钢，拦污栅条采用 50 毫米×60 毫米扁钢；采用 10 厘米厚钢筋混凝土现浇注、副机房防水层；更新主、副机房门窗；对站前闸进行维修加固；对前池进行清淤；对电机梁及水泵工作台进行更新加固；拆建 60 米；新建井房 1 间；维修宿办 10 间。工程投资 224 万元。

（七）八道沽扬水站更新改造

八道沽扬水站始建于 1980 年，位于青龙湾减河右堤、八道沽村北，设计排水能力 16 立方米每秒，安装机组 8 台套，排涝标准 20 年一遇，效益面积 4420 公顷。该站改造前安装的是宝坻机械厂生产的水泵和天津电机厂生产的电机，由于运行多年，机电设备老化，水工建筑年久失修，故障逐年增多，严重影响正常运行。

扬水站于 2000 年进行更新改造，机电部分：包括更新 ZLB_2－5.4 型轴流泵（上海产）和 JRL14－12 型、165 千瓦（上海产）电机 8 台套；更新 XGN 型高压开关柜（内置真空断路器）4 台、HGQ 型电机启动柜 8 台、低压配电柜和控制柜 3 台；更新 S9－1800kVA35/3.5kV 和 S9－50kVA35/0.4kV 型变压器各 1 台；更新 LW27－35 型断路器 1 台、JDJ－35/0.1kV 型互感器 2 组、GW－35 隔离开关 4 组、YW－35 型避雷器 1 组、RWJ－35 型限流器 2 组；改造低压供电线路 6 千米；改造主机房天吊电动设备 1 台套；更新主机房照明设备和站前闸电气设备。水工土建部分：对站前拦污栅拆除重建；主、副机房屋顶采用新型防水材料进行处理；地面进行凿毛抹面处理；墙面局部抹面并涮涂料；更新木门窗；对前池护坡和翼墙砌石和混凝土进行局部维修加固；采用环氧砂浆材料对压力箱进行加固处理；新建 32 平方米电容器室，采用砖混结构；新打饮水井 1 眼，深度 300 米；对围墙进行重建，采用 M5 砂浆砌砖；拆除管理房 14 间、维修 18 间；更新 10 吨启闭机 10 台、平面钢闸门 8 面；更新前池拦污栅 180 平方米。工程总投资 619 万元，其中机电安装工程 387 万元，水工土建工程 232 万元。

（八）董塔庄扬水站更新改造

董塔庄扬水站始建于 1972 年，位于潮白新河右堤、董塔庄村南，设计排水能力 6 立方米每秒，安装机组 3 台套，排涝标准为 10 年一遇，效益面积 2210 公顷，该站改造前经多年运行，机电设备老化，经常出现故障，水工建筑年久失修，配套设施不完善，难以正常运行。

扬水站于2003年更新改造，机电部分：更新JSL14－12型电机3台、36ZLB－70型水泵3台、XGN2－10z型高压开关柜2面、LGQ－150/3型综合柜3面、SGN2－3z型电容柜1面、GGD型低压柜1面、PTK－1型总控制屏1面、S9－20kVA10kV/0.4KV变压器1台、S9－750kVA10kV/3kV变压器1台。土建部分：新建2孔站前闸1座，底板高程一0.6米，砌石闸墩顶高程3.5米，底板采用整体式底板，底板长度5.8米；在潮白新河右截渗与前池两侧交口处各新建1座单孔闸；对主、副厂房屋顶采用新型防水材料进行防水处理；更新主、副厂房塑钢门窗；对主、副厂房地面进行凿毛抹面处理；对主、副厂房内、外墙抹面，并刷内外墙涂料；对压力池墙进行凿毛抹面处理，压力池底板采用20厘米厚的200号钢筋混凝土进行加固；采用200号钢筋混凝土预制板，更换前池工作板和拦污栅工作板；对拦污栅翼墙砌石进行拆砌，并采用100号水泥砂浆砌石对拦污栅上游进行护砌；对现有宿办、院墙进行拆除，重建8间管理房和新建200米院墙；新打钢管井1眼。工程于2003年4月5日开工，6月15日竣工。工程投资423万元。

（九）箭杆河扬水站更新改造

箭杆河扬水站始建于1979年，位于蓟运河右堤、宽江村东南，设计排水能力28立方米每秒，安装机组14台套，排涝标准为20年一遇，效益面积4570公顷。该站改造前机电设备严重老化，土建部分损坏严重，已影响到泵站安全运行。2006年天津市水利局以《关于宝坻区箭杆河泵站更新改造工程初步设计的批复》（津水规〔2006〕15号）文件，核定静态总投资1770万元。

箭杆河扬水站更新改造工程于2008年实施，机电部分：更新900ZLB－70型立式轴流泵JSL147－12型电动机14台套。土建部分：采用钢筋混凝土结构将站前闸接长7米，并增设检修闸门1扇、全自动清污机1台，对站前闸排架柱、机架桥、交通桥拆除重建，并增设清污平台；对灌溉出水涵洞、灌溉进水涵洞和泄水涵洞内壁采用丙乳砂浆抹面，并重建灌溉出水涵洞、灌溉进水涵洞和泄水涵洞机架桥和排架柱；对砌石结构翼墙、底板进行勾缝处理；更新主厂房屋面瓦，对副厂房屋面进行防水处理；更新主、副厂房门窗为塑钢门窗；接长检修间，对付厂房进行内外装修；更新站前闸、灌溉出水涵洞、灌溉进水涵洞、泄水涵洞闸门及启闭机；新建管理用房480平方米、院墙550米。工程于2008年实施，2009年12月2日完工。完成工程投资1880.58万元。

（十）小套扬水站更新改造

小套扬水站始建于1974年，位于潮白河右堤、小套村北。设计排水能力14立方米每秒，安装机组7台套，排涝标准10年一遇，效益面积3540公顷，该站改造前经多年运行机电设备老化，磨损气蚀严重，电气设备绝缘性能下降，土建部分损坏严重。2009

年天津市发展改革委以《关于宝坻区小套扬水站更新改造工程实施方案的批复》（津发改农经〔2009〕51号）文件，核定工程总投资为1221.35万元。

扬水站于2009年更新改造，机电部分：更新电机7台，型号为JSL138－12，单机165千瓦；更新水泵7台，型号为900ZLB－5.4，单泵流量2立方米每秒；更新变压器1台，型号S11－1600KVA。更新高压开关柜5面，分别是：进线柜1面，型号KYN28A－12－54；PT柜1面，型号KYN28A－12－40；站变柜1面，型号KYN28A－12－79；更新低压柜7面，型号PK－10型。土建部分：新建站前闸1座，闸室为开敞式，三孔，钢筋混凝土结构，闸室长度11.0米，宽度11.0米，单孔净宽3.0米；对前池浆砌石护坡进行加固维修；更换站前拦污栅、检修闸门和启闭机，检修闸门为钢闸门，启闭机为移动式电动葫芦；对主厂房进行内外装修；对副厂房进行拆除重建；对压力池底板凿毛后现浇15厘米厚C30W4F150钢筋混凝土，对压力池边墙内侧采用环氧砂浆进行防渗处理；对泄水涵洞机架桥拆除重建；更换泄水涵洞闸门启闭机，闸门采用钢闸门，启闭机采用螺杆启闭机；泄水涵洞出水口增加浆砌石护坡长度50米；拆建灌溉进水涵洞机架桥，更换钢闸门和螺杆启闭机；拆建灌溉出水涵洞机架桥，更换铸铁闸门和螺杆启闭机；新建2层砖混结构管理房及管理设施及场区改造，并打机井1眼。工程于2009年9月5日开工，12月19日竣工。完成土方开挖0.54万立方米，土方回填0.21万立方米，浆砌石0.11万立方米，浇筑混凝土0.188万立方米，完成工程总投资1221.35万元。

（十一）白龙港（2）扬水站更新改造

白龙港（2）扬水站始建于1977年，位于蓟运河与泃河交口处，张古庄村东。设计排水能力16立方米每秒，安装机组8台套，排涝标准为5年一遇，效益面积7493公顷，经多年的运行，该站改造前机电设备老化，土建部分年久失修，配套设施不完善，难以正常运行。

工程于2010年11月开工，2011年1月31日竣工。主要工程内容包括：进行泵站机电设备、金属结构设备更新；进水闸、拦污栅桥拆除重建或改建；进水前池、泄水闸、灌溉闸、泵房等建筑物维修、加固。完成土方开挖11560立方米、土方回填6487立方米、混凝土3903.06立方米、浆砌石1981立方米，更新水泵8台、电机8台、闸门12扇、启闭机11台。工程总投资2297.5万元。

三、新建扬水站

1. 东老口（2）扬水站

东老口（2）扬水站即东老口扬水站扩建工程，位于青龙湾减河左堤27＋100处，设计流量20立方米每秒，安装1200ZLB－85型水泵6台套、JSL15－12型电机6台套，单机组流量3.3立方米每秒。工程主要包括：主、副厂房，穿堤泄水涵闸，站前闸，压力箱，专用变电站，综合楼，东老口排干节制闸，朱家窝交通桥，站前交通桥，青龙湾减河左截渗沟左、右偏口闸，东老口排干扩宽，青龙湾减河左截渗沟清淤，东老口退水渠清淤。

东老口（2）扬水站工程由天津市宝坻区水利建筑工程公司施工。工程于2005年5月8日开工，8月31日竣工。完成土方开挖37655.8立方米，回填土方21270立方米，浇筑混凝土4038.2立方米，浆砌石1142.42立方米，安装水泵、电机6台套，安装闸门启闭机8台套，安装各种配电柜17面和1座专用变电站的电气设备。完成投资2619.05万元。

2. 京津新城工业园扬水站

京津新城工业园扬水站位于京津新城工业园东南部，潮白新河右堤蓄水闸下游，设计排水能力20立方米每秒，安装1200ZLB－85型水泵6台套、YL5003－12型电机6台套，单机组流量3.3立方米每秒。

京津新城工业园扬水站工程主要包括：站前闸，进水池，泵室检修闸，主、副厂房，出水池，穿堤泄水涵闸，出水口，专用变电站，宿办，机井，场区围墙，道路，绿化及铺装；35千伏高压供电线路；机电设备和金属结构。

京津新城工业园扬水站由天津市宝泉水利建筑工程有限公司施工。工程于2007年3月27日开工，11月30日竣工。完成土方开挖42585立方米，回填土方28698立方米，浇筑混凝土4148立方米，浆砌石529立方米，打深水井1眼，安装水泵、电机6台套，安装闸门、启闭机6台套，安装主变1台，站变1台、高压开关柜等各种配电柜15面，安装天车1台。完成投资2770.61万元。

3. 大套扬水站

大套扬水站位于潮白新河左堤铁路桥下游，设计排水能力20立方米每秒，环境引水流量4立方米每秒。排水范围为鲍丘河以南、北干渠及引泃入潮以东、潮白新河以北、引滦明渠以西，面积11467公顷。安装机组5台套，水泵为轴流立式离心泵，型号为1200ZLB－100（＋49），电机型号YWS5003－12，有4台套；水泵型号为1200ZLB－100（－29），电机型号YWS5001－12，有1台套。其中单机组流量3.74立方米每秒的有1台套，单机组流量4.59立方米每秒的有4台套。建筑物包括前池拦污桥，前池，主、副厂房，压力箱，防洪涵闸，潮白新河滩地输水明渠，站前引水渠，2座交通桥，管理和生活用房，生产生活用井。

项目总投资2890.69万元。工程于2007年10月开工，2009年竣工。

2010年宝坻区国有扬水站基本情况明细见表8－2－56。

表 8-2-56

2010 年宝坻区国有扬水站基本情况明细表

扬水站		所在河系	扬水站更新		建站投资/万元	电动机				水泵				变压器			管理人数/人	排沥水位	排咸水位	效益面积排/万亩	建站日期	排沥标准/年
分类	站名		日期	投资/万元		型号	台数/台	单机/千瓦	单站/千瓦	型号	台数/台	单机/立方米每秒	单站/立方米每秒	型号	台数/台	千伏安						
一类站	大套	潮白新河			2890.69	YWS5003-12	4	355	1420	1200ZLB-100（+49）	4	4.59	18.36	专用变电站 S_9	1	2500	4			17.2	2009	3
						YWS5001-12	1	280	280	1200ZLB-100（-29）	1	3.74	3.74									
	京津新城	潮白新河			2770.61	YL5003-12	6	355	2130	1200ZLB-85	6	3.3	19.8	专用变电站 S_9	1	3150	4	0.55	0	14.57	2007	10
	东老口（2）	青龙湾减河			2619.05	JSL15-12	6	400	2400	1200ZLB-85	6	3.3	19.8	专用变电站 S_9	1	3150	6			同一站联运	2005	20
	宽江（1）	蓟运河	1987	55.3	192.1	JRL15-12	6	260	1560	48ZL-87	6	3.3	19.8	SJ	1	2400		1.0	0.0	14.25	1964	5
	张头窝	蓟运河	1987	70.8	224.8	JRL14-12	12	165	1980	ZLB_2-5.4	4	2	24	专用变电站		2550	8	0.2	−0.5	同八门城联运	1973	3
										ZLB-100	8											
	里自沽	潮白新河	1987	39.1	171.7	JRL15-12 JSL15-12	4 2	260 280	1600	48ZL-87	6	3.3	19.8	专用变电站		2000	6		1.2	8.73	1966	5
	闫皮（2）	排污河	1988	51.7	91	JRL14-12	7	165	1155	ZLB_2-5.4	7	2	14	专用变电站		1800	6	1.5	−2.0	8.90	1975	10
	西老口	青龙湾减河	1989	45	66	JRL13-10	5	165	825	40LZ-90	5	2	10	SJ	1	1800	6	1.7	1.0	3.84	1966	10
	东老口	青龙湾减河	1989	112.8	130	JRL14-12	10	165	1650	ZLB_2-5.4	10	2	20	专用变电站 S_9	1	2500	6	0.55	−2.0	5.91	1975	20
	八门城	蓟运河	1990	79.65	65	JS117-8	12	80	960	20 丰产-50	12	0.7	8.4	SJ	1	1250	5	0.2	−0.5	25.70	1967	3

续表

扬水站		所在河系	扬水站更新		建站投资/万元	电动机				水泵				变压器			管理人数/人	排沥水位	排咸水位	效益面积排/万亩	建站日期	排沥标准/年
分类	站名		日期	投资/万元		型号	台数/台	单机/千瓦	单站/千瓦	型号	台数/台	单机/立方米每秒	单站/立方米每秒	型号	台数/台	千伏安						
一类站	小辛马	潮白新河	1990	106.1	130	JRL14－12	10	165	1650	ZLB_2－5.4	10	2	20	SJ	1	2400	6	0.25	−2.0	9.54	1975	10
	老庄子	潮白新河	1991	144.39	164	JRL14－12	13	165	2145	ZLB_2－5.4	13	2	26	专用变电站		3600	8	0.1	−2.0	12.78	1974	10
	宝芝	蓟运河	1993	152	104	JRL14－12	8	165	1320	ZLB_2－5.4	8	2	16	SJ	1	1800	7	0.2	−0.2	7.25	1974	10
	冯庄子	蓟运河	1995	266.6	87.45	JRL15－12	3	280	840	48ZL－87	3	3.3	9.9	SJ	1	1800	5	1.0	−0.2	10.98	1966	3
	胡各庄	潮白新河	1996	682	289.1	JRL14－12	15	165	2475	ZLB_2－5.4	15	2	30	专用变电站		3600	8	1.0	−0.5	10.70	1974	10
	大刘坡	青龙湾减河	1997	224	46	JSL14－12	5	165	825	36ZLB－70	5	2	10	SJ	1	1250	4	1.0	0.3	4.59	1972	10
	菜芽庄	潮白新河	1999	480	128	JRL14－12	10	165	1650	ZLB_2－5.4	10	2	20	专用变电站		2400	7	0.8	−0.7	6.80	1974	10
	八道沽	青龙湾减河	2000	619	210.2	JRL14－12	8	165	1320	ZLB_2－5.4	8	2	16	自管 35kV	1	1800	7	2.1	1.4	6.63	1980	20
	董塔	潮白新河	2003	423	35.4	JSL14－12	3	165	495	36ZLB－70	3	2	6	SJ	1	750	4	1.7	1.0	3.32	1972	10
	小套	潮白新河	2009	1221.4	52	JSL138－12	7	165	1155	900ZLB－5.4	7	2	14	SJ	1	1800	6	2.2	0.7	5.31	1974	10
	箭杆河	蓟运河	2008	1880.6	352.9	JSL147－12	14	155	2170	900ZLB－70	14	2	28	SJ	2	3600	10	0.0		6.86	1979	20
	白龙港（2）	蓟运河	2010	2297.5	97.6	JSL138－12	8	165	1320	900ZLB－85	8	2	16	专用变电站 SCB10－1800		1800	9	2.2	0.7	11.24	1977	5
	西十	青龙湾减河	2012	2060	87	JSL13－12	6	210	1260	900ZLB－50	6	2	12	SJ	1	1800	6	2.1	0.6	6.95	1975	5

续表

扬水站		所在河系	扬水站更新		建站投资/万元	电动机				水泵				变压器			管理人数/人	排沥水位	排咸水位	效益面积排/万亩	建站日期	排沥标准/年
分类	站名		日期	投资/万元		型号	台数/台	单机/千瓦	单站/千瓦	型号	台数/台	单机/立方米每秒	单站/立方米每秒	型号	台数/台	千伏安						
二类站	牛家牌	青龙湾减河			269.1	JSL15-10	6	480	2880	40ZLB-50	6	3	18	自管35kV	2	4800	8	1.01		7.91	1983	10
	种田营	潮白新河			192	JRL15-10	4	480	1920	40ZLB-50	4	3	12	自管35kV	1	3200	6	2.36		6.08	1983	5
	黄白桥	潮白新河			228	JRL15-10	5	480	2400	40ZLB-50	5	3	15	自管35kV	2	3600	7	0.9		6.66	1983	10
	网户	蓟运河			33.3	JR126-10	3	95	285	TL24-35	3	0.8	2.4	SJ	1	560	4	2.3	1.63	0.53	1982	20
三类站	黄家集	引泃入潮			52	MDRV-71	4	165	660	36ZLB-85	4	2	8	SJ	1	1000	6	3.5	2.0	4.10	1975	5
	庞家湾	青龙湾减河			228.8	$JR_2145-10L_3$	10	165	1650	36ZLB-85	10	2	20	自管35kV	1	2400	8	4.0	2.7	本区1.17 香河33.23	1981	10
	郭庄	引泃入潮			25.6	ZR125-8	3	95	285	24丰产-50	3	0.8	2.4	SJ	2	320 180	4	4.0		1.31	1977	5
	西河口	潮白新河			32	JR125-8	6	95	570	24丰产-50	6	0.8	4.8	SJ	1	750	4	1.9	1.2	2.60	1971	5
	宽江（2）	蓟运河			44	JR126-6 JR128-8	2 2	155	620	36WZ-82	4	2	8	SJ	2	1120	9	1.0	0.0	同一站联运	1960	
	李家口	蓟运河			9.67	JO-94-8	5	55	275	TL20-35	5	0.5	2.5	SJ	1	560	5	1.1	0.4	1.26	1972	3
	合计	33			12119.07		235		47665		235		494.7		31	69990				235.13		

第三节　小型水利工程管理

一、乡镇水利站管理

乡镇水利管理站（简称水利站）为最基层的农村水利工作机构，承担着与其对应的乡（镇）防汛抗旱、水利工程建设、工程设施管理、区域水资源规划、水资源配置、水环境建设与保护、农业节水技术推广、农村水利建设组织和行政执法等基层农村水利工作任务。

1986 年，国家人事部、水利部颁发《基层水利水土保持管理服务机构人员编制标准》，宝坻县组建了以水利站为主要形式的农村水利基层服务体系。水利站为县水利局的派出机构，实行县水利局和乡镇政府"条块结合、以条为主"管理形式，县水利局对水利站的人、财、物实行统一管理。

1988 年，县水利站实行了定岗定编。1990 年，人员全部定为合同制工人。职责为：①统管本乡（镇）范围内除县管工程以外的所有水利设施，根据工程的规模、性质，建立群众性的专管组织，或实行专业承包；②负责乡（镇）水利规划和由乡（镇）代办工程的设计、施工；③按照市、区（县）相关规定，代收乡管范围内的灌区和乡（镇）企业的水费；④在保证工程安全、充分发挥效益的前提下，以主要工程为基地，充分利用水、土资源和设备、技术优势，开展综合经营。所需经费全靠水利站综合经营收入解决。

2002 年，实施农村乡（镇）改革，宝坻区水利站隶属关系改为驻地乡镇农办（委）下属的单位，独立存在，人事调动、工作安排由乡镇农办（委）管理。

二、农民用水者协会

1986 年，天津市水利局对部分小型农田水利工程进行管理体制改革，鼓励农民及个体私营企业进行承包、租赁、入股合作经营或购买产权，因当时农民和个体私营企业没有积极性，工作难以推进。

2004 年，随着里自沽灌区节水工程的完成，灌区内的曹家沽、于古庄、石辛庄、黄庄、大唐庄 5 个乡（镇）开展农民用水者协会组建试点工作。经宝坻区民政部门批准，并挂牌成立和开展工作。

2005年，按照农业部《关于支持和促进农民专业合作组织发展的意见》和水利部、国家发展改革委、民政部三部委下发的《关于加强农民用水户协会建设的意见》，宝坻区加快了农民用水者协会组建步伐，本区协会由5个发展到10个。

截至2010年，宝坻区成立农民用水者协会42个，涉及22个乡（镇）、45个村、1.48万户、5.17万人，管理耕地8.5千公顷，灌溉面积7.63千公顷，节水面积7.06千公顷，泵点97个，机井332眼，涵闸2座。协会会员14761人。

三、小型农田水利工程产权制度改革

宝坻区农业灌溉主要依靠小型扬水点提水完成，里自沽灌区有0.2～4立方米每秒的扬水点400余座，管理一直是由所在村队统一管理、统一使用，灌溉管理水平低，农民节水意识淡薄，且管理、使用不当，维修不及时，造成灌溉用水极大浪费，工程损坏严重。自1999年天津市实施小型农田水利工程产权制度改革后，结合灌区的实际情况，因地制宜地制定了切实可行的改革措施，把田间工程的所有权、使用权、管理权由原来的集体变为以承包、租赁、股份合作、拍卖等不同形式交给用水者。至2004年年底，里自沽灌区已有320座扬水点实行了产权制度改革，其中个人承包37座，联产联户承包149座，租赁24座，集体管理统一服务110座。用水者将水利工程当作自己的财产进行管理，对管好用好水利工程收到很好的效果，为灌区深化改革奠定了基础。

2006年，编制了《宝坻区小型农村水利工程产权制度改革意见》，由区政府批准并组织实施。按要求完成了小水工程改制现状调查；推动小水工程以承包、租赁拍卖等方式进行改制。

四、水利工程管理体制改革

根据2002年9月17日，《国务院办公厅转发国务院体改办关于水利工程管理体制改革实施意见的通知》，以及2004年12月30日，天津市政府《批转市水利局市发展改革委市财政局市编委拟定的天津市水利工程管理体制改革实施方案的通知》。2006年，编制了《宝坻区水利工程管理体制改革实施方案》，经区政府批准并实施。宝坻区水务局按要求落实水利工程体制改革的各项工作，建立健全各项制度和措施，规范化管理；促进小型水利工程建设管理的良性循环，对新建项目全部实行管理体制改革，落实管护主体。

第九章

水政监察

1988年，《中华人民共和国水法》（以下简称《水法》）公布实施。《水法》的公布，确立了水行政管理的法律地位。宝坻区（县）结合自身实际，认真贯彻落实《水法》，1990年5月建立水政执法队伍，成立了水政监察科，其任务是：贯彻水法和水法规，维护水利秩序，发现和纠正违法行为，依法追究违法者的法律责任；同时，扩大宣传，组织全局广大干部职工开展法律知识培训和法律知识讲座，强化水政执法力度，规范行政审批流程；进一步提高全社会的水法制意识，营造自觉遵守水法规、珍惜水、爱护水、保护水的良好社会氛围。1994年1月26日，天津市实施《中华人民共和国水法》，由天津市人大常委会审议通过并实施。《水法》带动了与水行政管理相关的法律、法规、规章在水行政执法过程中不断发展，天津市的水法制建设逐步迈入正轨。

第一节 制度建设和政策法规

一、制度建设

为加强水政工作规范化建设，建立健全内部管理制度，1995年宝坻区（县）水务（水利）局成立行政执法责任制领导小组，主管局长任组长，有关基层单位领导为成员，水政科为具体办事机构。实行行政执法责任制，相继制定了《行政执法责任制岗位责任制度》《法律、法规、规章学习宣传制度》《行政执法监督检查制度》及《行政执法责任制错案追究制度》等。制度的建立不仅规范了执法行为，而且对于提高执法水平、执法效率，进一步保护公民和社会组织的合法权益起到了积极的促进作用。

二、政策法规

1991—2010年，宝坻区（县）政府针对宝坻水利情况陆续印发多部法规、政策性文件，2007年宝坻区政府法制办开展法规性文件清理活动，将已经停止使用或已经按照新法规、政策执行的规范性文件进行清理，清理后保留6部，分别为：《关于严禁在行洪河道滩地上种植高杆作物的通知》《关于收取驻宝单位农用水费的通知》《关于调整农田排水费标准的通知》《宝坻县农用地表水有偿使用暂行办法》《关于加强城区应急水源地保护工作的通知》《潮白河水库管理暂行办法》。

1991年，宝坻县政府印发《关于严禁在行洪河道滩地上种植高秆作物的通知》（宝政发〔1991〕26号）。通知强调：为使行洪河道滩地水通渠畅，确保安全度汛，根据《中华人民共和国水法》《中华人民共和国河道管理条例》有关规定和天津市防汛抗旱指挥部《关于严禁在行洪河道滩地上种植高秆作物的通知》（〔1991〕津防抗字工管4号）精神，宝坻县政府重申，严禁在行洪河道滩地上种植高秆作物。

任何单位和个人，严禁在行洪河道滩地上种植高秆作物。已种植者，应立即改种或毁种。各乡镇政府和县直主管部门要采取多种形式，切实做好沿河乡、村干部群众的宣传动员工作，摆正利害关系，帮助提高认识，切实增强全局观念和遵纪守法的自觉性。同时，还要帮助安排好滩地生产种植计划，杜绝高杆农作物的种植，避免汛期清除造成人为损失。春播期间，各分工包片领导和主管部门要与乡镇政府密切配合，深入现场，进行检查，及时发现和解决问题。对拒不听从劝阻，执意在违禁地种植高杆作物的，除责令限期清除外，还要根据有关法规给予经济处罚。

1993年5月7日，宝坻县政府印发《关于收取驻宝单位农用水费的通知》（宝政发〔1993〕32号）。通知强调：随着经济的发展，水源供需矛盾日趋突出，为了保障用水，县政府每年需购入大量水源，按照合理负担的原则，决定向各驻宝单位适当收取农用水费。

收费范围：凡驻宝农业用水受益单位均应缴纳输水工程费、管理费和水源费。

收费标准：按农田使用面积每亩收费5元。

收费方法：各农用水使用单位每年5月底以前向县水利主管部门一次缴清，逾期不交者停止供水，查封提水泵点，并加收应收水费的5%滞纳金。

1995年7月5日，宝坻县政府印发《关于调整农田排水费标准的通知》（宝政发〔1995〕33号）。通知规定：执行时间，从1995年7月起执行；收费范围和标准，按现有耕地面积计算，每亩由1.46元提高到2.50元；收费办法，采取收取现金或以粮顶款的办法，由乡镇政府负责收缴，水利部门组织力量协同催收，由乡镇财政所与水利局直接结算。有关驻宝单位由水利局直接收缴。当年水费，当年缴清。

随着宝坻县高效农业的发展，农业自备水源不足、外购水及农田水利设施建管费用加大以及现有水源不能得到科学合理利用等问题日益突出。为在全社会树立水的商品化意识，建立和完善水利投入机制，实现水利的良性循环，根据《中华人民共和国水法》，就宝坻县推行农用地表水有偿使用，制定本办法。

1996年4月19日，宝坻县政府印发《宝坻县农用地表水有偿使用暂行办法》（宝政发〔1996〕11号），从1996年起执行（为当年消费标准）。该办法经宝坻县政府第38次常务会议讨论通过，规定实行农用地表水有偿使用制度。

凡在宝坻县境内引用地表水（自蓄水和外购水）的农田和养殖水面（包括农场和驻宝单位），均收取供水费。一级河道滩地暂不收费。

农用地表水收费标准按作物品种及面积确定如下：稻田（含稻麦连作）每亩每年收取30元；麦田（含复种）每亩每年收取4元；经济作物（含果园）每亩每年收取4元；其他作物每亩每年收取2元；养殖水面每亩每年收取30元。为鼓励汛后和冬前用水，减少集中用水，对秋耕冬灌的稻田和白地减半收费。在汛末蓄水的小型水库所保稻田（按每亩用水500立方米计算）不收费，小型水库春末蓄水所保稻田及小水库周围超过计算面积的稻田照常收费。

农用地表水供水标准：稻田保证插秧用水，个别地区如不能保证，秋后按实际面积退款，不承担经济损失；对井灌区和混灌区使用地表水灌溉的，麦田保证封冻水和返青水。

农用地表水收费，稻田和养殖水面在春季用水前按核定面积一次性收取，麦田、经济作物和其他作物在收获后按实际播种面积收取。

为加强农用地表水收费及管理，由县水利局农业供水服务公司，各乡镇水利站设分公司，实行单独核算，自收自支。所收费用的80%用于外购水和蓄供水工程维修改造，20%用于供调查水管理经费。

供水费收取由乡镇政府统一组织，乡镇水利站（供水分公司）具体负责，以村为单位收取。具体办法由供水服务公司制定。对无理拒交供水费的单位和个人，按有关法规进行处罚。

本办法自1996年起执行。所定消费标准为当年标准，以后可根据上年度实际经营情况及当年购水价格，做出适当调整。

1998年，宝坻县政府办公室印发《潮白河水库管理暂行办法》（宝政办发〔1998〕56号）。潮白河水库是宝坻县重要的地表水源，年蓄水量9000多万立方米，为保证宝坻县农业稳产、高产发挥了巨大作用。近年来，由于大量渔船在水库库区内乱捕滥捞，损坏水库工程设施和破坏水产资源现象比较严重。为确保水库安全，合理开发和保护水产资源，根据《中华人民共和国河道管理条例》《天津市河道管理条例》和其他有关法律、法规规定，制定本办法。

县水利局是潮白河水库的主管部门，全面负责防汛、除涝、行洪、蓄水和渔业生产等工作。水利局设水库管理所作为日常管理的办事机构。

水库管理范围包括：胡各庄低水闸和引青入潮八道沽公路桥至里自沽蓄水闸之间的水面、滩地、堤坝、护堤地、树林及其他附属设施。

在水库管理范围内从事种植、养殖、水产捕捞等生产活动，必须遵守水利部门的规定，服从水利部门的管理，接受水利部门的监督检查。

为保证水库护岸、护坡的安全和完整，凡进入潮白河水库从事捕捞作业的人员必须持县畜牧水产局颁发的捕捞证，并得到水库管理所的批准。

经批准进入水库捕捞的，应按规定向水利部门缴纳水利工程保护补偿金。收费标准为：库区有滩地的村，每条船每月交费10元；无滩地的沿河村，每条船每月交费30元；其余船只每月交费60元；使用机动船捕捞丰年虫和鱼虾的，每条船每月交费200～300元；占用堤顶、堤坡、滩地、护堤地搭窝棚和堆放杂物、晾晒丰年虫的，每平方米每日收费0.2元。凡经批准入库捕捞的人员要于每月1—5日主动到水库管理所（位于黄白桥西头）交费，逾期不交者每日加收5%滞纳金。其他单位和个人均不得在水库内收费。

在水库管理范围内私自动土、故意动用护坡岸砌石、损坏草皮、树木的，按《天津市实施〈中华人民共和国水法〉办法》和《天津市河道管理条例》的规定，应进行经济赔偿并接受处罚。

未经批准入库捕捞和使用禁用渔具渔法从事捕捞的，由有关部门按法律法规有关规定给予处罚。

水库管理范围内的闸、涵、扬水站附近水域为禁渔区，捕捞船只不得擅自进入。具体范围为：蓄水闸上下游500米以内，其他闸、涵和扬水站100米以内。

对不服从管理、干扰水库管理秩序、妨碍执法人员和管理人员执行公务的，交由公安机关处理。

第二节 水政监察队伍建设

一、水政监察队伍

1988年8月，天津市政府以《关于贯彻〈中华人民共和国水法〉的通知》（津政发〔1988〕105号）通知明确规定：市水利局是天津市的水事行政主管部门，对全市的水事工作实施统一管理。随之，天津市编委以《关于市水利局建立水政处的批复》（津编字〔1988〕325号）同意天津市水利局建立水政处。按照天津市水利局有关文件精神，1990年5月27日，宝坻县编委以《关于部分单位增设科室的通知》（宝编字〔1990〕7号）文件批准，宝坻县水利局成立水政监察科，定编7人，实际在岗5人。

1992年9月，为了加大水政执法力度，完善水政监察队伍，任命120名水政监察员，其中水政科人员为专职监察员，其余为兼职监察员，分设在地下水资源办公室、河道管理所、排灌管理站、农业供水公司、乡镇水利站等几个基层单位，天津市政府颁发行政执法证，县乡两级水政监察网络体系基本形成。

1994年水政监察科增编至12人。1995年，实行部门行政执法责任制，并成立行政执法责任领导小组，主管局长任组长，有关基层单位领导为成员。制定了部门行政执法责任制的4项制度，即《法律、法规、规章学习宣传制度》《行政执法责任制错案追究制度》《行政执法责任制岗位责任制度》《行政执法监督检查制度》。1996年水政监察科调整至7人。

水利部1995年印发《关于加强水政监察规范化建设的通知》，通知明确了水政监察队伍的名称，水政监察规范化建设的具体工作目标、任务。1999年，按照水利部和市水利局的要求，经县编委批准，成立水政执法大队，采取专兼结合的办法组建，水政执法大队办公地点设在水政监察科，大队长由主管副局长兼任。从事水政执法的人员达到130人，执法队伍得到加强。2001年，全区水行政执法人员达到137名，其中专职5名，兼职132名。

2002年，为完善宝坻区水行政执法体系，建立一支正规化的水政监察队伍。水务局全系统专兼职水政执法人员137名，做到着装整齐，持有水利部统一制发的水政监察证件，佩戴水政监察胸卡、臂章。人员分布在河道管理所、地下水资源管理办公室、排灌管理站、自来水管理所、农业供水公司、防汛办公室和各乡镇水利站。其中农业供水公司建立水政监察中队1个，基本形成了乡镇两级水行政执法网络，执法体系建设取得了新的进展。

2003年，为使水政监察队伍年轻化，对34名年龄偏大的水政执法人员进行调整。全局有70人考试合格后颁发水利部制发的水政监察证，水政监察人员全部做到持证上岗。

截至2010年，宝坻区水务局水政监察科实际在岗10人。

二、水政监察队伍素质教育

自水政监察队伍成立以来，区水务局为加大水行政执法力度，规范执法行为，按照水利部关于队伍建设的“八化”要求，加强水政队伍管理，执法人员素质和执法能力有所提高。宝坻区水务局把水政监察执法人员教育培训作为提高执法队伍素质首要任务来抓，采取选派执法骨干参加上级主管部门法律法规知识培训、积极配合上级主管部门组织培训、外请老师开展专项教育培训等多种形式，强化水行政执法人员综合素质和执法能力培训教育。

2004年，共举办不同类型培训班6期，参加培训的执法人员60人；选派20人参加了区政府法制办和区普法办举办的法律培训班；111名水政监察人员参加了市政府法制办组织的执法资格考试，全部合格。执法人员素质和执法水平有了很大提高，执法行为得到进一步规范。

2007，水政科配合市水利局及宝坻区法制办，积极组织行政执法人员进行法律培训并参加考试，行政执法人员参加公共法律知识培训98人，参加专业法律知识培训13人。通过培训，提高了执法人员对法律、法规的实际运用能力，树立了执法人员依法办案、依法行政的意识，提高了执法人员办案水平。

2008年，按照市水利局及区法制办的文件要求，严格执行行政执法资格证制度，完成了2008年水政检查证件审验注册工作。

2010年，加强监察队伍规范化建设，完善各执法单位、水政监察员岗位责任制，举办了两期水政监察员培训班，规范了执法行为，为提高办案水平夯实了基础。

三、水行政执法监督考核和行风评议

自2005年，天津市水利局将各区县水利（水务）局水政工作纳入全市水行政执法监督考核工作内容中，涉及依法行政、水事违法处理、水行政审批、水政监察规范化建设、法制宣传5个方面。9月6日天津市水利局下发《天津市水利局水政工作监督考核细则》。同年，宝坻区水务局对水政工作开展日常监督考核。

2008年，市水利局下发《水行政执法队伍行风评议工作实施意见》（简称《意见》），要求做到工作有计划、有部署、有落实。依据《意见》，区水务局结合本区实际制定并向市水利局报送《2008年水行政执法巡查监督检查计划》（简称《计划》），《计划》规范了执法人员执法行为，对严格正确的履行法定职责，树立水行业执法形象提出具体要求。依据计划宝坻区水务局随时对水政监察员的执法巡查进行指导、监督和检查，了解和掌握水政监察员在执法巡查时行为是否规范，对发现的问题是否及时解决。2009年之后，区水务局每年制定《工作计划》并按计划落实。

第三节 水法规宣传

宝坻区（县）政府重视水法规的宣传，利用多种形式，在宝坻区（县）范围内广泛

开展了《水法》及相关法规、规章的宣传。重点利用每年3月22日的“世界水日”“中国水周”及5月中旬的节水宣传周多角度、全方面地进行宣传。“中国水周”是水法宣传的重中之重，每年都投入大量的人力、物力，开展水法规宣传活动。

一、媒体宣传

在“二五”普法期间，坚持以宪法为核心，以专业法规为重点，利用各种宣传媒体宣传《水法》《防洪法》《防汛条例》与《河道管理条例》。1995年宝坻县水利局被水利部、市水利局、宝坻县委县政府评为“二五”普法先进单位。

1991—2010年，每年利用“世界水日”“中国水周”，在水务（利）局及各下属单位门前张贴悬挂大幅宣传标语。在重要交通路口及公共场所挂贴标语、宣传牌，在企业、学校等较大用水单位宣传水法，发放宣传材料。

在《天津日报·新宝坻》栏目设立宣传版块，刊登水利法律、法规知识；在宝坻电视台，以新闻形式对宣传活动进行跟踪报道，发挥广播、电视、网络等各种媒体在宣传教育中的优势，扩大宣传影响覆盖面。在宝坻区（县）广播电视台黄金时段播放水法制宣传专题片《人、水、法》和适应当年社会发展趋势的宣传口号。

二、社会宣传

由水务（水利）局主管水行政执法工作的副局长带队、水政科牵头，组织河道管理所、地资办、节水办、农水科、等单位和部门组成宣传队伍，深入乡村、城镇街道、社区、集市，面向社会宣传水法、发放宣传品。

每年“水周”期间，结合水利工作重点送法下乡，组织河道管理所执法人员深入行洪河道沿岸乡、镇、村，向广大农民群众和居民宣传河道管理方面的法律、法规；组织地下水资源管理办公室执法人员，就地下水资源管理及地下水资源费征收工作，向相关单位及企业用水大户宣传有关法律、法规、节水知识。

三、专题宣传

结合落实水政执法人员培训制度，1991—2010年，每年举办法律培训班，组织学习法律知识。

把每周五下午作为专门学习时间，针对实际工作情况，请县政府法制办、司法局、法院的人员举办专门培训班学政治、学业务、学法律。

宝坻区（县）水务局作为宝坻区（县）水行政主管部门，在水法宣传方面，始终坚持把提高全民水法制意识作为宣传工作的重要环节和基础工作，围绕治水新思路制定普法规划和年度宣传计划，利用上街和深入农村宣传、知识讲座、讲演比赛、专题报告会、座谈会、组织观看水法制宣传电视系列片及相关法律知识等多种形式的水法宣传活动，极大地增强了全社会广大人民群众学习水法、遵守水法的自觉性，水法律、法规日益深入人心。通过宣传，宝坻区（县）各界人士进一步了解了宝坻区（县）水资源紧缺的严峻形势；进一步了解和意识到了水利工程设施的存在就是保障百姓平安和生存的重要性。

第四节 水 政 执 法

1991—2010年，宝坻区水务局共查处违法案件1471起，其中立案查处195起，现场处理241起。恢复堤埝600米，清除违章建筑1600平方米，平整堤顶坡垦荒37.7公顷，汛期河道清障1547处，批评教育和行政处理及行政处罚952人，挽回经济损失198.5万元，避免经济损失498万元。

一、霍各庄镇水泥制品厂用水整治

宝坻区霍各庄镇津围公路两侧水磨石厂林立，用水、排水失控，脏、乱、差的局面影响着农村环境和宝坻形象。2006年7月1日至10月14日，宝坻区水务局组织水政执法人员对霍各庄镇津围公路两侧87户违章取用地下水的水磨石厂进行处理，责令其限期补办取水许可手续，缴纳地下水资源费。共追缴地下水资源费8.2万元，暂扣水泵5台。

二、清除窝铺和阻水渔具

2009年7月，根据宝坻区防汛抗旱指挥部的部署，组织水政执法人员对青龙湾减河引青入潮段的窝铺和箔网、地笼阻水渔具等行洪障碍物进行集中清理，局领导刘福军带队指挥，出动水政执法人员30余人、机动车5部，清理拦河箔网22个，清除地笼20个；拆除窝铺2个。

三、拒缴水资源费案

2009年11月25日，宝坻区地下水资源办公室执法人员上报，宝坻区史各庄镇前何地毯有限公司拒缴地下水资源费1.2万元整。该行为违反了《水法》第四十八条第一款和《取水许可和水资源费征收管理条例》第五十四条规定。

2009年11月25日，宝坻区水务局水行政科执法人员填写了水事违法案件呈批表，经逐层批示，成功立案。委派两名水政执法人员承办本案，到案发地做了现场勘查，制作了现场检查笔录，并照相（提取证据），对前何地毯有限公司经理李某做了调查笔录，查看并复印了2009年11月18日宝坻区地下水资源办公室对前何地毯有限公司下达的地下水资源缴费通知单，以及拒缴阶段地下水开采量统计表（抄水表记录），地下水开采量统计表上有李某签字。11月26日，制作了案件调查终结报告，对前何地毯有限公司下达了责令限期缴纳水资源费决定书，通过对水事违法案件当事人进行水法律法规宣传，并对其说服教育。12月2日，前何地毯有限公司补交了拖欠的地下水资源费1.2万元整。票据复印件入案卷存档，制作了水事违法案件结案报告。

第五节　行　政　审　批

一、建立行政许可制度

2003年8月27日，《中华人民共和国行政许可法》（以下简称《行政许可法》）正式颁布，并于2004年7月1日起施行。《行政许可法》规范了行政许可的设定和实施，保护公民、法人和其他组织的合法权益，保障和监督行政机关有效实施行政管理。宝坻区水务局作为区政府水行政主管部门，经区法制办审核，截至2010年，有行政许可事项26项，宝坻区政府行政许可中心向建设单位发放取水许可证1139件，其中企事业单位373件，农业及农村生活766件。批准许可取水量10409.68万立方米每年。

宝坻区水务局落实行政许可制度，按照宝坻区政府的要求，宝坻区水务局作为第一批行政主体单位，将所有水行政审批事项共计26项与其他有关审批内容的相关单位，同步进入宝坻区行政许可服务中心集中分属办公。同时为履行好此项工作，宝坻区水务局选派两名懂业务、思想好、素质高人员进驻服务大厅，具体负责申报、审批有关水行政业务事项的服务窗口工作。

二、行政许可审批

宝坻区水务局按照宝坻区行政许可服务中心的规定，及时将行政许可事项的性质、法律法规依据、承诺办结时限和服务措施等内容向社会公布。同时结合工作实际，建立服务窗口和服务单位联合审批的高效办理机制，按照“提前导办、专人代办、全程领办、跟踪追办、现场帮办、实时督办”的原则严格落实，努力为申办单位提供便捷高效的服务。截至2010年年底，审批事项办结时限由原来的20天缩减至7～8天，最多不超过15天。

天津市宝坻区行政审批事项见表9-5-57。

表9-5-57 **天津市宝坻区行政审批事项表**

序号	事项名称	承诺办结时限（工作日）/天	法律法规依据	市级审批部门
1	利用河道水库堤顶、坝顶、戗台兼做公路的审批	8	《天津市河道管理条例》	天津市水务局
2	河道管理范围内建排污口或临时设置排污点的审批	8	《中华人民共和国水法》《天津市实施〈中华人民共和国水法〉办法》	天津市水利局
3	河道管理范围内建设项目审批	15	《中华人民共和国河道管理条例》	天津市水利局
4	建设项目水资源论证报告审批	7	《建设项目水资源论证管理办法》	天津市水利局
5	江河、湖泊水工程规划的审查	3	《水利工程建设管理暂行规定》	天津市水利局
6	水利工程建设项目性质、规模、地点变更审批	3	《水利工程建设程序管理暂行规定》	天津市水利局
7	蓄滞洪区新建、改建、扩建的项目审查	8	《天津市蓄滞洪区管理条例》	天津市水利局
8	凿井审批	7	《天津市取水许可管理规定》	天津市水利局
9	取水许可审批	3	《取水许可和水资源费征收管理条例》《天津市实施〈中华人民共和国水法〉办法》	天津市水利局

续表

序号	事项名称	承诺办结时限（工作日）/天	法律法规依据	市级审批部门
10	河道管理范围内采砂、采石、取土的审批	7	《天津市河道管理条例》	天津市水利局
11	河道管理范围内钻探、开采地下资源进行考古发掘的审批	15	《天津市河道管理条例》	天津市水利局
12	在河道内固定船只，修建水上设施的审批	8	《天津市河道管理条例》	天津市水利局
13	开发建设项目水土保持设施验收	5	《天津市实施〈中华人民共和国水土保持法〉》	天津市水利局
14	蓄滞洪区内防洪工程验收	8	《天津市蓄滞洪区管理条例》	天津市水利局
15	河道护堤、护岸、林木砍伐批准	7	《天津市河道管理条例》 《中华人民共和国防洪法》	天津市水利局
16	涉及公共利益、公共安全、工程建设，强制性标准内容的水利工程施工图审查	8	《天津市水利工程建设管理办法》	天津市水利局
17	向其他非专用排污河道、渠道、水库、排水管网排污排沥的，排污口的设置、扩大的审批	8	《中华人民共和国水法》 《天津市实施〈中华人民共和国水法〉办法》	天津市水利局
18	农村集体经济组织修建水库的审批	8	《天津市水利工程建设管理办法》	天津市水利局
19	非防洪建设项目洪水影响评价报告审批	7	《天津市河道管理条例》 《中华人民共和国防洪法》	天津市水利局
20	城市建设填堵水域、废除围堤审批	15	《天津市河道管理条例》	天津市水利局
21	河道、湖泊管理范围内工程设施建设位置和界限审批	8	《天津市河道管理条例》	天津市水利局
22	开发建设项目水土保持方案编报审批	5	《天津市实施〈中华人民共和国水土保持法〉》	天津市水利局

续表

序号	事项名称	承诺办结时限（工作日）/天	法律法规依据	市级审批部门
23	在河道范围内新建、扩建、改建建设项目	15	《中华人民共和国河道管理条例》	天津市水利局
24	新建、扩建、改建的建设项目需要申请取水的审批	7	《取水许可和水资源费征收管理条例》《天津市实施〈中华人民共和国水法〉办法》	天津市水利局
25	在河道中设置渔具的审批	7	《天津市河道管理条例》	天津市水利局
26	水利工程基建项目初步设计文件的审批	8	《天津市水利工程建设管理办法》	天津市水利局

第十章

规划、科技、教育

水利规划着眼于水利长远发展，坚持把水资源可持续利用和节水工程、供水工程建设作为工作重点，促进宝坻区经济社会可持续发展的中长期战略为重要工作，1991—2010年，编制完成的主要规划有《调整农村水利十年规划纲要和“八五”计划》《宝坻县水利建设“九五”计划和2010年远景规划》《宝坻县“十五”水利规划》《宝坻区水务发展“十一五”规划》《黄庄洼人工湿地建设规划》《天津市宝坻区节水型社会建设规划》《宝坻区城区水系规划》《宝坻区东淀湿地修复的设想与规划》等多项水利规划，为促进宝坻区（县）国民经济建设和社会发展奠定了基础。

科技教育工作。宝坻区水务局以强化科技支撑，推进科技兴水，提高水利科技与信息化水平为主线，于1997年1月成立了宝坻区（县）水利科技推广中心。宝坻区（县）水利学会组织开展多形式、多渠道的干部职工教育培训和学术交流，以满足水利发展对职工素质提升的现实需求，有效提高水利干部职工的整体业务和技术水平。

第一节 水 利 规 划

一、水利发展综合规划

（一）调整农村水利十年规划纲要和“八五”计划

1993年8月，编制完成《调整农村水利十年规划纲要和“八五”计划》。该规划从自然条件、社会经济情况、农村水利现状3个方面，阐述农业发展要求和农村水利存在的问题，从指导思想和基本原则、水源工程、灌排工程、农村防洪工程、节水工程、水土保持、人畜饮水、工程管理、水利科技发展、平衡计算10个方面对水利发展做出规划。规划解决的突出问题有：防洪安全与经济建设极不适应；农业用水供需矛盾加大；沥涝威胁依然存在；由于资金短缺，支斗毛渠相配套的桥、闸、涵管工程没有跟上，严重影响各类渠道供排水的效益。规划的主要目标为：实现防洪组织专业化、管理规范化、通信现代化，根治蓟运河，建设北部安全屏障，初步建成宝坻县防洪安全体系；建成具有较高水平的农田排水综合配套工程体系；大力推进蓄水工程建设，加快水资源开发，建成能满足农业和乡镇企业发展需要的自备水源和供水工程体系；普及管道灌溉和防渗渠道灌溉，落实节水设施，井灌区实现管道化，大洼地区基本实现渠道防渗化；初步建成水利设施良性循环的投资机制和管理体制。

（二）宝坻县水利建设“九五”计划和2010年远景规划

1995年8月，编制完成《宝坻县水利建设“九五”计划和2010年远景目标》。该规划结合宝坻县农田水利现状及存在问题，从水资源开发工程建设、防洪工程建设、除涝工程建设、农田配套工程建设、城乡供排水工程建设、通信工程建设、发展综合经营、建立水利良性循环体制8个方面对“九五”发展做出规划，并对2010年远景发展提出设想。

（三）宝坻县“十五”水利规划

1999年，完成《宝坻县“十五”水利规划》的编制工作。该规划对2000年后五年水利事业的发展目标和重点工作任务进行了总体设计。

在“十五”期间，完成八道沽扬水站、董塔扬水站的更新改造；完成大黄堡洼滞洪区撤退路工程；完成城区排污明渠郝庄段清挖工程和革命渠排污泵站新建工程；里自沽灌区改造工程累计完成混凝土防渗渠道372.7千米、低压管道166.1千米；人畜饮水工程规划完成新打、更新机井465眼；小型农田水利工程，修建防渗明渠94.06千米，低压管道294.2千米，新打机井156眼，新增节水面积5000公顷，增加灌溉面积1733.33公顷；建设城区应急水场工程、周良庄项目区（京津新城）和天宝工业园地下水供水厂工程。

按照规划，列入2005年工程计划的还包括潮白新河大套扬水站新建工程、京津新城工业园扬水站工程和潮白新河里自沽蓄水闸维修加固工程。

（四）宝坻区水务发展“十一五”规划

2005年1月，编制完成《宝坻区水务发展“十一五”规划》。该规划从供水、防洪和除涝、农业节水工程、水资源管理配置和节约与保护、水生态环境建设与水行政管理、科技发展与信息化建设8个方面，对2005年后五年的发展目标和重点工作任务进行了总体规划，展望了2010年的水务发展方向，并按类别和实施年份详细列举了重点工程项目，初拟了投资来源。

该规划对“十一五”期间水务发展趋势进行了预测和分析，提出了“十一五”期间水务发展要突出社会管理和公共服务职能，努力满足经济社会发展对饮水安全、防洪安全、粮食用水安全、经济用水安全和生态用水安全的需求。为加强城区及园区供排水、农业蓄供水、灌区节水、防洪除涝、农村饮水以及生态环境建设和全区经济发展提供水利保障。

该规划确定了“十一五”水务发展的指导思想，就是突出以人为本，把科学发展观和“五个统筹”的要求充分融入“十一五”水利发展的各项工作中，全面规划，统筹兼顾，标本兼治，综合治理、兴利除害，开源节流并重，防洪抗旱并举，因地制宜，突出重点，全面提升水务服务经济社会发展的能力，全面促进水资源的可持续利用。

该规划提出了提高城区供水保障能力；防洪工程建设；除涝工程建设；水资源管理、配置、节约与保护；水生态环境建设；科级发展与信息化建设和对 2020 年远景的展望等。

（五）其他综合规划

1991—2010 年，宝坻区水务局编制了《天津市水利综合规划》中宝坻区部分规划、《宝坻区水利十年发展规划》。完成《宝坻区水务发展“十二五”规划》前期工作。

二、水利专项规划

（一）黄庄洼人工湿地建设规划

2003 年，完成《黄庄洼人工湿地建设规划》，该规划旨在通过建设黄庄洼湿地，提高农业效益、改善生态环境、增加农民收入，提高和改善人民生活水平。该规划对黄庄洼地理位置、气象气候、蓄水能力、社会经济概况、水利工程现状等基本情况进行了分析，并对建设后的水源保障、建设效益评价、湿地的功能等进行了论证和评估。

（二）天津市宝坻区节水型社会建设规划

2006 年 1 月，编制完成《天津市宝坻区节水型社会建设规划》。该规划对宝坻区水资源及开发利用，水资源合理配置，节水型社会主要建设内容、总体安排与实施方案、保障措施进行全面规划。当年，该规划获宝坻区政府批准实施。

节水型社会主要建设内容为：用水排污总量控制，提高各类水源的重复利用率，在达标排放的基础上控制排污总量、减轻水体污染，建立初始排放权制度，严惩超标排污，奖励减污排放，未用完的污水排放指标由政府收购，禁止流转。

水资源科学调配。宝坻城区和农村生活用水水源主要为引滦水和地下水，基本可以得到保障。生产用水有所欠缺，只能通过生活、生产两方面节水来补充。生态缺水量较大，现状用水是通过污水处理来补充的。宝坻区必须建设新水源工程，充分利用各种水源。

产业结构和产业布局的调整，通过调整产业结构、产业布局，做到农业用水生态化。

建立农业、工业、城市生活节水措施，建设高效管理体制，加强制度建设，加强能力与意识培养，建设工程设施体系。

（三）宝坻区东淀湿地修复的设想与规划

2006 年 5 月，编制完成《宝坻区东淀湿地修复的设想与规划》，东淀湿地位于宝坻区东南部的大黄堡洼蓄滞洪区内，东为青龙湾减河故道，南与宁河相邻，西至三支渠，北为东淀村以南。地面高程为3.1～3.7米，现存湿地面积240公顷，其中尔王庄乡为133公顷，涉及潘套、四棵树、黄金庄、程泗淀4个村庄；大唐庄镇为106.7公顷，主要为东淀村村南。按此规划拟将现存湿地面积恢复到533.3公顷至666.7公顷，计划投资1357万元。

建设东淀湿地的主要设想：一是利用北京地区的城市中水，通过湿地生态系统的物理、化学和生物作用，净化水质，大规模发展芦苇产业和调整水产养殖模式，实现水资源的综合利用，促进生态环境改善。二是大力开展雨洪资源利用工作，提高湿地纳水能力。发挥隐形水库的作用，以蓄代排，缓解汛期排水压力，提高农业抗灾能力。在宝坻区水源调蓄能力不能满足农业生产需要的情况下，将湿地作为水库，利用湿地蓄水，可有效地增加蓄水能力，提高灌溉保证率。三是通过水利基础设施建设，用工程措施保证湿地给排水功能的提升，促进宝坻区农业结构调整，改善农业生产条件。

（四）宝坻区城区水系规划

2008年9月，编制完成《宝坻区城区水系规划》，该规划明确了城区的功能定位和规划范围；对城区的河、渠进行规划，还对工程措施、综合利用、防洪效益、生态效益、经济效益、社会效益、远景展望等方面做出了规划。

该规划明确了宝坻区水系治理范围，东至引滦明渠，南至潮白新河，西至引泃入潮、北干渠，北至鲍丘河，形成“四湖两环六廊”的水系布局。

河渠治理。计划治理窝头河11.75千米、百里河15.4千米、革命渠3.4千米、幸福渠1.22千米、蓟潮引渠4.82千米、西护城河1.8千米。河坡正常蓄水位以下采用混凝土板护砌，蓄水位以上采用混凝土草皮板护砌，沿河坡做1.0米宽的亲水长廊，适当设置亲水平台、路灯、石登等设施，堤顶植草坪。

城区景观水面打造。在开元桥东侧开挖开元湖，在黑豆窝村北、前朝霞南开挖潮阳湖、拓挖朝霞公园、桃湖公园，新增水面66.67公顷。

环城水系建设。打通百里河，恢复被挤占的城区水系，改善城区水体功能。利用北干渠和鲍丘河，形成城区水系布局。

两大主要措施：一是打破常规，采取拆迁、清挖措施，让水、还水、保水，使水畅其流；二是抢抓先机，开挖湖面，构筑控制设施，增水、阔水、活水，使城水交融。

（五）其他规划

1991—2010年，宝坻区水务局编制完成《宝坻区农田水利建设规划》《宝坻区小型水库建设规划》《2003—2010年农田排涝规划》及《宝坻区城乡水环境治理规划》等。

第二节　水　利　科　技

一、科技组织

水利科技推广中心成立于1997年1月，是全额拨款事业单位，注册资金10万元。水利科技推广中心是宝坻区水务局下属科级单位，承担着全区农村水利工程规划、设计、工程组织实施、工程监理、工程竣工验收、工程资料整理、农田水利工程配套的情况汇总、农田基本建设、水利工程专业技术人员培训及水利科技的引进、推广、应用等项工作。

为了加强宝坻区农村水利建设与管理工作，提高管理水平，积极引进和推广国内比较先进的节水工程施工工艺、农业节水灌溉和技术，取得了比较好的社会效益和工程效益。

为了提高水利职工的技术素质，宝坻区水务局有计划地组织干部、职工进行业务、技术培训。2000年7月，组织了英语、计算机、WTO培训班，110人参加了培训；21名公务员参加了电子政务培训，755名职工参加了高级技能培训，664名职工参加了中级技能培训，414名职工参加了初级技能培训。2009年，专业技术人员中具有高级职称15人，中级职称37人，初级职称59人。2002—2006年举办了5期（每期40天）机电工人培训班，每期70人参加培训；111名水政监察员通过了市政府法制办公室组织的执法资格考试。此外，还鼓励干部、职工积极参加函授教育，不断提高文化素质和业务水平。

二、科研项目

1991—1995年，参与完成农田工程节水技术大口径管材研究项目。该项目为天津市科委的科研课题，由天津市水利科学研究所承担，宝坻县水利局、宝坻县大钟庄镇水利站参加大口径管道灌溉节水试验。

天津市水利科学研究所拥有国内先进的塑料制管工艺，在吸收西班牙Rib～LOC技术资料的基础上，与天津市十六塑料厂联合，进行大口径管材试验，选定宝坻县大钟庄镇滩沽和武清县老米店两处，于1990—1992年进行灌溉节水试验，在宝坻县大钟庄镇滩沽村取得了很多试验数据，1993年又在老米店再次验证，在试验数据完全正确的基础上，在老米店率先推出适合地表水灌区较大流量的新型管材，取得了PVC肋式卷绕管的实用经验。山东、新疆等省（自治区）将该科研成果引进，并在本地区大面积推广。该科研成果1995年获天津市科技进步三等奖。

1991年，研制成功“机井钢筋骨架过滤器”，获天津市科技成果三等奖。

1996年，参加“盘山花岗岩偏硅酸锶型原成因研究”，获地矿部科技进步三等奖。

2004年，配合天津农学院、中科院在大口屯大新设施农业园区、史各庄镇扬新设施农业园区进行自动化微灌项目实施研究。

三、科技成果推广

（一）水稻浅、湿、晒节水灌溉技术

自1997年，宝坻县开始引进推广水稻浅、湿、晒节水灌溉技术，此技术的主要特点是：浅水插秧、间歇灌溉、落干烤田，湿润灌溉和停水落干，周期为130天。

1997年，在八门城等乡镇涉及11个村队对浅、湿、晒技术进行推广2333.3公顷，到1999年推广4666.6公顷，共节约水资源5000万立方米，节电82.6万千瓦时，共增产稻谷371万千克，共创产值833万元。

（二）抗旱生长剂——FA旱地龙

1999年大旱，大部分禾苗受灾，水利科技推广中心查看旱情，推广了先进的多功能植物抗旱生长剂——FA旱地龙。FA旱地龙抗旱剂通过喷施有效地控制植物叶片气孔的开张度，减少植株水分散失，促进根系增长，提高根系活动。利用其“有旱抗旱，无旱节水增产”的双重功效，缓解农业因缺水受到的威胁。1998年，在赵各庄推广旱地龙300千克，喷施面积133.3公顷，在点上试验成功后，进行大面积推广，到1999年共推广旱地龙1440千克，喷施面积600公顷，共增产18550千克，其中小麦180公顷，每公顷增产375千克；玉米113.3公顷，每公顷增产300公斤；水稻200公顷，每公顷增产300千克；其他经济作物106公顷，每公顷增产225千克。

（三）节水技术应用

喷、滴、灌技术。灌溉水利用率可达90%以上，节水80%，节能60%，省工80%，增产20%。

应用混凝土防渗渠道现场浇注施工技术。在区重点工程里自沽灌区节水改造工程中，工程进度提高了50%以上，单位工程投资减少20%。

渠灌区大口径地下输水暗管技术。该项技术的推广应用起到了节水、节地、节省投资等综合效益，深受农村干部、群众的欢迎，2010年发展节水面积10994.4公顷，每年可节水5000万立方米，节约土地面积1099.3公顷。

四、水利学会

1980年5月，成立水利学会，会员42人，理事长张世琥，秘书长王尊德。2010年，宝坻区水利学会有单位会员11个，包括：防汛办公室、水利科级推广中心、排灌站、河道所、地资办、工程科、水资源管理办公室、自来水管理所、工程公司、修配厂、局机关；个人会员60人，其中女性27人，专职工作人员1人，办事机构负责人3人。

宝坻区水利学会组织全体会员进行业务培训、学术交流和科学技术考察活动，普及科学知识，传播科学精神、科学思想和科学方法，推广先进技术，结合宝坻区水利实际，号召广大会员积极撰写论文，截至2010年，在不同刊物上发表论文39篇，分别如下。

张士兴撰写的《微机在水利工程预算中的应用》在1997年《天津水利》第四期发表。

兰桂芹撰写的《走农业节水之路，促农民增收之举》在2005年宝坻区科技大会交流并发表文章；撰写的《税费改革后农田水利建设新途径探讨》在2008年《天津水利》第一期发表；撰写的《里自沽灌区节水改造工程效益及问题分析》在2008年《中国水利学会2008年学术年会论文集》（上册）发表；撰写的《对里自沽灌区改造及运行管理的思考》在2009年国家级刊物《灌区建设与管理》第二期发表；撰写的《推行用水户参与灌溉管理创新灌区建设新机制》在2009年国家级刊物《灌区建设与管理》第六期发表。

李广泉撰写的《宝坻区农村水利工程建设管理情况调研报告》在2005年《天津水利》天津市水利科技信息专刊发表；撰写的《论创新农业节水模式》在2005年《天津水利》建设社会主义新农村专刊发表；撰写的《推行建立农民用水者协会的成效与体会》在2006年《天津水利》第二期发表；撰写的《里自沽灌区推行农民用水者协会的实践与思考》在2006年全国大型灌区管理体制改革会议上交流文章；撰写的《搞好农村水利工作，为我区农业创造良好的水利环境》在2006年天津市农村水利工作座谈会上交流文章；撰写的《里自沽灌区建设、经营、供水价格调整调研报告》在2006年全国百家水管单位会议上交流报告。

芮桂君撰写的《浅谈宝坻县水资源利用与管理》在1995年《天津水利》第三期，与王长庚合著发表；撰写的《推行建立农民用水者协会的成效及体会》在2006年《天津水利》第二期发表；撰写的《南水北调工程水价形成机制初步分析》在2007年《天津水利》第四期发表；撰写的《天津再生水回用农灌供水水价及相关保障措施分析》在

2007 年《天津水利》第四期发表；撰写的《宝坻区推行农民用水者协会的实践与启示》在 2008 年《天津水利》第一期发表；撰写的《对新形势下开展农田水利基本建设的思考》在 2008 年《天津水利》第三期发表。

张绍江撰写的《新时期机井工程的管理维护》在 2003 年《天津水利》第三期发表；撰写的《浅谈水利工程施工质量管理与监控》在 2003 年《天津水利》第三期增刊上发表；撰写的《区县地资办远程网络通讯调研探析》在 2003 年度天津市地下水资源管理学术年会上交流文章，该文章被天津市水利学会、天津市地质学会评选为优秀学术论文，获得荣誉证书。

孙振莲撰写的《试论水资源优化配置在宝坻区的必要性》在 2006 年国家级刊物《地下水》杂志第 3 期上发表；撰写的《论水利工程施工成本控制》在 2008 年《天津水利》第二期作为第一作者发表。

许桂芬撰写的《新型防水材料及施工技术在老庄子扬水站渗漏处理中的应用》在 1999 年《天津水利》第一期杂志上发表；撰写的《宝坻区三类扬水站存在的问题及对策》在 2007 年《天津水利》第二期发表。

吴铁祥撰写的《中小型水利工程施工质量控制》在 2006 年《天津水利》第二期发表；撰写的《钻孔灌注桩常见质量问题与防治措施》在 2006 年《天津水利》第二期发表；撰写的《宝坻区节水型农村建设探讨》在 2006 年《天津水利》第四期发表。

刘文静撰写的《高分子堵漏材料在牛家牌穿堤涵洞渗漏加固工程中的应用》在 2008 年《天津水利》第二期作为第一作者发表；撰写的《水利工程中 3d max 设计经验浅谈》在 2008 年《天津水利》第二期作为第二作者发表；撰写的《箭杆河泵站技术改造前机组性能测试与分析》在 2009 年《天津水利》第二期发表。

朱永存撰写的《软坝在水利工程中的应用》在 2005 年《天津水利》上发表。

张向东撰写的《西庄沽险工段招投标探讨》在 2001 年《海河水利》第 2 期发表；撰写的《多头小直径深层搅拌桩截渗墙在蓟运河西庄沽治理工程中的应用》在 2001 年《天津水利》第三期发表。

王长庚撰写的《引滦明渠回顾》在 1994 年 12 月《宝坻文史资料选辑》第七辑上刊登；与芮桂君合著的《浅谈宝坻县水资源利用与管理》在 1995 年《天津水利》第三期发表；撰写的《潮白河的河流变迁史》在 1998 年《天津水利》第四期刊登，荣获 1998 年天津市水利学会优秀学术论文证书；撰写的《宝坻治水“专家”刘志礼》在 1999 年 5 月《宝坻文史资料选辑》第十辑上刊登；参加并主编的《宝坻县水利志》于 2001 年 8 月由天津科技出版社出版发行。

刘国信撰写的《浅谈增强建筑企业市场竞争力的途径和方法》在 2001 年 11 月 20 日《海河水利》增刊发表，后在 2001 年 12 月被收录在《走向未来启示录——中国新时期人文科学优秀成果精选》一书中。

论文及著作发表统计见表10-2-58。

表10-2-58　**论文及著作发表统计表**

姓名	文章名称	发表时间	刊　　物
张士兴	《微机在水利工程预算中的应用》	1997年	《天津水利》第四期
兰桂芹	《走农业节水之路，促农民增收之举》	2005年	宝坻区科技大会发表并交流文章
	《税费改革后农田水利建设新途径探讨》	2008年	《天津水利》第一期
	《里自沽灌区节水改造工程效益及问题分析》	2008年	《中国水利学会2008年学术年会论文集》（上册）
	《对里自沽灌区改造及运行管理的思考》	2009年	《灌区建设与管理》第二期
	《推行用水户参与灌溉管理创新灌区建设新机制》	2009年	《灌区建设与管理》第六期
李广泉	《宝坻区农村水利工程建设管理情况调研报告》	2005年	《天津水利》天津市水利科技信息专刊
	《论创新农业节水模式》	2005年	《天津水利》建设社会主义新农村专刊
	《推行建立农民用水者协会的成效与体会》	2006年	《天津水利》第二期
	《里自沽灌区推行农民用水者协会的实践与思考》	2006年	全国大型灌区管理体制改革会议
	《搞好农村水利工作，为我区农业创造良好的水利环境》	2006年	天津市农村水利工作座谈会
	《里自沽灌区建设、经营、供水价格调整调研报告》	2006年	全国百家水管单位会议
芮桂君	与王长庚合著发表《浅谈宝坻县水资源利用与管理》	1995年	《天津水利》第三期
	《推行建立农民用水者协会的成效及体会》	2006年	《天津水利》第二期
	《南水北调工程水价形成机制初步分析》	2007年	《天津水利》第四期
	《天津再生水回用农灌供水水价及相关保障措施分析》	2007年	《天津水利》第四期
	《宝坻区推行农民用水者协会的实践与启示》	2008年	《天津水利》第一期
	《对新形势下开展农田水利基本建设的思考》	2008年	《天津水利》第三期

续表

姓名	文章名称	发表时间	刊　物
张绍江	《新时期机井工程的管理维护》	2003年	《天津水利》第三期
	《浅谈水利工程施工质量管理与监控》	2003年	《天津水利》第三期增刊
	《区县地资办远程网络通讯调研探析》	2003年	天津市地下水资源管理交流年会
孙振莲	《试论水资源优化配置在宝坻区的必要性》	2006年	《地下水》第3期
	《论水利工程施工成本控制》第一作者	2008年	《天津水利》第二期
许桂芬	《新型防水材料及施工技术在老庄子扬水站渗漏处理中的应用》	1999年	《天津水利》第一期
	《宝坻区三类扬水站存在的问题及对策》	2007年	《天津水利》第二期
吴铁祥	《中小型水利工程施工质量控制》	2006年	《天津水利》第二期
	《钻孔灌注桩常见质量问题与防治措施》	2006年	《天津水利》第二期
	《宝坻区节水型农村建设探讨》	2006年	《天津水利》第四期
刘文静	《高分子堵漏材料在牛家牌穿堤涵洞渗漏加固工程中的应用》第一作者	2008年	《天津水利》第二期
	《水利工程中3d max设计经验浅谈》第二作者	2008年	《天津水利》第二期
	《箭杆河泵站技术改造前机组性能测试与分析》	2009年	《天津水利》第二期
朱永存	《软坝在水利工程中的应用》	2005年	《天津水利》
张向东	《西庄沽险工段招投标探讨》	2001年	《海河水利》第2期
	《多头小直径深层搅拌桩截渗墙在蓟运河西庄沽治理工程中的应用》	2001年	《天津水利》第三期
王长庚	《引滦明渠回顾》	1994年	《宝坻文史资料选辑》第七辑
	与芮桂君合著发表《浅谈宝坻县水资源利用与管理》	1995年	《天津水利》第三期
	《潮白河的河流变迁史》	1998年	《天津水利》第四期
	《宝坻治水“专家”刘志礼》	1999年	《宝坻文史资料选辑》第十辑
	《宝坻县水利志》	2001年	天津科技出版社出版发行
刘国信	《浅谈增强建筑企业市场竞争力的途径和方法》	2001年	《海河水利》增刊发表，后被收录在《走向未来启示录——中国新时期人文科学优秀成果精选》

第三节　水　利　教　育

一、学历教育

1991—2010年，宝坻区水务局干部职工在局党委的倡导和鼓励下，自愿参加函授教育，刻苦钻研科学文化和专业知识，努力把自己打造成适合现代化水利事业发展的人才。

2005年，宝坻区水务局在职人员通过再教育获得大学专科证书的13人，取得专升本证书的8人。2006年，宝坻区水务局干部、职工通过再教育获得大学专科证书的9人，获得专升本证书的11人。截至2010年，103人取得大专文凭，36人取得本科文凭，带动了全局职工文化素质的提高。

二、公务员培训

电子政务培训：2000年局公务员及局属基层单位副科级以上干部均参加培训；2005年选派21名公务员参加了培训；2006年部分公务员参加了培训。

英语培训：2000年7月全体公务员及局属基层单位副科级以上干部参加了学习培训。

WTO培训：2000年7月全体公务员及局属基层单位副科级以上干部参加学习培训。

2006年，全体公务员参加了公共管理知识培训。

2008年，全体公务员参加公文写作培训，有21人参加培训。

2009年，组织开展公务员及科级干部更新知识培训，有54人参加。

三、专业技能培训

2002—2005年，每年一期，用40天时间对区水务局70名机电工人进行了培训。

2005年，选派63名职工参加了技术等级培训；选派20人参加了宝坻区政府法制办和宝坻区普法办举办的法律培训班；111名水政人员通过了天津市政府法制办组织的执法资格考试。

2006年，宝坻区水务局举办了职工技能培训。

2006年、2007年、2008年，水利工程技术人员参加专业培训，共111人次。

2009年，组织政工人员职称评定，7人取得助理政工师；组织开展水政监察人员学习培训活动3次，参加培训人数总计170余人；举办行政复议知识答题活动1次、学法用法知识竞赛1次；组织职工技能培训，并在区水务局排灌站成功举办了首届职业技能大赛。

2010年，组织地下水动态知识培训，有38人参加；组织水法知识培训，有100人参加；组织防洪抢险培训，有175人参加；组织国家级水利普查培训，有4人次参加；组织市级水利普查培训，有20人参加。

第十一章

水利经济

水利经济作为水利事业的重要环节，为其整体发展提供了强有力的支撑。宝坻区水务局不断发展水利经济，积极争取各类资金投入，加强水利工程建设，逐步完善防御体系。坚持完善水利财务管理制度，加大财务管理力度，提高财务人员的业务和管理水平，依法合理综合经营，促进水利经济安全可靠运行，保障水利事业健康有序发展。

第一节 财 务 审 计

一、财务管理

为切实加强财务管理，提高财务人员工作水平和管理水平，宝坻区水务局把制度建设放在首位，参照国家有关财经纪律、法规，根据水利系统的实际情况，1991—2010年先后制定了《水利财务管理制度》《固定资产保值增值管理规定》《企业管理费收缴管理办法》《宝坻区水务局财务集中管理办法》和《招待费审批、报销办法的有关规定》。每年进行两次财务检查，严肃财经纪律，纠正不合理开支，财务管理逐渐实现制度化、规范化、法制化。财会人员每年进行一次培训，聘请专家和讲师讲课，同时，组织在岗会计人员参加财政局每年进行的继续教育，进一步提高财会人员专业水平和技术能力。水利系统财会人员均持证上岗，1996年，宝坻县水利局有会计师3人，助理会计师5人，截至2010年，水务系统有高级会计师1人，会计师10人，助理会计师2人。

从2002年开始，宝坻区水务局机关及所属8个基层单位的财会人员全部集中办公，实现了全局会计工作电算化。

1991—2010年，财务管理制度不断完善，资金的使用和管理水平逐步提高，对水利事业的健康发展起到了应有的保驾护航的作用。科学地把握水利为国民经济提供支撑与水务系统自身加强经营管理的关系，完成从“小财务”到“大财务”转变，建立适应社会主义市场经济要求的新型水利财务管理体制；严格资金管理，推进财务管理体制改革，强化监督，科学地把握内部控制与外部约束的关系，完成从重视资金收支的监督管理向监督检查资金流动全过程，提高资金使用效果的转变，建立适应水务实际情况的财务统一管理体制；加大制度建设力度，财务制度体系已基本形成，财务监管业已规范；内控机制逐步完善，保障水务资金安全。

会计报账制度。局属基层单位具有法人资格的建立财务机构并独立设账。凡设财务机构的单位，年初都要编报经费预算，报局党委审批后实施，每月底上报财务的收支情况。工程建设单位和企业正常生产性开支严格执行预算，实行成本核算，报主管局长审批后实施。非生产性开支编报计划，报财务科审批，0.5 万元以内由主管财务局长审批，0.5 万元以上的报局党委审批。

所有开支票据都要 3 人以上（含经办人、分管领导、主管财务领导）签字，否则财务部门不准报销。公用经费开支由主管财务领导签字审批后方可开支。单位来客招待，统一由办公室安排。一般在机关食堂用餐，由单位一把手审批。私人借款原则上为不借，特殊情况下由主管财务的领导审批。

二、资产管理

采取统一管理、分级负责的方法。各单位建立固定资产账目按国家标准规定计提折旧费，折旧费用于发展再生产性开支。固定资产增加，履行申报手续，按资金管理权限审批。固定资产的报废处理和变卖，造册登记，由财务科审核，报局党委审批，按市场公开招标拍卖。

三、审计

随着国家对农村水利事业的重视，为规范水利资金的使用，切实发挥资金的最大效益，推进水利事业的新发展，实现宝坻区水利事业的新跨越，提供更加有力的资金保障，1998 年，宝坻区水务局设置财务审计科，人员编制 4 人，负责水务系统内部财务审计工作。审计职能包括：工程项目审计，科级干部离任职务审计，局属单位财务、经济状况审计，监督项目使用情况审计，同时做好上一级主管部门审计前的准备工作，提高工作人员业务素质，安排相关人员不定期参加宝坻区审计主管部门举办的专业学习和业务培训。

审计基础工作的重点是制订审计计划，实施审计程序，获取相关审计证据，做出审计结论以及审计资料归档。

（一）制订审计计划

1991—2010 年，为保证宝坻区水务局党委每年年初确定的经济工作重点及总体工作安排的顺利实施，宝坻区水务局财务审计科针对其各下属单位的财务、工程建设及相关项目开展情况，制订每年度审计计划。计划内容包括：年终对局属单位的财务状况进行审计；对局属单位专项资金不定期进行监督和审计；年终对局属单位领导目标责任完成情况进行评价和监督。

（二）制定审计方案

宝坻区水务（水利）局结合局属各单位的性质，确定每年的审计方案，其重点内容包括：对全额拨款的局属单位重点审计预算的执行情况；对差额拨款的事业单位重点审计预算资金的使用和经济效益完成情况；对自收自支的单位，分别对其材料采购、付款方式、销售情况、收款方式、货物仓储以及筹资与投资等情况实施审计。

（三）审计资料归档

审计终结60天内，对审计计划、审计方案、审计报告等审计工作各项资料进行整理归档，由专人负责保管。因工作需要，审计资料的查阅、外借、销毁，需经档案管理人员、经办人、财务负责人三方签字。

（四）审计工作项目

1. 工程项目审计

1991—2010年，国家为发展水利事业投入了大量的资金，建设的主要项目有小型农田水利工程建设、河道治理维修工程建设、除涝工程建设、城区供水管网改造工程建设、供水水厂工程建设、机井工程建设等。资金的来源包括中央投资、天津市投资、宝坻区财政投资和宝坻区地方自筹资金。

由于来源的重要性、实用性、多样性，审计工作是重中之重，所以完善各项工程项目资金的规范管理和使用，是宝坻区水务局财务审计部门主要职责之一。2004—2008年，宝坻区水务局审计科先后对里自沽灌区改造工程进行了跟踪审计，里自沽改造工程累计投资4950万元，其中国家支持1800万元，地方自筹3150万元，里自沽灌区管理处作为建设单位，专门设立银行账户，施工单位独立设账，一切开支票据齐全合理，各年度工程财务均符合国家相关要求。

通过内部监督审计，确保了各种不同渠道资金足额到位并做到专款专用。而且对财务科目进一步规范化，账务设置进一步标准化，保证上一级审计顺利进行起到了一定的促进作用。

2. 干部离任审计

宝坻区水务（水利）局实施干部离任审计工作，参照1985年8月国务院发布的《关于审计工作的暂行规定》，以及1999年5月中共中央办公厅、国务院办公厅联合下发的《关于对县级以下党政主要领导和国有企业领导人员实行经济责任审计》2个文件精神作为离任审计的依据。

2002—2010年，宝坻区水务（水利）局先后对局直属单位的科级干部实施了离任审计。对离任干部所在单位的经济状况、个人经济责任及廉政表现的审计，可以具体验证一个单位的经营状况，一个干部使用权利以及所尽义务和责任的情况。不仅为上一级领导机关正确地综合考核评价一个单位及任用干部提供翔实可靠的依据，而且为发展水利事业搭建了良好的平台。

3. 财务状况审计

根据宝坻区水务（水利）局整体经济建设工作的开展，为重点把好财务管理关，切实为基层负责，为基层服务，为水务（水利）局党委正确任用和选拔干部提供依据，每年年终对局属单位进行一次内部财务状况审计，即监督检查全年收支情况、职工工资发放情况以及领导鉴定工作目标责任书中内定各种指标的完成情况。通过审计进一步规范各单位的财务管理，堵塞管理漏洞，完善管理制度，为水务的经济发展保驾护航。其内部审计程序如下。

审计计划：每年年初由局财务审计科制订年度审计计划。

审计实施：检查账簿、凭证、会计报表，同时提出问题，分析问题原因，提出解决方案并与被审单位负责人沟通交流审计情况。

审计报告：根据审计结果，出具审计报告。

后续审计：财务审计科对被审计单位存在的问题，以及提出整改方案的落实情况，再次进行监督和督促。

第二节 综合经营

一、企业状况

1991—1996 年，宝坻区水利局局属企业有水利建筑工程公司、水利机械修配厂、水利机井队、水利车队、服装旅游制品厂、利维高服装运动用品有限公司等。

水利制管厂 1991 年 3 月在城关乡水利站正式挂牌成立，李广启任厂长，主管水泥管等。

水利建筑工程队 1991 年 10 月晋升为市级二级建筑企业，1993 年 7 月 26 日更名为水利建筑工程公司，1994 年被天津市政府评为“重合同守信誉单位”。

水利机械修配厂在 20 世纪 90 年代初期，是华北地区生产太阳能热水器的唯一生产厂，生产的太阳能热水器畅销全国，是物美价廉、质量信得过产品。2001 年，水利机械修配厂在地下水资源管理办公室的帮助下，研制了 2 米焊接无砂混凝土管，产品畅销市场，为企业进一步发展创造了条件。

水利机井队。1992 年在原水利机井队的基础上，组建“天津市宝坻县基础工程公司”，1993年被天津市建委评为地矿三级企业，1995年被天津市建委授予地基基础三级资质证书。

水利车队1996年被有关部门授予“信得过单位”，下属有3个企业，即天津康欣塑胶制品有限公司、水利汽车修配厂和水利汽车配件门市部。

服装旅游制品厂1992年4月与香港华天贸易公司联营，组建华联制衣有限公司，主要经营生产和销售各种服装、帐篷、睡袋及旅游制品，产品远销美国、加拿大、德国等十几个国家和地区，深受国外客户的好评。1992年被评为“全国水利系统综合经营先进单位”。

利维高服装运动用品有限公司于1993年4月成立，主要经营服装、运动防护服。产品85%销往美国、法国、德国等十几个国家和地区，1999年被天津市定为保税工厂，1996年被天津市政府授予“质量信得过单位”。

1996年年底，水利局综合经营项目有工程建筑、旅游帐篷、五金修配、服装制作、塑料制品、太阳能热水器、水泥制管、机械制造等21个企业8大系列100多种产品，从业人员1519人。1997年，水利企业有21个，其中局属企业9个、基层企业12个，固定资产2748.5万元，所有者权益2408万元，从业人员达到1538人。1998年，水利企业由21个减少到20个，固定资产净值2855.1万元，所有者权益1497.4万元，从业人员减少到1300人。1999年，水利系统有企业17个，其中局属企业12个，水利站属5个，固定资产净值2148万元，所有者权益1462万元，从业人员1187人。2001年，中国加入WTO，市场竞争表现激烈，各项指标都呈现下降趋势，水利企业从业人员降至395人。

二、经营形式

按照水利局工作会议确定的发展思路，坚持以市场为导向，以改革为动力，不断强化内部管理，努力提高经济效益。实行了集体承包，厂长、经理负责，指标管理责任制。1997年3月13日，宝坻县水利局党委召开水利经济工作会议，与局属企业签订了经营承包合同，对企业主要实行产值、利润、纳税、固定资产折旧、自有资产增加、上交局6项指标管理，明确了经营者的权利、责任、义务和奖罚办法。

三、经济效益

根据企业发展和市场竞争的需要，为了加强企业领导，提高企业经济效益。1997年，经水利局党委研究，先后调整、充实了水利建筑工程公司、水利机械修配厂、水利机井队、华联制衣有限公司5个局属企业领导班子。全局企业管理单位积极调整经营思路，强化发展意识，利用自身优势，拓宽业务渠道，创新经营管理模式。使企业经营取得了良好的经济效益。

四、企业改革

水利综合经营发展到1998年，面对激烈竞争的市场，部分企业管理和经营已跟不上市场经济的发展，债务包袱沉重，造成企业连年亏损，资不抵债，拖欠职工工资严重，已无法继续组织再生产。1998年9月底，水利车队负债资产总额772.5万元，负债总额1187.1万元，所有者权益－414.6万元。经宝坻县水利局党委研究决定，于1998年10月申报县政府破产，并申报县法院按法律程序办理。2000年11月宣布破产后，人员进行分流。

1999年，深化企业产权制度改革：完成利维高服装运动用品有限公司中方股权转让；华联制衣有限公司固定资产租赁经营。

2000年，华联制衣有限公司继续实行固定资产租赁经营，年租金10万元；利维高服装运动用品有限公司于2000年1月31日实行水利股份有偿转让，转让金额300万元；水利供销公司4月破产后，对人员进行了分流。

第十二章

机构与队伍建设

宝坻区水务局是宝坻区政府水行政主管部门，建制规格为处级。水利机构的设置和水利队伍的建制是为有效的行使管理职责，更好地服务于全区的工农业发展和社会经济繁荣，宝坻区委、区政府对水务（利）机构设置和人员编制、工资制度人员调整统一制定，1997 年 4 月，宝坻县水利局机构调整，局机关由原来的 15 个科室减为 8 个科室。2001 年，经县委、县政府批准，3 月 26 日，宝坻县水利局更名为宝坻县水务局。2001 年 9 月，宝坻县改为宝坻区，9 月 27 日，宝坻县水务局更名为宝坻区水务局。局机关设 9 个职能科室。2002 年区政府机构改革，撤乡并镇，水利站由水务局管理移交 22 个乡镇管理；原隶属宝坻区建委的自来水管理所和 3 个排污站移交宝坻区水务局管理。2010 年年底，局机关科室 9 个，局属单位 12 个。几次机构改革对局系统内部进行了相应调整，使水行政主管部门更好地于服务工农业发展，促进了社会经济的繁荣。1991—2010 年，宝坻区（县）水务（利）局系统职工由 1369 人精减到 824 人。其间，共评定高级中级职称 44 人，高级工 292 名；共有 3 人获得省部级以上的劳动模范称号，71 人获得县级以上（不包括县级）先进个人；获得 28 项县级以上（不包括县级）先进集体荣誉奖项。

第一节　水　务　机　构

一、局机关机构沿革

1990 年 5 月 24 日，水政监察科成立，设编 7 人。1991 年 4 月 4 日，宝坻县水利局保卫科、计划生育科成立。截至 1996 年，宝坻县水利局机关设有 16 个科室，即：办公室、人事科、水政监察科、工程科、审计科、规划科、财务科、计划生育科、老干部科、地下水资源管理科、保卫科、工会、水利志办公室、农田水利建设科、水源调度科、综合经营科。

1996 年 12 月，宝坻县委、县政府印发《宝坻县水利局职能配置、内设机构和人员编制方案》（宝党发〔1996〕111 号）。1997 年 4 月上旬，宝坻县水利局按照县委、县政府机构改革的总体部署实施机构调整，局机关共设 8 个职能科室，即：党委办公室、行政办公室、人事科、水政科、工程规划科、企管办（多种经营科）、计划生育科、财务科。工会、妇联、武装部设置不变。撤销的科室有：规划科、老干部科、水源调度科、农田水利建设科、地下水资源管理科。老干部工作调整到党委办公室，规划工作调整到工程规划科，水源调度科职能划归到局属抗旱防汛办公室履行，农田水利建设职能划归到局属水利科技推广中心履职，地下水资源管理职能划归到局属地下水资源管理中心履职。人员由123人精减为53人，其中干部45人，工勤人员8人。正副局长领导职数6名（不含相当领导职务和非领导职务）、科长8名。

经过对全县1.7万名机关事业单位工作人员的考核，县政府建立审核备案制度，把考核结果直接作为工作人员增资、晋级、表彰、奖励、职务晋升、交流轮岗、降职、辞退等依据，使县乡两级初步完成国家公务员制度入轨运行。

1998年，经宝坻县政府批准，水利局机关科室增设审计科。增设机构，不增机关人员编制。

宝坻县政府完成对各单位上报的国家公务员过渡审批表、名册、验收表的审核工作。机关工作人员完成向国家公务员过渡。

1999年，依据《天津市国家公务员考核实施办法》，首次在县内实行国家公务员年度考核。年内开展“做人民满意的公务员活动”。1999年，水务局机关科室保持1998年设置不变。

2000—2001年，采取量化考核的测评方法，对公务员进行考核，在考核过程中，严格控制优秀人员比例，对不称职、不合格人员采取适当的组织措施。

2001年3月26日，经宝坻县委、县政府批准，宝坻县水利局更名为宝坻县水务局。同年9月27日，宝坻县改名为宝坻区，宝坻县水务局更名为宝坻区水务局。宝坻区水务局作为全区水行政主管部门，其主要职能是：执行《水法》及相关法律法规，负责水资源的统一管理，负责防汛抗旱、除涝等日常工作，全区水工程勘测、设计、建设、监督、管理、维护、水利科技研究、推广、应用、承办上级行政及业务主管部门交办的其他工作。

局机关设9个职能科室，即：党委办公室、行政办公室、人事科、水政科、工程规划科、多种经营科、计划生育科、财务科、审计科，另设局工会、武装部、妇联、团委。

2002年，局机关增设水资源管理科，撤销多种经营科，工程规划科改为工程科，其他科室设置不变。

2002年，局机关加挂天津市宝坻区人民政府节约用水办公室（水资源管理科履行节水办公室职能）。

2003年、2004年，局机关科室保持2002年设置无变化。

2006年1月9日，宝坻区政府批准成立“宝坻区政府控制地面沉降办公室”，由宝坻区人民政府地下水资源管理办公室履行职能；成立“宝坻区水土保持管理站”，由水利科级推广中心履行职能；宝坻区水务局机关增设“总工程师办公室”，与工程科合署办公。

2007年2月2日，宝坻区政府批准成立“移民工作办公室”。局机关增设机构，不增人员编制（属临时机构，行政办公室加挂移民工作办公室的牌子）。宝坻区水务局机关设置为：党委办公室、行政办公室、人事科、水政科、水资源管理科、工程科（总工办）、计划生育科、审计科、财务科，总计9个科室。

2008年、2009年、2010年，局机关设置保持2007年不变。2008年调入公务员1人，2009年新录用公务员1人，2010年新录用公务员1人。

2010年，局机关设置为9个科室：党委办公室、行政办公室、人事科、水政科、水资源管理科（包括节水办职能）、工程科（总工办）、计划生育科、审计科、财务科。2010年宝坻区水务局机关职能部门工作职责分工见表12-1-59。

表12-1-59 **2010年宝坻区水务局机关职能部门工作职责分工表**

单位名称	定编人数/人	实有人数/人	工作职能
行政办公室	5	2	协助局领导组管理局机关工作，对局属单位进行综合协调；负责情况汇总和上报下达工作，起草全局性各种文件报告，负责文件收发管理和统计报表、文件整理、档案管理工作。移民办工作：负责水库移民后期扶持政策的宣传、解释等工作；负责全区大中型水库移民人口登记、核定上报及补助资金的发放；负责全区大中型水库库区和移民安置区项目编制及组织实施；负责水库移民后期扶持项目建设管理；负责联系市局移民处
财务科	3	2	负责全局财务管理工作，组织财经纪律情况监督检查；负责资金管理和经费平衡工作；负责局属资产管理；负责基层财会人员业务指导和培训工作
人事科	3	3	负责局机关和局属单位的人事劳资工作；负责科级领导班子配备考核任免工作；负责职工队伍培训、建设管理工作；负责退休人员管理和劳动社会保障工作；履行妇联、团委职能
工程科（总工办）	5	4	负责组织水利工程项目的立项、申报及工程施工管理；负责水利工程项目的预算及资金管理使用的监督检查；负责水利工程项目的招标、投标；施工监理和质量监督及检查验收工作

续表

单位名称	定编人数/人	实有人数/人	工作职能
审计科	2	2	对局属单位财务收支及经济活动进行审计监督，对各项水利专项资金的管理与使用情况进行审计监督，对各种工程项目的概预算执行情况进行监督检查；负责组织对局属单位法人代表任期经济责任的审计工作；承办审计机关委托或上级审计部门交办的审计事项
水政科	5	3	负责《水法》宣传教育、水政执法及水政监察队伍的管理工作；负责水事纠纷调解、水事案件查处工作；负责全区水利工程设施管理工作；负责水利行业政策、法规的研究和地方规范性文件的起草工作；协助收缴各种水费
计划生育科	2	2	负责全系统计划生育工作
党委办公室	3	3	负责督促检查局党委会议的贯彻和实施。负责本系统的组织、宣传、纪检监察工作，负责政治学习、思想教育、干部考核及培训。履行纪检监察、武装部、工会的职能
水资源管理科	3	3	组织实施全区水资源开发、保护、管理工作；负责全区计划用水、节约用水管理工作；负责全区水利发展规划的制定和实施工作；负责有关水资源开发保护方面的起草工作；组织实施取水制度和水资源管理制度，并对执行情况进行监督检查；负责审查新建、扩建、改造工程的水资源论证和环境影响评估工作；负责水资源有偿使用及水利科技研究与推广工作；负责节水办公室的日常工作

二、企事业单位机构沿革

1991年年初，宝坻县水利局直属单位49个。其中直属事业单位45个，包括宝坻县水利局河道管理所、宝坻县水利局排灌站、宝坻县水利局通讯管理站、宝坻县人民政府地下水资源管理办公室、7个灌区（即：城关、史各庄、王卜庄、大口屯、林亭口、大白庄、大钟庄灌区）、34个水利站（对应35个乡镇设置34个水利站）；4个生产单位，包括水利建筑工程队、水利车队、水利机井队、水利机械修配厂。

1992年6月30日，组建水利物资供应站，为宝坻县水利局局属科级自收自支事业单位。1992年，组建利维高服装运动用品有限公司和华联制衣有限公司。

1996年，经宝坻县政府批准成立农业供水服务公司，为自收自支事业单位；同年12月31日，经宝坻县政府批准（宝党发〔1996〕133号）文件，由宝坻县水利局机关水源调度科改制成立宝坻县抗旱防汛办公室，为全额拨款局属科级事业单位。人员编制10人，实有12人。

1997年1月12日，经宝坻县政府批准，由宝坻县水利局农田水利建设科改制组建水利科技推广中心，为定坻县水利局属全额拨款科级事业单位，人员编制8人。

1998年3月27日，经宝坻县水利局党委研究决定，水利车队向县政府申报破产，并报县人民法院按法律程序办理。同年，经宝坻县编委批准成立水政监察大队，为宝坻县水利局下属自收自支事业单位。

1999年3月2日，经批准宝坻县水利局河道管理所加挂宝坻县水利局通讯管理站牌子。水利局通讯管理站由自收自支事业单位改为全额拨款事业单位。同年，宝坻县防汛抗旱办公室与水利物资供应站合并，为一个机构两块牌子。

2000年1月，利维高服装运动用品有限公司股权完全转让，宝坻县水利局退出公司。

2001年，随着宝坻撤县改区和水利改水务工作，宝坻县水利局更名为宝坻区水务局，下属53个单位相应更名。统一更名为宝坻区水务局河道管理所、宝坻区水务局排灌管理站、宝坻区水利物资供应站、宝坻区防汛抗旱办公室、宝坻区水利科技推广中心、宝坻区水务局通讯管理站、宝坻区人民政府地下水资源管理办公室、宝坻区水务局农业供水服务公司、宝坻区7个灌区（即城关、史各庄、王卜庄、大口屯、林亭口、大白庄、大钟庄灌区）、宝坻区34个水利站（对应35个乡镇设置34个水利站）；宝坻区水利建筑工程队、宝坻区水利车队、宝坻区水利机井队、宝坻区水利机械修配厂。

根据2001年3月宝坻县编制委员会办公室的《关于建立宝坻县水利局里自沽灌区管理处的批复》（宝编字〔2001〕第2号），宝坻县水利局里自沽灌区管理处与水务局农业供水服务公司为一个机构两块牌子。

2002年5月，按照有关文件精神，原属宝坻区建委的自来水管理所和3个排污泵站以及宝坻区泉州自来水有限公司，总计116人移交宝坻区水务局，为宝坻区水务局属科级自收自支事业单位。同年，随着区政府机构改革，实施撤乡并镇工作，由区水务局直管的34个水利站和156人的职工队伍，包括水利站职能和站属企业建制式移交至22个乡镇管理。

2004年5月，根据宝坻区机构编制委员会办公室下发的《关于天津市宝坻区里自沽灌区管理处由挂靠改为独立设置的批复》（津宝编办字〔2004〕第3号），宝坻区水利科技推广中心加挂天津市宝坻区里自沽灌区管理处牌子。

2006年，宝坻区人民政府地下水资源管理办公室加挂天津市宝坻区人民政府控制地面下沉办公室牌子，并履行其管理职能。同年1月，经批准宝坻区水利科技推广中心加挂“宝坻区水土保持站”牌子，并履行水土保持监管工作职能。

2009年2月，宝坻区机构编制委员会下发《关于核定事业单位机构编制的通知》（津宝编字〔2009〕24号）文件，核定区水务局所属科级事业单位机构12个，批准撤销天津市宝坻区水利车队。核定全额拨款单位有4个，即：宝坻区水务局河道管理所更名为天津市宝坻区河道管理所，定编136人；天津市宝坻区水利科技推广中心定编11人；宝坻区防汛抗旱办公室更名为天津市宝坻区防汛抗旱管理站，定编12人；宝坻区水务局通讯管理站更名为天津市宝坻区水务通讯管理站，定编15人。差额拨款单位1个，即：宝坻区水务局排灌管理站更名为天津市宝坻区排灌管理站，定编294人。自收自支的单位7个，即：宝坻区水利物资供应站更名为天津市宝坻区水务物资供应站，定编16人；宝坻区水务局农业供水服务公司更名天津市宝坻区农业供水站，定编44人；宝坻区水利建筑工程队更名为天津市宝坻区水利建筑工程服务中心，定编83人；宝坻区机井队更名为天津市宝坻区钻井施工服务站，定编40人；宝坻区水利机械修配厂更名为天津市宝坻区水利机械修配中心，定编31人；天津市宝坻区自来水管理所，定编121人；宝坻区人民政府地下水资源管理办公室更名为天津市宝坻区地下水资源管理中心，定编50人。7个灌区并入宝坻区排灌管理站。

2010年，经宝坻区政府与天津市水务局磋商，在原宝坻区泉州自来水有限公司基础上，宝坻区自来水管理所与滨海水业集团共同出资，重组建立天津市泉州水务有限公司。2012年，自来水管理所回购滨海水业集团持有的51%泉州水务股权，回购后自来水管理所取得泉州水务100%股权。

截至2010年，局属企事业单位12个，其中全额拨款事业单位3个，即：天津市宝坻区河道管理所、天津市宝坻区水利科技推广中心、天津市宝坻区防汛抗旱管理站；差额拨款事业单位1个，即：天津市宝坻区排灌管理站；自收自支事业单位7个，即：天津市宝坻区水务物资供应站、天津市宝坻区水利建筑工程服务中心、天津市宝坻区钻井施工服务站、天津市宝坻区水利机械修配中心、天津市宝坻区自来水管理所、天津市宝坻区地下水资源管理中心、天津市宝坻区农业供水站；企业单位1个，即：华联制衣有限公司。

三、局属事业单位

（一）财政全额拨款事业单位

1. 天津市宝坻区河道管理所

天津市宝坻区河道管理所始建于1974年6月组建的宝坻县水电局河防组，1976年7月，水电分家河防组隶属宝坻县水利局。1981年4月，河防组升格为科级事业单位，改称为宝坻县水利局河防管理站。根据1990年12月18日水利部有关文件精神，将宝坻县水利局河防管理站更名为天津市宝坻县水利局河道所。1999年3月2日，经批准加挂宝坻区水利局通讯管理站牌子。2001年，宝坻区撤县设区，河道所更名为天津市宝坻区河道管理所，通讯管理站更名为天津市宝坻区水务局通讯管理站。2009年2月，宝坻区机构编制委员会下发《关于核定事业单位机构编制的通知》（津宝编字〔2009〕24号）文件，天津市宝坻区水务局通讯管理站更名为天津市宝坻区水务通讯管理站。同文核定天津市宝坻区河道管理所人员编制136人，天津市宝坻区水务通讯管理站人员编制15人，全部人员编制151人。共设置5类岗位，其中科级领导岗位4个，行政岗位14个，技术岗位53个，水政执法岗位16个，运行岗位64个。

宝坻区河道管理所2009年主要职责：

（1）负责一级河道（包括代市管）堤防、闸涵运行管理与维修养护。

（2）河道、堤防闸涵工程的设计、预算、招投标，组织维修建设等工程施工，进行技术指导、监督。

（3）保护水资源、水土工程设施，对水事活动进行监督检查，维护正常水事活动秩序，对违反水法规的行为实施行政处罚。

（4）负责河道堤防树木的巡查、整理、养护。

（5）负责闸涵电器设备运行与维修，负责抢险队员的学习培训、操作技术指导。

（6）负责堤防巡视检查，及时勘测、整理险工险段变化资料，重大汛情后，要将堤防运行情况、检查结果上报存档。

（7）负责全系统通信系统设备更新、维护和管理。

2. 天津市宝坻区水利科技推广中心

1997年1月12日，经宝坻县政府批准，由宝坻县水利局农田水利建设科改制组建水利科技推广中心，为局属全额拨款科级事业单位，人员编制8人。2004年5月，根据宝坻区机构编制委员会办公室下发《关于天津市宝坻区里自沽灌区管理处由挂靠改为独立设置的批复》（津宝编字〔2004〕第3号）文件，加挂“天津市宝坻区里自沽灌区管理处”牌子。2006年，经批准加挂“宝坻区水土保持站”牌子，并履行水土保持监管工作职能。2009年2月，宝坻区机构编制委员会下发《关于核定事业单位机构编制的通知》（津宝编字〔2009〕24号）文件，核定天津市宝坻区水利科技推广中心编制11人，设置2类岗位，其中科级领导岗位3个、业务岗位9个。实有人员9人。

天津市宝坻区水利科技推广中心主要职责：

（1）负责年度内小型农田水利工程项目的汇总，上报年度内小型农田水利工程项目进度，编制年度内工程项目完成情况报告，工程项目档案资料的整理、保存。

（2）负责全区农建计划编制、实施、进度统计、汇总工作；负责全区抗旱除涝预案的编制；负责抗旱除涝期间的农业受损情况的上报。

（3）负责全区小型农田水利工程规划、设计及工程组织实施、监理、竣工验收等项工作；负责全区小型农田水利工程科技宣传、引进、示范和推广工作。

(4) 编制年度科技宣传、引进、示范和推广报告。

(5) 履行水土保持监管工作职能。

(6) 里自沽灌区日常管理。

3. 天津市宝坻区防汛抗旱管理站

天津市宝坻区防汛抗旱管理站由宝坻县防汛抗旱办公室沿革而来。经宝坻县政府批准，于1996年12月5日，由县水利局机关水源调度科改制成立宝坻县防汛抗旱办公室，为全额拨款科级事业单位，人员编制10人，实有12人。2009年2月，宝坻区机构编制委员会下发《关于核定事业单位机构编制的通知》(津宝编字〔2009〕24号)文件，再次被更名为天津市宝坻区防汛抗旱管理站，核定人员编制12人，设置3类岗位，其中科级领导2个、行政岗位5个、技术岗位5个。实有人员13人。

天津市宝坻区防汛抗旱管理站主要职责：

(1) 负责雨汛情洪涝灾害统计。

(2) 负责防汛应急抢险预案、除涝调度方案的编制、防汛责任制落实及防汛的日常技术工作。

(3) 负责雨汛情信息的搜集传递、洪水预测、地表水资源的调度与管理，做好有关法律的行政执法工作。

(4) 负责蓄滞洪区的规划、分洪及群众转移预案的编制建设与管理工作。

(5) 负责地表水资源调度和抗旱日常管理工作。

(二) 差额拨款事业单位

区水务局下属差额拨款事业单位1个，即：天津市宝坻区排灌管理站，建于1981年4月，为宝坻县水利局下属事业单位。1985年9月，按照天津市国家机关和事业单位人员工资制度改革办公室《关于国家机关和事业单位工资制度改革范围的批复》，为局属科级事业单位。2001年9月27日，根据《中共天津市委、天津市人民政府关于撤销宝坻县设立宝坻区的通知》，宝坻县水利局排灌站更名为天津市宝坻区水务局排灌管理站。2009年2月，区机构编制委员会下发《关于核定事业单位机构编制的通知》(津宝编字〔2009〕24号)文件，划定为科级差额拨款事业单位，同时明确将城关（窝头河）、大钟庄、大白庄、大口屯、林亭口、史各庄、王卜庄7个灌区并入天津市宝坻区排灌管理站下属副科级差额拨款事业单位。并核定人员编制294人，其中排灌站104人，7个灌区190人。

排灌站岗位设置为8类，其中科级领导岗位3个，行政管理岗位9个，养护修理岗位16个，工程技术管理岗位17个，资产管理岗位7个，水政监察岗位3个，运行岗位40个，后勤管理岗位9个。

7个灌区编制和岗位设置如下：

城关灌区，人员编制 29 人，共设置 5 类岗位，其中行政管理岗 1 个，电机管理岗 3 个，泵站运行岗位 16 个，养护修理岗位 4 个，后勤管理岗位 5 个。

大口屯灌区，人员编制 42 人，共设置 5 类岗位，其中行政管理岗位 1 个，电机管理岗位 6 个，泵站运行岗位 23 个。养护修理岗位 7 个，后勤管理岗位 5 个。

林亭口灌区，人员编制 29 人，共设置 5 类岗位，其中行政管理岗位 1 个，电机管理岗位 5 个，泵站运行岗位 20 个，养护修理岗位 2 个，后勤管理岗位 1 个。

王卜庄灌区，人员编制 19 人，共设置 5 类岗位，其中行政管理岗位 2 个，电机管理岗位 3 个，泵站运行岗位 9 个，养护修理岗位 3 个，后勤管理岗位 2 个。

大钟庄灌区，人员编制 22 名，共设置 5 类岗位，其中行政管理岗位 3 个，电机管理岗位 6 个，泵站运行岗位 9 个，养护修理岗位 2 个，后勤管理岗位 2 个。

大白庄灌区，人员编制 33 名，共设置 4 类岗位，其中行政管理岗位 3 个，电机管理岗位 8 个，泵站运行岗位 13 个，养护修理岗位 9 个。

史各庄灌区，人员编制 16 名，共设置 5 类岗位，其中行政管理岗位 2 个，电机管理岗位 3 个，泵站运行岗位 9 个，养护修理岗位 1 个，后勤修理岗位 1 个。

天津市宝坻区排灌站管理职责如下：

（1）负责区内二级河道、排干渠以及国有区管扬水站管理。

（2）负责扬水站土建部分的机电测试、保养与维修，保证适时开车排涝和提水灌溉；编制年度维修计划，制定扬水站管理制度。

（3）负责工程技术管理，掌握泵站安全运行状况，及时处理主要技术问题。

（4）负责工程养护修理和质量监督，并参与有关验收工作。

（5）负责工程续建配套、节能、节水等技术履行、立项、申报的相关工作，开展有关工程管理的科技开发和新技术的推广应用。

（6）组织编制并落实泵站工程发展规划、年度控制运行计划、经济运行方案、防汛抗旱预案和安全技术措施。

灌区管理职责：

（1）执行调度指令，组织实施泵站安全运行作业。

（2）保证设备和水工建筑物安全运行，发现问题及时处理，重大问题及时上报。

（3）负责泵站年度维修计划。

（4）组织泵站实施安全维修，做好泵站维修工作的检查、复核。

（5）负责单位的环境卫生和安全保卫工作。

（三）自收自支事业单位

1. 天津市宝坻区水利局通讯管理站

天津市宝坻区水利局通讯管理站于 1985 年正式组建，其主要工作职责是：负责水利部门日常通讯联络、水利线路更新、架设、维修和改造业务，保证汛期电话畅通无阻。组建初期局机关设总机，牛家牌、潮白新河分洪闸、大钟庄水利苗圃场设3个分机。1991年通讯管理站管理线路761对千米、电话机110部。1999年3月2日，通讯管理站合并到河道管理所，由自收自支事业单位改为全额拨款事业单位。

2. 天津市宝坻区水务物资供应站

经宝坻县政府批准，1992年6月30日，组建“水利物资供应站”，为局属科级自收自支事业单位。2009年2月，宝坻区机构编制委员会下发《关于核定事业单位机构编制的通知》（津宝编字〔2009〕24号）文件，改为天津市宝坻区水务物资供应站，核定人员编制16人，实际人数15人。共设置3类岗位，其中科级领导岗位2个，行政岗位3个，库房管理11个。

天津市宝坻区水务物资供应站主要职责是：

（1）合理编制单位预算，负责落实物资供需计划。

（2）物资的购置，按标准和预算办理，按规定办理审批手续。

（3）定期或不定期对固定资产清查盘点，年度终了前进行全面盘点。

（4）固定资产如有缺少或损失的，要查明原因，属于自然灾害等特殊情况造成的，可按规定程序报经批准后销账；属于责任事故造成的，对责任人追究责任。

（5）负责库房的防火、防盗、防疫等安全工作。

3. 天津市宝坻区水利建筑工程服务中心

天津市宝坻区水利建筑工程服务中心由宝坻区水利局水利建筑工程队改制而成。水利建筑工程队建于1970年10月，为局属企业单位。下设3个小队，实有干部、职工197人，各种建筑机械设备186台件。截至2000年，经济效益较好，2000年以后，随着市场开放的变化和自身设备的老化，以及自然减员等诸多原因，所承担的水利工程逐年减少，也失去对外承揽工程的能力。2008年，机械设备已全部瘫痪，全队在编人员82人，在岗人员减少到31人。2009年2月，宝坻区机构编制委员会下发《关于核定事业单位机构编制的通知》（津宝编字〔2009〕24号）文件，根据本单位工作职能的调整更名为“天津市宝坻区水利建筑工程服务中心”，为局属科级自收自支事业单位。核定人员编制83人设置4类岗位，其中科级领导岗位4人，行政、后勤岗位30人，工程技术岗位19人，技术工人岗位30人。

天津市宝坻区水利建筑工程服务中心主要职责：

（1）负责工程的质量和施工生产的技术监督及安全生产工作。

（2）负责工地的施工制模和安装工作；负责工地的钢筋制模及安装工作。

（3）负责工地的电器设备的安装及防触电事故工作。

（4）负责工地的混凝土的浇筑和质量；工地脚手架的安装和搭设，确保安全施工。

(5) 负责资质的申报、年检工作以及各种文件、资料的归档管理、记录的收集和管理工作。

4. 天津市宝坻区钻井施工服务站

天津市宝坻区钻井施工服务站由水利局所属水利机井队改制而成。水利机井队组建于1971年，为科级企业管理事业单位。组建之初有干部、职工95人，下设打井班组和机修组。1991年，水利机井队实有79人。2009年2月，宝坻区机构编制委员会下发《关于核定事业单位机构编制的通知》(津宝编字〔2009〕24号)文件，根据本单位工作职能的调整宝坻区机井队更名为“天津市宝坻区钻井施工服务站”，为局属科级自收自支事业单位，核定人员编制40人，实际人数33人。共设置3类岗位，其中科级领导岗位3个，行政岗位4个，技术岗位33个。

天津市宝坻区钻井施工服务站主要职责是：

(1) 负责打井技术工作的开展与管理。

(2) 组织机械设备的维护、维修、改造、更新等工作。

(3) 负责施工中的技术问题，并提供优质的技术服务。

(4) 负责打井工程的施工任务，保时、保质、保量地完成施工任务。

5. 天津市宝坻区水利机械修配中心

天津市宝坻区水利机械修配中心由宝坻县水利机械修配厂改制而成，组建于1965年。1991年，水利机械修配厂实有人员44人。为县水利局直属企业化管理事业单位。2009年2月，区机构编制委员会下发《关于核定事业单位机构编制的通知》(津宝编字〔2009〕24号)文件，根据本单位实际工作职能的转变情况，更名为天津市宝坻区水利机械修配中心，为局属科级自收自支事业单位，核定人员编制31人，实有人员27人。共设置3类岗位，其中科级领导岗位2个，行政岗位5个，技术岗位24个。

天津市宝坻区水利机械修配中心主要职责：

(1) 负责各项工程的设计与制图。

(2) 负责承接各种工程的预算。

(3) 负责水利设施的安装与制作。

(4) 负责金属件的制作与维修；水利工程管道、闸门及其他的焊接任务；各种电器设施的安装、调试及维护。

6. 水利车队

水利车队组建于1978年1月。1991年，水利车队有下属企业3个，即：天津康欣塑胶制品有限公司、水利汽车修配厂、水利汽车配件门市部。截至1998年，由于水利车队经营管理差，造成企业连年亏损、资不抵债。经县水利局党委研究决定，于1998年10月申报县政府破产，并申报县人民法院按法律程序办理。2009年2月，区机构编制委员会下发《关于核定事业单位机构编制的通知》（津宝编字〔2009〕24号）文件，批复撤销此机构。

7. 天津市宝坻区自来水管理所

2002年5月，按照有关文件精神，原属宝坻区建委的自来水管理所和3个排污泵站以及宝坻区泉州自来水有限公司，总计116人移交宝坻区水务局，为局属科级自收自支事业单位。2009年2月，宝坻区机构编制委员会下发《关于核定事业单位机构编制的通知》（津宝编字〔2009〕24号）文件，核定人员编制121人，实际人数122人。共设置5类岗位，其中科级领导岗位4个，下设综合办公室、水费核收办公室（监察组、水表组、售水组、鉴定组）调控中心、净水厂、应急水厂。其主要职责是：

（1）负责自来水改造及新接供水工程管理与调度工作。

（2）自来水全城管网的维修与调控工作。

（3）负责水厂水质、化验、水量统计、水厂泵站设备运行工作。

（4）负责供水区域供水管理。

（5）负责IC卡销售工作、卡表维修工作、城区偷盗自来水监察工作、城区水表检验及新表校验工作。

（6）负责城区节水宣传工作。

8. 天津市宝坻区地下水资源管理中心

天津市宝坻区地下水资源管理中心是由宝坻县人民政府地下水资源管理办公室沿革而来，组建于1988年5月，人员编制10人，为科级事业单位。1990年改为自收自支科级事业单位。1997年，根据县机构改革部署，将局地下水资源科的行政职能并入该办公室。2001年，宝坻区撤县设区，更名天津市宝坻区人民政府地下水资源管理办公室。2006年加挂“天津市宝坻区人民政府控制地面下沉办公室”牌子，并履行其管理职能。2009年2月，宝坻区机构编制委员会下发《关于核定事业单位机构编制的通知》（津宝编字〔2009〕24号）文件，更名为天津市宝坻区地下水资源管理中心，为局属科级事业单位，同文核定人员编制50人，共设置5类岗位，其中科级领导4人，行政岗位11人，专业技术岗位17人，水政监察岗位9人，用水征费管理岗9人。

天津市宝坻区地下水资源管理中心主要职责：

（1）搜集、整理、提供全区地下水资源管理方面的统计资料，科学统计分析，统计预测和统计监督，向有关部门提供咨询建议。

（2）做好地下水资源开发、利用、管理、保护等工程规划、设计、预算、实施、管理工作。

（3）负责全区井灌区工程规划、节水工程规划，负责农村饮水安全规划，负责各种规划的立项及年度实施计划和上报。

（4）负责地下水资源评估论证工作。

（5）负责全区地下水位动态观测井的管护，协助有关部门完成观测井的布局规划、调整。

（6）负责全区地下水开发凿井设计，地质条件检测，验井、取样化验。

（7）履行控制地面下沉监管职能。

9. 天津市宝坻区农业供水站

天津市宝坻区农业供水站由天津市宝坻县水利局农业供水服务公司沿革而来。经宝坻县政府批准，于1996年成立水利局农业供水服务公司，当时实有人员12人，其中固定工11人，合同制职工1人。2001年3月，经县编委批准建立“宝坻县水利局里自沽灌区管理处”，与农业供水服务公司一个机构两块牌子。2004年5月17日，宝坻区机构编制委员会办公室下发《关于天津市宝坻区里自沽灌区管理处由挂靠改为独立设置的批复》（津宝编字〔2004〕第3号），据此，里自沽管理处与农业供水服务公司分设并入水利科技推广中心。2009年2月，宝坻区机构编制委员会下发《关于核定事业单位机构编制的通知》（津宝编字〔2009〕24号）文件，根据本单位工作职能的改变情况，更名为天津市宝坻区农业供水站，为科级自收自支事业单位。同文核定人员编制44名，实际人员44名。共设4类岗位，其中科级领导岗位3个，行政岗位7个，执法岗位17个，收费岗位17个。

天津市宝坻区农业供水站主要职责：

（1）负责对欠交、拒交水费的单位或个人进行行政执法工作。

（2）负责对涉水案件的调查、取证、执法工作。

（3）负责核实各乡镇农业供水计费土地数量，负责水费收缴工作。

10. 灌区

1981年4月，按流域设置，全县组建5个灌区，即：潮北灌区、潮南灌区、大钟灌区、青南灌区、黄庄灌区。1985年，将按流域设置的灌区撤销，组建以工委行政管辖区域设置的7个灌区，即：城关（窝头河）灌区、史各庄灌区、王卜庄灌区、大口屯灌区、林亭口灌区、大白庄灌区、大钟庄灌区，为自收自支事业单位。灌区的主要职责是：扬水站人员的管理，灌区范围内属于县管的各种水利设施维修和管理，帮助灌区内水利站做好本乡水利规划和年度计划，做好本灌区内除涝、防汛工作。7个灌区办公地址是：城关灌区，驻河防管理站院内；史各庄灌区，驻黄家集扬水站；王卜庄灌区，驻原张司马扬水站；大口屯灌区，驻小套扬水站；林亭口灌区，驻战备闸；大白庄灌区，驻大白庄镇；大钟庄灌区，驻新安镇。

2009年2月，根据宝坻区机构编制委员会下发《关于核定事业单位机构编制的通知》(津宝编字〔2009〕24号)文件精神,改为天津市宝坻区排灌管理站下属差额拨款副科级事业单位。

11. 乡镇水利站

乡镇水利站建于1983年,至1991年1月有34个乡镇水利站,隶属宝坻县水利局直接领导。水利站设站长、副站长、会计员、机井员、水利员等。乡镇水利站主要职责是:负责所在乡镇区域内的农田水利基本建设、小型水利工程建设、防汛抗旱、机井建设、水资源管理、水利科技推广等涉水工作。1991年4月,中登乡水利站招收管理人员4名,并解决农转非户口问题。2002年,随区政府机构改革,实施撤乡并镇工作,由区水务局直管的34个水利站和156人的职工队伍,包括水利站职能和站属企业建制式移交至22个乡镇管理。

四、局属企业单位

(一)利维高服装运动用品有限公司

利维高服装运动用品有限公司始建于1992年,85%的产品销往美国、法国、德国等十几个国家和地区。1995年被天津市定为保税工厂,1996年被市政府授予"质量信得过单位"。1998年,利维高服装运动制品有限公司注资主体变更,200万元股份转让。2000年1月31日,利维高服装运动用品有限公司实行中方股权有偿转让,转让金额300万元。至此,水利局退出利维高服装运动制品有限公司。

(二)华联制衣有限公司

华联制衣有限公司始建于1992年,宝坻县服装旅游制品厂与香港华天贸易公司联营组建华联制衣有限公司。产品远销美国、加拿大、德国等19个国家和地区。1992年获全国水利系统综合经营突出贡献奖。1999年华联制衣有限公司固定资产租赁经营,年租金10万元。截至2010年,华联制衣有限公司一直实行租赁经营。

第二节 队伍建设

一、职工队伍状况

1991年,在职职工1369人,离退休人员125人。

1992年,在职职工1409人,离退休人员144人。

1993年，在职职工1512人，离退休人员144人。

1994年，在职职工1489人，离退休人员143人。

1995年，在职职工1446人，离退休人员178人。

1996年，在职职工1365人，离退休人员220人。

1997年，在职职工1251人，其中干部244人，工人1007人。临时工101人。离退休职工259人。

1998年，在职职工1241人，其中在职干部269人，工人972人。离退休人员297人。

1999年，在职职工1262人，离退休人员280人。

2000年，在职职工1209人，其中干部262人，工人947人。离退休人员301人。

2001年，在职职工1169其中干部254人，工人915人。离退休人员333人。

2002年，在职职工1059人，离退休人员379人。

2003年，在职职工1054人，其中干部270人，工人784人。离退休人员383人。

2004年，在职职工966人，其中干部256人，工人710人。离退休人员468人，其中离休22人，退休446人。

2005年，在职职工942人，其中干部249人，工人693人。离退休人员477人，其中离休21人，退休456人。

2006年，在职职工914人，其中干部243人，工人671人（调入事业编2人、工人2人；录用事业编3人）。离退休人员496人，其中离休20人，退休476人。

2007年，在职职工886人，其中干部254人，工人632人（调入事业编3人、工人3人；录用事业编9人）。离退休人员535人，其中离休19人，退休516人。

2008年，在职职工874人，其中干部254人，工人620人（调入公务员1人；录用公务员1人、事业编4人）。离退休人员536人，其中离休16人，退休520人。

2009年，在职职工844人，其中干部244人，工人600人（调入事业编1人、工人1人；录用公务员1人、事业编1人）。离退休人员560人，其中离休14人，退休546人。

2010年，在职职工824人，其中干部240人，工人584人（录用公务员1人、事业编3人）。离退休人员579人，其中离休12人，退休567人。

二、领导更迭

1991—2010年宝坻区（县）水务（水利）历届局领导人名单见表12-2-60。

表 12-2-60　**1991—2010 年宝坻区（县）水务（水利）历届局领导人名单**

机构名称	姓名	党内职务		行政职务	
		书记任职时间	副书记任职时间	局长任职时间	副局长任职时间
水利局	刘连清	1983 年 10 月—1993 年 10 月		1983 年 10 月—1993 年 10 月	
	张俊清	1993 年 10 月—1996 年 4 月	1993 年 3 月—1993 年 10 月	1993 年 12 月—1996 年 4 月	
	刘文林	1996 年 4 月—1999 年 4 月		1996 年 4 月—1999 年 4 月	
水务局（水利局）	张会林	1999 年 4 月—2006 年 4 月		1999 年 4 月—2006 年 4 月	
	朱广义	2006 年 4 月—2010 年 12 月	2003 年 9 月—2006 年 4 月		
	张素旺	2010 年 12 月—	2006 年 4 月—2010 年 12 月	2006 年 4 月—	2003 年 10 月—2006 年 4 月
水利局	崔绍宗				1984 年 4 月—2000 年 3 月
	敬全礼				1990 年 4 月—1998 年 11 月
水务局（水利局）	许学春				1985 年 3 月—2003 年 9 月
	李建和				1996 年 12 月—2003 年 9 月
	刘玉良				1996 年 12 月—2001 年 3 月
	郭瑞兴				1996 年 11 月—2001 年 3 月
	杨学清				2001 年 3 月—2008 年 10 月

续表

机构名称	姓名	党内职务		行政职务	
		书记任职时间	副书记任职时间	局长任职时间	副局长任职时间
水务局（水利局）	赵宝平				1995年10月—1999年4月调出
	槐立平		1997年3月—1999年11月		
	何学勇				2000年10月—
	郝德坤		2010年12月—		2001年12月—
	杨立东				2006年4月—

三、目标考核

2006年，天津市水利局围绕“建设节水型社会，发展大都市水利”的治水思路和构建“四大体系”治水目标，对区县水务（水利）局业务工作进行考核，以推动区县水利事业发展，提高水利行业管理水平和工作效率。

考核内容：农村水利、防汛抗旱、水资源管理、工程管理、基建工程、计划统计、规划设计、水政执法、科技管理、政务工作。

考核方法：以年初市水利局与各区县水务（水利）局签订的责任书作为业务考核的依据，采取平时考核与年终考核相结合的办法进行。

组织领导：天津市水利局组成业务工作考核领导小组，由天津市水利局办公室组织，局有关处室参加，负责各区县水务（水利）局业务工作考核。

奖励办法：天津市水利局业务工作领导小组根据考核成绩向市局推荐业务工作考核先进单位候选名单，经研究生产先进单位3个，市水利局对年终业务工作考核先进单位给予精神和物质奖励。

2007年，天津市水利局对《区县水利业务工作考核办法》进行补充和完善，制定出详细的考核细则及分值为：农村水利21分，防汛抗旱14分，水资源管理14分，工程管理9分，基建工程9分，计划统计9分，水政执法9分，规划设计5分，科技管理5分，政务工作5分，计10项内容100分。对本年度业务工作受到市、部级表彰的单位实行加分制度，每获一项荣誉加1分。对在业务工作考核中发现的问题，将进行相应处理，被考核单位如有在考核指标中弄虚作假、浮夸虚报的行为，在考核中被查出的，取消当年先进参评资格，被评选为先进后再查出的，扣下年度考评总分5分，情节严重的取消下年度参评资格；被考评单位出现水利资金使用和工程建设管理严重违规违纪问题、重大工程质量事故、重大安全生产责任事故，实行一票否决，取消当年评奖资格。

2010年，对区县目标考核方式进行调整：不再进行现场检查和签订目标责任书的方式，改由区县水务局汇报后，由局机关主管业务处室评分确定优秀等级。

2006—2010年，在天津市区县水务（水利）局目标考核中，2006年和2009年宝坻区水务局获目标考核先进单位。

第三节 治 水 人 物

1991—2010年，宝坻区水务局历任局领导18人，劳动模范3人，其中2004年戴洪被天津市委、市政府评为天津市劳动模范，2009年张绍江被天津市委、市政府评为天津市劳动模范；2009年张素旺被人力资源和社会保障部评为全国水利系统先进工作者。

一、人物简介

刘连清 男，汉族，1938年出生，宝坻县牛道口乡下五庄村人，中共党员。1959年参加工作，历任公社秘书、信用社主任、公社书记、水利局局长、县人大常委会副主任。

1983年调任县水利局局长，7年间，主导开挖农田河网化工程动土2000万立方米。宝坻县蓄水能力达到1.5亿立方米，调蓄能力达到1.9亿立方米。坚持统一规划、规模治理、综合配套、当年见效的原则，做到水、田、路、电、排、灌全面配套。有效灌溉面积达到6.00万公顷。1990年，宝坻县被评为全国水利先进县。

刘连清带领着一个团结的班子，从1985年开始抓事业单位办企业，到1990年企业发展到44个，形成水工建筑、工业企业、商业贸易、服务行业等8大门类，年创产值2687万元，利税479万元。1990年，宝坻县水利局被评为水利部综合经营先进单位。1993年10月，刘连清任县人大常委会副主任。

张俊清 男，汉族，1945年10月出生，天津市宝坻县城关乡大口巷村人，中共党员。1978年6月参加工作，历任宝坻县城关乡水利站站长、城关乡经委主任、城关乡党委书记、水利局局长、林业局局长、宝坻区林业局党组书记。

1993年3月至1996年4月，任宝坻县水利局局长期间，张俊清指挥建成西老口水库、大刘坡水库工程；对蓟运河堤防重点险工段进行复堤，完成了于家口至孙家口、滩沽至宝船窝、南王庄至鲁沽段的复堤任务，保障了堤防安全；完成潮白河水库增容工程，使供水条件明显改善，对宝坻县的经济发展做出了极大贡献。1994年汛期，全县5条一级河道相继出现洪峰，其中青龙湾减河、北京排污河、引泃入潮、武河的流量和水位均达到历史最高纪录，张俊清带领水利干部职工日夜奋斗在抢险一线，采取封堵闸涵、堵搭道口、抢搭子埝等各种应急措施，保护大堤没有发生决口，保护了人们的生命财产安全。1996年4月调出宝坻县水利局。

刘文林 男，汉族，1944年12月出生，宝坻区牛道口乡下五庄村人，中共党员。1976年10月参加工作，历任宝坻县王卜庄公社主任、高庄子公社主任、赵各庄乡副书记、主任、乡长、城关乡党委书记、三岔口乡党委书记、林业局党组书记、局长，1996年4月至1999年4月任水利局党委书记、局长等职。

1996年7月下旬至8月，蓟运河上游地区及宝坻县境内连降大到暴雨，小河口水位6.41米，张头窝水位5.30米，水面距堤顶仅有0.5～0.7米，河堤23处出现严重的险情，以南燕窝、鲁沽、南王庄、勾庄子、张头窝险情最为严重。天津市领导亲临一线指挥抗洪，各级政府主要领导均带领抢险队上堤抢险，局长刘文林带领水利抢险队伍始终冲锋在防洪抢险一线。经过20多天的顽强拼搏，险情得到有效控制，取得了防洪的重大胜利。为缓解旱情，确保农业生产用水，在刘文林的主持下，宝坻加大机井及其配套工程建设，共打井3325眼，1997年市地下水资源管理目标考核中被评为全市第一名。

张会林 男，汉族，1949年7月出生，宝坻区林亭口镇林七村人，中共党员。1968年9月毕业于河北天津农校农作物专业。1968年9月参加工作，历任宝坻县林亭口小学教师，糙甸公社秘书、党委副书记，欢喜庄乡乡长，北潭乡副乡长，黑狼口乡副乡长，八门城乡乡长、党委书记，石桥乡党委书记，1999年4月至2006年4月任区水利（水务）局局长、局党委书记等职。

张会林任水务（水利）局局长期间，组织建成应急水厂1座，保障了宝坻区工业及居民生活用水。张会林时刻不忘为群众排忧解难，2004年完成车站街、电力宿舍、前田小区管道改造工作，为255户居民解决了水压低、水质超标、用水困难的实际问题。张会林指挥实施的牛家牌橡胶坝工程，通过拦蓄青龙湾减河汛末尾水，极大提高了宝坻区蓄水能力，为本区农业供水能力水打下了基础。2004年，被天津市政府评为“天津市农村饮水解困工作先进个人”。

朱广义 男，汉族，1956年1月出生，宝坻区史各庄镇郭杨各庄村人，中共党员。

高中学历。1978 年参加工作，历任宝坻区水务局办公室副主任、办公室主任、党办主任。2000 年 7 月至 2003 年 7 月，在天津市委党校半脱产大专班行政管理专业学习，取得大专学历。2003 年 9 月，任宝坻区水务局党委副书记、纪委书记。2006 年 4 月至 2010 年 12 月，任宝坻区水务局党委书记。

朱广义在职期间，主要负责局党委工作，组织干部职工深入学习党的十七大、天津市第九次党代会等会议精神，加强宣传党的方针政策，统一干部职工思想，积极推动水务工作。2019 年被水利部评为“2008—2009 年度全国水利系统优秀政研工作者”。

张素旺 男，汉族，1955 年 6 月出生，天津市宝坻区大口屯西埝村人，中共党员。1976 年 10 月毕业于天津市水利学校，中专学历。1976 年 10 月至 1987 年 7 月在天津市水利学校任教，1987 年 8 月调宝坻县水利局工作，历任宝坻县水利局排灌站副站长、水利科技推广中心主任、工程科科长、水资源科科长，2003 年 10 月至 2006 年 4 月任区水务局副局长，2006 年 4 月至 2015 年 6 月任区水务局党委副书记、局长等职。

张素旺任宝坻区水务局局长期间，开展了一系列大型水利工程建设，为宝坻水务发展做出了突出贡献。2004—2008 年，在张素旺的带领下，完成里自沽灌区改造工程。该工程以节水灌溉为重点，发展渠道防渗工程，适当增加喷灌、微灌面积，全面推动了“三高”农业建设。2006—2010 年，指挥完成农村管网入户工程等饮水安全工程，该工程的实施，有效解决了宝坻区农村饮水安全问题。2007—2010 年，指挥完成 4 个年度农用生产桥闸涵的建设，工程的建设提高了宝坻区小型水利工程的使用功能。为改善城区水环境，促进宝坻区经济社会发展，张素旺带领水务职工在水环境治理方面开展了一系列工程建设，包括窝头河治理工程、革命渠治理工程、窝头河漫水闸工程、潮白新河胡各庄橡胶坝工程、潮白新河引水涵洞及配套工程建设等，在净化水体、优化环境发面发挥了重大功效。同时，主持编制了《宝坻区水务发展“十一五”规划》《宝坻区水资源利用规划》等多项规划。撰写多篇调研报告，其中《一河双城相向扩展》成为宝坻发展的总体框架。2009 年被人力资源和社会保障部、水利部评为全国水利系统先进工作者。

戴洪 男，汉族，1959 年 4 月出生，天津市宝坻区八门城张头窝人，中共党员。1980 年 12 月毕业于天津市宝坻县农业技术学校水利专业。2007 年 12 月取得天津市委党校本科学历。1981 年 1 月参加工作，历任天津市宝坻县水利局河防站职员、天津市宝坻县水利局排灌管理站职员、天津市宝坻县水利工程队职员、天津市宝坻县水利工程队副队长、天津市宝坻县水利局排灌管理站副站长、天津市宝坻县水务局排灌管理站副站长、天津市宝坻区水务局排灌管理站副站长、天津市宝坻区水务局排灌管理站站长

（2002年9月至2006年6月）、天津市宝坻区水务局总工程师（自2006年9月）。

1999年主持完成了九园公路、战备闸桥、王卜庄桥施工。2000年主持完成了八道沽扬水站机电设备更新改造工程土建施工。2001年主持完成蓟运河改造第十三标段的冯庄子扬水站泄涵施工。2002年主持完成董塔扬水站设备更新改造土建部分三座闸施工。2003年主持完成了周良庄项目区应急排水马英渠、潮白河右截渗沟清淤工程，并组织完成通唐公路、天宝工业园区、霍各庄物流区11座涵洞的施工。2004年主持完成了南干渠4座生产桥、1座闸涵工程；周良项目区东老口排干、柴家铺排干清淤、里自沽扬水站、东老口扬水站维修工程。2004年被天津市委、市政府评为天津市劳动模范。

张绍江　男，汉族，1961年10月出生，天津市宝坻区霍各庄镇白龙港村人，中共党员。1980年12月毕业于宝坻县农业技术学校，水利专业。2002年12月取得中共中央函授学院大本学历。1981年1月参加工作，历任宝坻县水利局农水科科员、宝坻县水利局水资源科副科长、科长、宝坻区水务局排灌管理站站长、宝坻区人民政府地下水资源管理办公室主任。

2002—2010年担任宝坻区人民政府地下水资源管理办公室主任期间，主持完成了人畜饮水、农村饮水安全及管网入户等重点工程。2002—2004年间，主持完成了三年人畜饮水解困工程，解决了22个乡镇，510个村队，41.50万人的饮水困难问题。2006—2009年，主持完成了宝坻区农村饮水安全及管网入户改造工程，解决了634个村，50.92万人的饮水安全问题。2003—2009年，主持完成了八门城、黄庄乡、东田五庄和大唐庄镇建设集中供水工程。2004年，被市政府评为天津市农村饮水解困工作先进个人。2008年被天津市委、市政府评为天津市劳动模范。

二、先进个人、先进集体名录

1991—2010年，宝坻区（县）水务（水利）局获得县级（不包括县级）以上先进个人有71人次，见表12-3-61。

表12-3-61　**1991—2010年宝坻区（县）水务（水利）局获得县级（不包括县级）以上先进个人名录**

序号	姓名	颁奖单位	奖　项	批准时间
1	张　旺	天津市政府	天津市1994年防汛抗旱先进个人	1994年
2	郭瑞兴	天津市政府	天津市1995年防汛抗旱先进个人	1995年
3	刘连清	天津市委、市政府	天津市1996年防汛抗洪抢险先进个人	1996年

续表

序号	姓名	颁奖单位	奖项	批准时间
4	张　旺	天津市委、市政府	天津市1996年防汛抗洪抢险先进个人	1996年
5	郭瑞兴	天津市委、市政府	天津市1996年防汛抗洪抢险先进个人	1996年
6	戴　洪	天津市委、市政府	天津市劳动模范	2004年
7	张会林	天津市政府	天津市农村饮水解困工作先进个人	2004年
8	杨学清	天津市政府	天津市农村饮水解困工作先进个人	2004年
9	张绍江	天津市政府	天津市农村饮水解困工作先进个人	2004年
10	田士营	天津市政府	天津市农村饮水解困工作先进个人	2004年
11	刘春花	天津市政府	天津市农村饮水解困工作先进个人	2004年
12	王艳华	天津市政府	天津市农村饮水解困工作先进个人	2004年
13	李建忠	天津市政府	天津市农村饮水解困工作先进个人	2004年
14	李建亭	天津市政府	天津市农村饮水解困工作先进个人	2004年
15	袁学明	天津市政府	天津市农村饮水解困工作先进个人	2004年
16	刘学员	天津市政府	天津市农村饮水解困工作先进个人	2004年
17	项增富	天津市水利局	天津市2004年度农村水利工作先进个人	2005年2月
18	田士营	天津市水利局	天津市2004年度农村水利工作先进个人	2005年2月
19	项增富	水利部	全国大型灌区精神文明建设先进个人	2005年
20	李建忠	天津市政府	天津市“五一”劳动奖章	2005年
21	李广泉	天津市政府	天津市2000—2005年度科教兴农先进工作者	2005年
22	刘凤云	天津市政府经济普查办公室	第一次全国经济普查工作先进个人	2005年
23	王福宇	天津市公安局	天津市公安局经保单位嘉奖	2005年
24	刘玉芝	天津市水利局	天津市水利系统2005年度办公室先进工作者	2005年
25	邓文栓	天津市水利局	天津市水利系统水政工作先进个人	2005年
26	王立全	天津市水利局	天津市水利系统水政工作先进个人	2005年
27	丛建滋	天津市水利局	天津市水利系统水政工作先进个人	2005年
28	唐再成	天津市水利局	天津市水利系统水政工作先进个人	2005年
29	吴学菊	天津市水利职工思想政治工作研究会	2004—2005年度优秀政究会工作者	2005年
30	杨学清	天津市政府	“十五”期间防汛抗旱工作先进个人	2006年
31	何学勇	天津市政府	“十五”期间防汛抗旱工作先进个人	2006年
32	王金星	天津市政府	“十五”期间防汛抗旱工作先进个人	2006年

续表

序号	姓名	颁奖单位	奖 项	批准时间
33	朱焕平	天津市政府	“十五”期间防汛抗旱工作先进个人	2006年
34	王福宇	天津市公安局	天津市公安局个人三等功	2006年
35	范泽芝	天津市妇女联合会	天津市“三八”红旗手	2006年
36	朱剑波	天津市水利局	天津市水利系统水政工作先进个人	2006年
37	吴广春	天津市水利局	天津市水利系统水政工作先进个人	2006年
38	王立全	天津市水利局	天津市水利系统水政工作先进个人	2006年
39	杨建柱	天津市水利局	天津市水利系统水政工作先进个人	2006年
40	冯立志	天津市水利局	2005年度天津市水利系统优秀宣传工作者	2006年
41	褚学江	天津市水利局	2000—2005年度天津市水利系统文明职工	2006年
42	韩宝民	天津市水利局	2000—2005年度天津市水利系统文明职工	2006年
43	刘学员	天津市水利局	2000—2005年度天津市水利系统文明职工	2006年
44	王金星	天津市文明办	2006—2007年度精神文明建设先进工作者	2007年
45	韩永慈	天津市文明办	2006—2007年度精神文明建设先进工作者	2007年
46	朱永存	天津市文明办	天津市文明市民	2007年
47	王跃华	天津市节约用水办公室	2005—2006年度天津市节水统计工作先进个人	2007年
48	于学军	天津市妇女联合会	天津市绿色家庭	2007年
49	吴广春	天津市公安局	天津市公安局嘉奖	2007年
50	李广泉	天津市水利局	天津市水土保持监督执法先进个人	2008年
51	郭东升	天津市水利局	天津市水利系统2007—2008年度文明职工	2008年
52	董连和	天津市水利局	天津市水利系统2007—2008年度文明职工	2008年
53	于洪远	天津市水利局	天津市水利系统2007—2008年度文明职工	2008年
54	于学旺	天津市水利局	2008年度天津市水利系统宣传先进个人	2008年
55	邓文栓	天津市水利局	2008年度天津市水利系统水政工作先进个人	2008年
56	白金波	天津市水利局	2008年度天津市水利系统水政工作先进个人	2008年
57	鄂会林	天津市水利局	2008年度天津市水利系统水政工作先进个人	2008年
58	吴彦杰	天津市水利局	2008年度天津市水利系统水政工作先进个人	2008年
59	张绍江	天津市委、市政府	天津市劳动模范	2009年
60	张素旺	人力资源和社会保障部、水利部	全国水利系统先进工作者	2009年
61	朱广义	水利部	2008—2009年度全国水利系统优秀政研工作者	2009年

续表

序号	姓名	颁奖单位	奖 项	批准时间
62	王玉峰	天津市水利局	2008—2009 年度天津市水利系统文明职工	2009 年
63	朱剑波	天津市水利局	2008—2009 年度天津市水利系统文明职工	2009 年
64	朱剑波	天津市文明办	天津市精神文明先进工作者	2010 年
65	兰桂芹	天津市科委	天津市第 24 届科技周活动优秀奖	2010 年
66	朱永存	天津市水务局	天津市水利工程建设先进个人	2010 年
67	李卫国	天津市水务局	天津市水利系统水政工作先进个人	2010 年
68	丁海东	天津市水务局	天津市水利系统水政工作先进个人	2010 年
69	王玉峰	天津市水务局	天津市水利系统精神文明建设先进工作者	2010 年
70	于洪远	天津市水务局	天津市水利系统精神文明建设先进工作者	2010 年
71	郭冬生	天津市水务局	天津市水利系统精神文明建设先进工作者	2010 年

1991—2010 年，宝坻区（县）水务（水利）局获得县级以上先进集体荣誉奖项 34 项，见表 12-3-62。

表 12-3-62 **1991—2010 年宝坻区（县）水务（水利）局先进集体名录**

序号	获奖单位	颁奖时间	奖 项	发奖单位
1	宝坻县水利局	1991 年	全国水利系统综合经营先进单位	水利部
2	宝坻县水利局	1992 年	天津市绿化先进单位	天津市政府
3	宝坻县水利局	1994 年	天津市 1994 年防汛工作先进集体	天津市政府
4	宝坻县水利局	1995 年	天津市 1995 年防汛工作先进集体	天津市政府
5	宝坻县水利局	1996 年	天津市 1996 年防汛抗洪抢险先进集体	天津市委、市政府
6	宝坻县水利局	1997 年	全国水利系统水政水资源先进集体	水利部
7	宝坻区水务局	2002 年	市级卫生先进单位	天津市爱国卫生运动委员会
8	宝坻区水务局工会	2003 年	2003 年度深入开展建设职工之家活动工会工作先进集体	天津市总工会
9	宝坻区水务局	2003 年	引滦入津 20 周年保护饮用水安全先进集体	天津市水利局
10	宝坻区水务局	2004 年	市级卫生先进单位	天津市爱国卫生运动委员会

续表

序号	获奖单位	颁奖时间	奖　项	发奖单位
11	宝坻区水务局	2004年	2003—2004年度文明机关	天津市精神文明建设委员会
12	局水政科	2004年	天津市水利系统水政工作先进集体	天津市水利局
13	局水利科技推广中心	2005年	天津市2004年度农村水利工作先进集体	天津市水利局
14	宝坻区地下水资源办公室	2005年	天津市2004年度农村水利工作先进集体	天津市水利局
15	局办公室	2005年	天津市水利系统2005年度信息宣传优秀工作单位	天津市水利局办公室
16	宝坻区水务局	2006年	天津市创建国家环境保护模范城市先进集体	天津市政府
17	宝坻区水务局	2006年	天津市“十五”防汛抗旱工作先进集体	天津市政府
18	宝坻区水务局	2006年	2005—2006年度天津市水利系统文明单位	中共天津市水利局委员会、天津市水利局
19	宝坻区水务局	2006年	2006年度天津市区县水务（水利）业务工作考核先进单位	天津市水利局
20	宝坻区水务局	2006年	全国农田水利建设先进县（市、区）	水利部、财政部
21	宝坻区节水办公室	2007年	天津市节约用水管理工作先进集体	天津市水利局
22	宝坻区水务局	2007年	天津市地下水资源管理工作先进集体	天津市水利局
23	宝坻区水务局	2007年	天津市水资源综合管理工作先进集体	天津市水利局
24	宝坻区水务局	2007年	天津市控制地面沉降工作先进集体	天津市水利局
25	宝坻区水务局妇联	2007年	2003—2006年度天津市妇联系统先进集体	天津市妇女联合会
26	宝坻区水务局	2007年	2006—2007年度天津市水利系统文明工地	中共天津市水利局委员会、天津市水利局
27	宝坻区水务局	2008年	市级卫生先进单位	天津市爱国卫生运动委员会

续表

序号	获奖单位	颁奖时间	奖项	发奖单位
28	宝坻区水务局	2008 年	2007—2008 年度平安示范单位	天津市社会治安综合治理委员会
29	宝坻区水务局	2008 年	2007—2008 年度天津市水利系统文明单位	中共天津市水利局委员会、天津市水利局
30	宝坻区水务局	2008 年	天津市水利工程建设先进集体	天津市水利局
31	宝坻区水务局	2008 年	全国农田水利建设先进县（市、区）	水利部、财政部
32	宝坻区水务局	2009 年	2009 年度区县水务（水利）业务工作考核先进单位	天津市水务局
33	宝坻区水务局	2010 年	市级卫生先进单位	天津市爱国卫生运动委员会
34	宝坻区水务局	2010 年	2009—2010 年度天津市水利系统文明单位	中共天津市水务局委员会、天津市水务局

三、高中级工程技术职称和高级工名录

（一）高中级职称

1991—2010 年，宝坻区（县）水务（水利）局获系统高、中级职称共有 44 人。1991—2010 年宝坻区（县）水务（水利）局系统高中级职称名录见表 12-3-63。

表 12-3-63 **1991—2010 年宝坻区（县）水务（水利）局系统高中级职称名录**

序号	姓名	性别	出生年月	参加工作时间	职称评定时间	单位	专业技术职务级别
1	唐　富	男	1957 年 8 月	1982 年 3 月	1995 年 10 月	排灌站	工程师
2	安德重	男	1962 年 4 月	1981 年 10 月	1996 年 11 月	自来水	工程师
3	邢玉华	女	1969 年 4 月	1991 年 7 月	1998 年 5 月	河道所	会计师
4	刘文静	女	1961 年 11 月	1981 年 10 月	1998 年 11 月	排灌站	工程师
5	崔爱玉	女	1963 年 3 月	1987 年 7 月	1999 年 11 月	排灌站	高级工程师

续表

序号	姓名	性别	出生年月	参加工作时间	职称评定时间	单位	专业技术职务级别
6	刘汉富	男	1968年4月	1990年7月	1999年11月	河道二所	工程师
7	商彩霞	女	1971年1月	1994年9月	2000年5月	排灌站	会计师
8	刘卫东	男	1966年8月	1985年12月	2000年11月	河道所	工程师
9	高学勇	男	1961年5月	1981年1月	2000年11月	排灌站	工程师
10	杜艳霞	女	1961年9月	1981年1月	2000年11月	自来水	工程师
11	刘福敏	男	1957年7月	1980年12月	2001年3月	自来水	工程师
12	兰桂芹	女	1960年5月	1981年1月	2001年11月	科技中心	工程师
13	张桂永	男	1968年11月	1990年8月	2001年11月	建管中心	高级工程师
14	董秀华	女	1975年11月	1997年7月	2002年5月	排灌站	会计师
15	赵秀丽	女	1970年12月	1989年12月	2002年5月	排灌站	会计师
16	刘国信	男	1958年3月	1981年1月	2002年10月	地资中心	高级工程师
17	张向东	女	1968年3月	1991年7月	2002年10月	河道所	高级工程师
18	李佑霞	女	1967年1月	1987年12月	2002年11月	防汛管理站	工程师
19	张士兴	男	1963年7月	1984年12月	2003年11月	农业供水站	高级工程师
20	张永清	女	1976年1月	1997年12月	2004年5月	排灌站	会计师
21	张绍江	男	1961年1月	1981年1月	2004年11月	地资中心	高级工程师
22	李广泉	男	1959年9月	1981年1月	2006年11月	科技中心	高级工程师
23	张永刚	男	1973年4月	1991年9月	2006年11月	防汛管理站	工程师
24	蒋淑君	女	1964年7月	1983年8月	2006年11月	科技中心	工程师
25	张淑芹	女	1970年6月	1991年9月	2006年11月	农业供水站	工程师
26	韩立会	女	1963年3月	1987年12月	2006年11月	排灌站	工程师
27	田士营	男	1963年4月	1981年10月	2007年10月	地资中心	高级工程师
28	朱永存	男	1960年7月	1981年1月	2007年10月	河道所	高级工程师
29	吴铁祥	男	1957年6月	1981年1月	2007年10月	排灌站	高级工程师
30	许桂芬	女	1960年4月	1981年1月	2007年10月	排灌站	高级工程师
31	范泽芝	女	1973年5月	1995年10月	2007年10月	地资中心	工程师
32	于学君	女	1970年4月	1992年7月	2007年10月	农业供水站	工程师
33	宋振荣	女	1971年4月	1992年10月	2007年10月	排灌站	工程师
34	吴进萍	女	1977年8月	1997年12月	2008年9月	农业供水站	会计师
35	何丽云	女	1972年4月	1996年8月	2008年9月	农业供水站	会计师
36	孙海霞	女	1974年6月	1993年11月	2008年9月	自来水	会计师

续表

序号	姓名	性别	出生年月	参加工作时间	职称评定时间	单位	专业技术职务级别
37	赵宝同	男	1975年3月	1998年12月	2008年11月	自来水	工程师
38	李宝志	男	1971年12月	1995年12月	2008年11月	钻井服务站	工程师
39	孙振莲	女	1963年6月	1981年9月	2008年12月	地资中心	高级工程师
40	白云峰	男	1966年2月	1989年7月	2008年12月	防汛管理站	高级工程师
41	芮桂君	女	1960年6月	1981年1月	2008年12月	科技中心	高级工程师
42	刘海红	女	1974年11月	1997年7月	2008年12月	排灌站	工程师
43	卢士儒	男	1969年11月	1991年12月	2009年9月	排灌站	注册安全工程师
44	王凤秋	女	1976年5月	1997年7月	2009年12月	地资中心	高级会计师

（二）高级工

截至2010年，宝坻区（县）水务（水利）局系统具备高级工职称的共有290人。1991—2010年宝坻区（县）水务（水利）局系统高级工名录见表12-3-64。

表12-3-64　**1991—2010年宝坻区（县）水务（水利）局系统高级工名录**

序号	姓名	性别	出生年月	参加工作时间	职称评定时间	单位及职业	职业资格级别
1	霍瑞广	男	1956年1月	1972年10月	1992年12月	水务局河道管理所闸门运行	高级工
2	何静舟	男	1956年11月	1972年2月	1992年12月	水务局排灌站泵站运行	高级工
3	王志海	男	1958年6月	1974年1月	1994年12月	水务局河道管理所闸门运行	高级工
4	齐贺平	男	1959年8月	1974年6月	1994年12月	水务局排灌站泵站运行	高级工
5	王绍民	男	1958年1月	1974年7月	1994年12月	水务局修配中心钳工	高级工
6	龚新江	男	1959年5月	1975年4月	1995年12月	水务局供水站收费员	高级工
7	孙文贤	男	1957年11月	1975年11	1995年12月	水务局供水站收费员	高级工

续表

序号	姓名	性别	出生年月	参加工作时间	职称评定时间	单位及职业	职业资格级别
8	王建奎	男	1957年5月	1975年3月	1995年12月	水务局排灌站泵站运行	高级工
9	白振印	男	1958年3月	1975年5月	1995年12月	水务局排灌站泵站运行	高级工
10	庞润柱	男	1956年11月	1975年6月	1995年12月	水务局排灌站泵站运行	高级工
11	刘成宽	男	1956年11月	1975年6月	1995年12月	水务局排灌站泵站运行	高级工
12	王子凯	男	1957年6月	1975年6月	1995年12月	水务局排灌站泵站运行	高级工
13	刘卫华	男	1957年1月	1975年6月	1995年12月	水务局排灌站泵站运行	高级工
14	王义宽	男	1957年12月	1975年7月	1995年12月	水务局排灌站泵站运行	高级工
15	冯汝悦	男	1957年5月	1975年11月	1995年12月	水务局排灌站泵站运行	高级工
16	孙宝山	男	1957年6月	1975年12月	1995年12月	水务局排灌站泵站运行	高级工
17	韩玉国	男	1957年9月	1975年12月	1995年12月	水务局排灌站机电组	高级工
18	陈建军	男	1958年1月	1975年11月	1995年12月	水务局水务物资供应站库房管理员	高级工
19	张树芳	男	1957年8月	1975年12月	1995年12月	水务局自来水生产部部长	高级工
20	李广川	男	1957年2月	1975年1月	1995年12月	水务局自来水管道施工	高级工
21	仇占良	男	1958年1月	1975年11月	1995年12月	水务局自来水管道施工	高级工
22	张合然	男	1958年4月	1976年12月	1996年12月	水务局供水站收费员	高级工
23	张万凯	男	1957年7月	1976年2月	1996年12月	宝坻区水务局建管中心巡河	高级工

续表

序号	姓名	性别	出生年月	参加工作时间	职称评定时间	单位及职业	职业资格级别
24	于宝江	男	1958年8月	1976年1月	1996年12月	水务局排灌站泵站运行	高级工
25	周克发	男	1957年2月	1976年2月	1996年12月	水务局排灌站泵站运行	高级工
26	赵福文	男	1956年11月	1976年2月	1996年12月	水务局排灌站泵站运行	高级工
27	张桂友	男	1957年8月	1976年10月	1996年12月	水务局排灌站泵站运行	高级工
28	于国兴	男	1958年1月	1976年11月	1996年12月	水务局排灌站泵站运行	高级工
29	张景月	男	1958年11月	1976年12月	1996年12月	水务局排灌站泵站运行	高级工
30	于振洪	男	1957年8月	1976年12月	1996年12月	水务局排灌站泵站运行	高级工
31	安自旺	男	1957年8月	1976年12月	1996年12月	水务局排灌站泵站运行	高级工
32	刘树永	男	1958年8月	1976年12月	1996年12月	水务局排灌站机电组	高级工
33	任建军	男	1958年6月	1976年11月	1996年12月	水务局修配中心钳工	高级工
34	张立云	男	1960年1月	1976年10月	1996年12月	水务局修配中心杂勤	高级工
35	孙洪彦	男	1958年7月	1976年10月	1996年12月	水务局自来水管道施工	高级工
36	关景超	男	1958年1月	1976年12月	1996年12月	水务局自来水管道施工	高级工
37	王福义	男	1958年2月	1976年11月	1996年12月	水务局自来水司泵工	高级工
38	杜　海	男	1958年1月	1977年7月	1997年12月	宝坻区水务局建管中心巡河	高级工
39	李宝永	男	1960年3月	1977年7月	1997年12月	水务局钻井施工服务站打井	高级工

续表

序号	姓名	性别	出生年月	参加工作时间	职称评定时间	单位及职业	职业资格级别
40	单　艾	男	1957 年 11 月	1977 年 7 月	1997 年 12 月	水务局河道管理所闸门运行	高级工
41	刘振海	男	1960 年 7 月	1978 年 3 月	1998 年 12 月	宝坻区水务局建管中心巡河	高级工
42	霍　启	男	1958 年 12 月	1978 年 12 月	1998 年 12 月	宝坻区水务局建管中心巡河	高级工
43	杨桂付	男	1958 年 12 月	1978 年 12 月	1998 年 12 月	宝坻区水务局建管中心巡河	高级工
44	刘希福	男	1958 年 4 月	1978 年 12 月	1998 年 12 月	水务局河道管理所办公室	高级工
45	刘宗良	男	1958 年 3 月	1978 年 3 月	1998 年 12 月	水务局河道管理所闸门运行	高级工
46	赵　明	男	1958 年 4 月	1978 年 12 月	1998 年 12 月	水务局河道管理所闸门运行	高级工
47	杨子文	男	1958 年 1 月	1978 年 12 月	1998 年 12 月	水务局河道管理所闸门运行	高级工
48	刘学刚	男	1959 年 4 月	1978 年 3 月	1998 年 12 月	水务局排灌站泵站运行	高级工
49	赵成森	男	1958 年 2 月	1978 年 3 月	1998 年 12 月	水务局排灌站泵站运行	高级工
50	程文彦	男	1958 年 11 月	1978 年 3 月	1998 年 12 月	水务局排灌站泵站运行	高级工
51	唐克民	男	1958 年 8 月	1978 年 3 月	1998 年 12 月	水务局排灌站泵站运行	高级工
52	曹德海	男	1958 年 4 月	1978 年 3 月	1998 年 12 月	水务局排灌站泵站运行	高级工
53	王胜林	男	1958 年 4 月	1978 年 3 月	1998 年 12 月	水务局排灌站泵站运行	高级工
54	白永强	男	1960 年 4 月	1978 年 10 月	1998 年 12 月	水务局排灌站泵站运行	高级工
55	陈亚林	男	1969 年 12 月	1978 年 12 月	1998 年 12 月	水务局排灌站泵站运行	高级工

续表

序号	姓名	性别	出生年月	参加工作时间	职称评定时间	单位及职业	职业资格级别
56	张金发	男	1959年2月	1978年12月	1998年12月	水务局排灌站泵站运行	高级工
57	岳凤云	男	1958年12月	1978年12月	1998年12月	水务局排灌站泵站运行	高级工
58	周长群	男	1958年7月	1978年12月	1998年12月	水务局排灌站泵站运行	高级工
59	辛　慧	男	1960年5月	1978年12月	1998年12月	水务局排灌站泵站运行	高级工
60	张文明	男	1960年8月	1978年12月	1998年12月	水务局排灌站泵站运行	高级工
61	韩玉春	男	1960年7月	1978年12月	1998年12月	水务局自来水司泵工	高级工
62	李连起	男	1959年1月	1978年12月	1998年12月	水务局自来水司机	高级工
63	李　文	男	1960年5月	1978年3月	1998年12月	水务局钻井施工服务站打井	高级工
64	刘振远	男	1959年5月	1979年3月	1999年12月	宝坻区水务局建管中心巡河	高级工
65	窦瑞芳	男	1960年5月	1979年4月	1999年12月	宝坻区水务局建管中心巡河	高级工
66	于志鹏	男	1963年6月	1979年6月	1999年12月	宝坻区水务局建管中心巡河	高级工
67	王连祥	男	1961年5月	1979年8月	1999年12月	宝坻区水务局建管中心巡河	高级工
68	何遵明	男	1962年6月	1979年8月	1999年12月	宝坻区水务局建管中心巡河	高级工
69	芮金华	男	1960年5月	1979年8月	1999年12月	宝坻区水务局建管中心巡河	高级工
70	梁士明	男	1961年6月	1979年11月	1999年12月	宝坻区水务局建管中心巡河	高级工
71	丛建滋	男	1962年2月	1979年9月	1999年12月	水务局地下水资源管理中心　收费	高级工

续表

序号	姓名	性别	出生年月	参加工作时间	职称评定时间	单位及职业	职业资格级别
72	许连学	男	1957年5月	1979年4月	1999年12月	水务局河道管理所机务队	高级工
73	芮汉坤	男	1957年8月	1979年4月	1999年12月	水务局河道管理所闸门运行	高级工
74	靳玉合	男	1958年4月	1979年4月	1999年12月	水务局河道管理所闸门运行	高级工
75	马志亭	男	1960年12月	1979年4月	1999年12月	水务局河道管理所闸门运行	高级工
76	于振元	男	1961年4月	1979年5月	1999年12月	水务局河道管理所闸门运行	高级工
77	刘桂友	男	1960年6月	1979年5月	1999年12月	水务局河道管理所闸门运行	高级工
78	鄂会亭	男	1962年3月	1979年7月	1999年12月	水务局河道管理所闸门运行	高级工
79	佟树芳	男	1957年5月	1979年8月	1999年12月	水务局河道管理所闸门运行	高级工
80	孙守会	男	1962年6月	1979年8月	1999年12月	水务局河道管理所闸门运行	高级工
81	冯福明	男	1960年6月	1979年11月	1999年12月	水务局河道管理所闸门运行	高级工
82	陈树发	男	1963年1月	1979年1月	1999年12月	水务局排灌站泵站运行	高级工
83	陈万江	男	1956年11月	1979年4月	1999年12月	水务局排灌站泵站运行	高级工
84	刘德元	男	1956年1月	1979年4月	1999年12月	水务局排灌站泵站运行	高级工
85	刘志忠	男	1960年6月	1979年8月	1999年12月	水务局排灌站泵站运行	高级工
86	张作凯	男	1961年6月	1979年11月	1999年12月	水务局排灌站泵站运行	高级工
87	蒋玉海	男	1959年6月	1979年11月	1999年12月	水务局排灌站泵站运行	高级工

续表

序号	姓名	性别	出生年月	参加工作时间	职称评定时间	单位及职业	职业资格级别
88	张殿怀	男	1961 年 5 月	1979 年 11 月	1999 年 12 月	水务局排灌站泵站运行	高级工
89	田　坤	男	1959 年 8 月	1979 年 11 月	1999 年 12 月	水务局排灌站泵站运行	高级工
90	于学昌	男	1962 年 3 月	1979 年 11 月	1999 年 12 月	水务局排灌站泵站运行	高级工
91	杨绍利	男	1961 年 1 月	1979 年 11 月	1999 年 12 月	水务局排灌站泵站运行	高级工
92	刘春贺	男	1962 年 6 月	1979 年 12 月	1999 年 12 月	水务局排灌站泵站运行	高级工
93	李广军	男	1960 年 12 月	1979 年 12 月	1999 年 12 月	水务局排灌站泵站运行	高级工
94	张士江	男	1962 年 9 月	1979 年 11 月	1999 年 12 月	水务局修配中心杂勤	高级工
95	芮永富	男	1960 年 3 月	1979 年 11 月	1999 年 12 月	水务局自来水管道施工	高级工
96	杨洪生	男	1961 年 9 月	1979 年 10 月	1999 年 12 月	水务局自来水后勤	高级工
97	王会成	男	1962 年 11 月	1979 年 11 月	1999 年 12 月	水务局自来水后勤	高级工
98	张建国	男	1957 年 10 月	1979 年 5 月	1999 年 12 月	水务局自来水司泵工	高级工
99	刘振祥	男	1962 年 3 月	1979 年 11 月	1999 年 12 月	水务局自来水司泵工	高级工
100	殷富辉	男	1963 年 8 月	1980 年 4 月	2000 年 12 月	宝坻区水务局建管中心巡河	高级工
101	董福波	男	1962 年 11 月	1980 年 5 月	2000 年 12 月	宝坻区水务局建管中心巡河	高级工
102	赵起宏	男	1959 年 11 月	1980 年 8 月	2000 年 12 月	宝坻区水务局建管中心巡河	高级工
103	王志芳	男	1963 年 2 月	1980 年 10 月	2000 年 12 月	宝坻区水务局建管中心巡河	高级工

续表

序号	姓名	性别	出生年月	参加工作时间	职称评定时间	单位及职业	职业资格级别
104	丁树和	男	1961年1月	1980年11月	2000年12月	宝坻区水务局建管中心巡河	高级工
105	崔胜利	男	1964年2月	1980年10月	2000年12月	水务局供水站收费员	高级工
106	杨　兴	男	1961年2月	1980年1月	2000年12月	水务局河道管理所办公室	高级工
107	袁占光	男	1963年5月	1980年11月	2000年12月	水务局河道管理所闸门运行	高级工
108	任福友	男	1960年2月	1980年12月	2000年12月	水务局河道管理所闸门运行	高级工
109	方　金	男	1963年5月	1980年2月	2000年12月	水务局排灌站泵站运行	高级工
110	李洪月	男	1960年9月	1980年5月	2000年12月	水务局排灌站泵站运行	高级工
111	孙秀林	男	1957年2月	1980年7月	2000年12月	水务局排灌站泵站运行	高级工
112	李广松	男	1963年3月	1980年7月	2000年12月	水务局排灌站泵站运行	高级工
113	杨伯全	男	1957年12月	1980年8月	2000年12月	水务局排灌站泵站运行	高级工
114	曹玉海	男	1958年4月	1980年8月	2000年12月	水务局排灌站泵站运行	高级工
115	付海生	男	1958年4月	1980年8月	2000年12月	水务局排灌站泵站运行	高级工
116	运怀浩	男	1960年5月	1980年8月	2000年12月	水务局排灌站泵站运行	高级工
117	陈维权	男	1957年1月	1980年8月	2000年12月	水务局排灌站泵站运行	高级工
118	韩月德	男	1957年4月	1980年9月	2000年12月	水务局排灌站泵站运行	高级工
119	张春甫	男	1962年5月	1980年10月	2000年12月	水务局排灌站泵站运行	高级工

续表

序号	姓名	性别	出生年月	参加工作时间	职称评定时间	单位及职业	职业资格级别
120	宋国华	男	1961年1月	1980年11月	2000年12月	水务局排灌站泵站运行	高级工
121	张琪海	男	1962年2月	1980年11月	2000年12月	水务局排灌站泵站运行	高级工
122	来学仪	男	1962年5月	1980年11月	2000年12月	水务局排灌站泵站运行	高级工
123	周廷永	男	1961年1月	1980年11月	2000年12月	水务局排灌站泵站运行	高级工
124	张玉祥	男	1954年5月	1980年11月	2000年12月	水务局排灌站泵站运行	高级工
125	赵　宽	男	1963年5月	1980年11月	2000年12月	水务局排灌站泵站运行	高级工
126	孙振国	男	1963年11月	1980年12月	2000年12月	水务局排灌站泵站运行	高级工
127	刘亚军	男	1960年1月	1980年12月	2000年12月	水务局排灌站泵站运行	高级工
128	陈兆国	男	1962年2月	1980年4月	2000年12月	水务局排灌站机电组	高级工
129	王学俊	男	1963年5月	1980年11月	2000年12月	水务局司机	高级工
130	程万奎	男	1960年8月	1980年7月	2000年12月	水务局修配中心杂勤	高级工
131	刘云川	男	1963年5月	1980年10月	2000年12月	水务局自来水抄表员	高级工
132	苑树新	男	1963年8月	1980年11月	2000年12月	水务局自来水抄表员	高级工
133	徐德智	男	1961年4月	1980年8月	2000年12月	水务局自来水管道施工	高级工
134	刘海宽	男	1957年7月	1980年10月	2000年12月	水务局自来水管道施工	高级工
135	郭学谦	男	1958年7月	1981年7月	2001年12月	宝坻区水务局建管中心管理员	高级工

续表

序号	姓名	性别	出生年月	参加工作时间	职称评定时间	单位及职业	职业资格级别
136	王连生	男	1961年6月	1981年1月	2001年12月	宝坻区水务局建管中心巡河	高级工
137	杨 利	男	1963年4月	1981年10月	2001年12月	水务局地下水资源管理中心 办公室	高级工
138	李庆辉	男	1963年7月	1981年10月	2001年12月	水务局地下水资源管理中心 收费	高级工
139	董云飞	男	1963年5月	1981年10月	2001年12月	水务局河道管理所闸门运行	高级工
140	华广兴	男	1960年3月	1981年1月	2001年12月	水务局排灌站泵站运行	高级工
141	张树生	男	1962年6月	1981年3月	2001年12月	水务局排灌站泵站运行	高级工
142	卢 勋	男	1963年1月	1981年5月	2001年12月	水务局排灌站泵站运行	高级工
143	高学禄	男	1966年3月	1981年7月	2001年12月	水务局排灌站泵站运行	高级工
144	高 永	男	1961年8月	1981年8月	2001年12月	水务局排灌站泵站运行	高级工
145	张树海	男	1962年6月	1981年10月	2001年12月	水务局排灌站泵站运行	高级工
146	张国龙	男	1964年3月	1981年12月	2001年12月	水务局排灌站泵站运行	高级工
147	刘宝军	男	1963年4月	1981年8月	2001年12月	水务局排灌站机电组	高级工
148	董 波	男	1963年4月	1981年10月	2001年12月	水务局排灌站机电组	高级工
149	王立军	男	1962年11月	1981年8月	2001年12月	水务局修配中心技术员	高级工
150	赵树和	男	1964年7月	1981年7月	2001年12月	水务局修配中心警卫	高级工
151	张瑞明	男	1965年6月	1981年10月	2001年12月	水务局修配中心钳工	高级工

续表

序号	姓名	性别	出生年月	参加工作时间	职称评定时间	单位及职业	职业资格级别
152	邸建华	男	1963年6月	1981年12月	2001年12月	水务局修配中心组长	高级工
153	马会亭	男	1962年11月	1981年7月	2001年12月	水务局自来水卡表维修	高级工
154	王宝祥	男	1965年1月	1981年4月	2001年12月	水务局自来水司机	高级工
155	刘建臣	男	1964年5月	1982年10月	2002年12月	宝坻区水务局建管中心巡河	高级工
156	孙连泽	男	1963年7月	1982年10月	2002年12月	宝坻区水务局建管中心巡河	高级工
157	马秀成	男	1963年2月	1982年10月	2002年12月	宝坻区水务局建管中心巡河	高级工
158	王建会	男	1965年5月	1982年12月	2002年12月	宝坻区水务局建管中心巡河	高级工
159	于有会	男	1965年3月	1982年5月	2002年12月	水务局供水站收费员	高级工
160	李金江	男	1963年7月	1982年10月	2002年12月	水务局河道管理所司机	高级工
161	魏宝民	男	1966年9月	1982年6月	2002年12月	水务局河道管理所闸门运行	高级工
162	林学红	女	1966年10月	1982年9月	2002年12月	水务局河道管理所闸门运行	高级工
163	张　良	男	1963年6月	1982年10月	2002年12月	水务局河道管理所闸门运行	高级工
164	吴谢民	男	1963年4月	1982年10月	2002年12月	水务局河道管理所闸门运行	高级工
165	高德红	男	1965年12月	1982年10月	2002年12月	水务局河道管理所闸门运行	高级工
166	马振田	男	1963年8月	1982年12月	2002年12月	水务局河道管理所闸门运行	高级工
167	陈学润	男	1964年9月	1982年12月	2002年12月	水务局河道管理所闸门运行	高级工

续表

序号	姓名	性别	出生年月	参加工作时间	职称评定时间	单位及职业	职业资格级别
168	王玉国	男	1961年7月	1982年12月	2002年12月	水务局河道管理所闸门运行	高级工
169	李敬丰	男	1964年12月	1982年7月	2002年12月	水务局排灌站泵站运行	高级工
170	马建军	男	1966年11月	1982年9月	2002年12月	水务局排灌站泵站运行	高级工
171	董　杰	男	1963年2月	1982年10月	2002年12月	水务局排灌站泵站运行	高级工
172	丰国林	男	1964年5月	1982年10月	2002年12月	水务局排灌站泵站运行	高级工
173	王学民	男	1965年4月	1982年10月	2002年12月	水务局排灌站泵站运行	高级工
174	王振东	男	1964年8月	1982年10月	2002年12月	水务局排灌站泵站运行	高级工
175	王俊军	男	1963年1月	1982年10月	2002年12月	水务局排灌站泵站运行	高级工
176	陈桂松	男	1965年5月	1982年10月	2002年12月	水务局排灌站泵站运行	高级工
177	张国祥	男	1964年3月	1982年10月	2002年12月	水务局排灌站泵站运行	高级工
178	孙学国	男	1964年1月	1982年10月	2002年12月	水务局排灌站泵站运行	高级工
179	崔志诚	男	1963年8月	1982年10月	2002年12月	水务局排灌站泵站运行	高级工
180	岳玉强	男	1963年6月	1982年10月	2002年12月	水务局排灌站泵站运行	高级工
181	张久宽	男	1963年7月	1982年10月	2002年12月	水务局排灌站泵站运行	高级工
182	刘云友	男	1964年7月	1982年10月	2002年12月	水务局排灌站泵站运行	高级工
183	蔺士永	男	1965年2月	1982年11月	2002年12月	水务局排灌站泵站运行	高级工

续表

序号	姓名	性别	出生年月	参加工作时间	职称评定时间	单位及职业	职业资格级别
184	李长文	男	1963 年 2 月	1982 年 10 月	2002 年 12 月	水务局自来水卡表维修	高级工
185	刘树聪	男	1964 年 4 月	1982 年 10 月	2002 年 12 月	水务局自来水司泵工	高级工
186	焦玉林	男	1961 年 2 月	1982 年 10 月	2002 年 12 月	水务局自来水司泵工	高级工
187	梅永欢	男	1964 年 3 月	1982 年 10 月	2002 年 12 月	水务局自来水司泵工	高级工
188	刘　永	男	1964 年 6 月	1983 年 1 月	2003 年 12 月	宝坻区水务局建管中心巡河	高级工
189	杨宝国	男	1967 年 7 月	1983 年 10 月	2003 年 12 月	宝坻区水务局建管中心巡河	高级工
190	魏永强	男	1966 年 12 月	1983 年 12 月	2003 年 12 月	宝坻区水务局建管中心巡河	高级工
191	吴宝占	男	1965 年 4 月	1983 年 4 月	2003 年 12 月	水务局河道管理所办公室	高级工
192	崔贺清	女	1967 年 1 月	1983 年 12 月	2003 年 12 月	水务局排灌站办公室	高级工
193	武庆民	男	1963 年 12 月	1983 年 3 月	2003 年 12 月	水务局排灌站泵站运行	高级工
194	吴连富	男	1963 年 4 月	1983 年 4 月	2003 年 12 月	水务局排灌站泵站运行	高级工
195	盛树青	男	1963 年 2 月	1983 年 4 月	2003 年 12 月	水务局排灌站泵站运行	高级工
196	丁方亭	男	1958 年 5 月	1983 年 9 月	2003 年 12 月	水务局排灌站泵站运行	高级工
197	李树海	男	1964 年 11 月	1983 年 10 月	2003 年 12 月	水务局排灌站泵站运行	高级工
198	刘　岩	男	1965 年 8 月	1983 年 10 月	2003 年 12 月	水务局排灌站泵站运行	高级工
199	方志喜	男	1966 年 9 月	1983 年 12 月	2003 年 12 月	水务局排灌站泵站运行	高级工

续表

序号	姓名	性别	出生年月	参加工作时间	职称评定时间	单位及职业	职业资格级别
200	任春东	男	1965 年 5 月	1983 年 10 月	2003 年 12 月	水务局排灌站机电组	高级工
201	郝兴民	男	1968 年 5 月	1983 年 12 月	2003 年 12 月	水务局自来水抄表部部长	高级工
202	荣玉婷	女	1967 年 7 月	1983 年 12 月	2003 年 12 月	水务局自来水收费员	高级工
203	邳宝山	男	1964 年 6 月	1983 年 10 月	2003 年 12 月	水务局钻井施工服务站打井	高级工
204	刘占明	男	1965 年 11 月	1983 年 10 月	2003 年 12 月	水务局钻井施工服务站打井	高级工
205	曹万军	男	1964 年 4 月	1983 年 10 月	2003 年 12 月	水务局钻井施工服务站司机	高级工
206	唐连东	男	1965 年 3 月	1983 年 10 月	2003 年 12 月	水务局钻井施工服务站司机	高级工
207	戴彦军	男	1967 年 5 月	1984 年 10 月	2004 年 12 月	宝坻区水务局建管中心巡河	高级工
208	于永婷	女	1964 年 4 月	1984 年 9 月	2004 年 12 月	水务局供水站收费员	高级工
209	崔连军	男	1967 年 7 月	1984 年 9 月	2004 年 12 月	水务局河道管理所司机	高级工
210	姚永新	男	1966 年 9 月	1984 年 9 月	2004 年 12 月	水务局河道管理所闸门运行	高级工
211	杨长金	男	1966 年 1 月	1984 年 10 月	2004 年 12 月	水务局排灌站泵站运行	高级工
212	刘　东	男	1968 年 8 月	1984 年 12 月	2004 年 12 月	水务局排灌站泵站运行	高级工
213	李春生	男	1963 年 3 月	1984 年 10 月	2004 年 12 月	水务局修配中心组长	高级工
214	谷显兵	男	1968 年 4 月	1985 年 11 月	2005 年 12 月	水务局供水站收费员	高级工
215	王淑华	女	1967 年 6 月	1985 年 9 月	2005 年 12 月	水务局河道管理所闸门运行	高级工

续表

序号	姓名	性别	出生年月	参加工作时间	职称评定时间	单位及职业	职业资格级别
216	陈永红	男	1966 年 12 月	1985 年 10 月	2005 年 12 月	水务局河道管理所闸门运行	高级工
217	蒙连顿	男	1965 年 3 月	1985 年 10 月	2005 年 12 月	水务局排灌站泵站运行	高级工
218	解桂清	男	1968 年 3 月	1985 年 12 月	2005 年 12 月	水务局排灌站泵站运行	高级工
219	顾洪林	男	1968 年 7 月	1985 年 2 月	2005 年 12 月	水务局修配中心电工	高级工
220	韩建峰	男	1968 年 10 月	1985 年 11 月	2005 年 12 月	水务局自来水卡表维修	高级工
221	宫秀静	女	1967 年 9 月	1985 年 10 月	2005 年 12 月	水务局自来水收费员	高级工
222	崔慧娟	女	1970 年 4 月	1987 年 10 月	2005 年 12 月	水务局地下水资源管理中心　水文	高级工
223	王亚军	男	1969 年 1 月	1986 年 12 月	2006 年 12 月	宝坻区水务局建管中心巡河	高级工
224	郭建霞	女	1969 年 11 月	1986 年 11 月	2006 年 12 月	水务局地下水资源管理中心　收费	高级
225	赵书云	男	1968 年 4 月	1986 年 11 月	2006 年 12 月	水务局河道管理所司机	高级工
226	刘宝生	男	1968 年 1 月	1986 年 11 月	2006 年 12 月	水务局河道管理所闸门运行	高级工
227	陈建民	男	1970 年 3 月	1986 年 12 月	2006 年 12 月	水务局河道管理所闸门运行	高级工
228	王景林	男	1968 年 3 月	1986 年 11 月	2006 年 12 月	水务局排灌站泵站运行	高级工
229	李永平	男	1966 年 8 月	1986 年 11 月	2006 年 12 月	水务局排灌站泵站运行	高级工
230	杨建军	男	1969 年 6 月	1986 年 12 月	2006 年 12 月	水务局排灌站泵站运行	高级工
231	芮志远	男	1969 年 6 月	1986 年 12 月	2006 年 12 月	水务局排灌站机电组	高级工

续表

序号	姓名	性别	出生年月	参加工作时间	职称评定时间	单位及职业	职业资格级别
232	吕英阳	男	1968年7月	1986年10月	2006年12月	水务局自来水抄表员	高级工
233	左胜利	男	1969年12月	1986年11月	2006年12月	水务局自来水管网部部长	高级工
234	朱井安	男	1960年9月	1976年11月	2006年12月	水务局自来水司泵工	高级工
235	王永红	男	1969年8月	1986年11月	2006年12月	水务局自来水综合部副部长	高级工
236	王庆恒	男	1967年3月	1986年11月	2006年12月	水务局钻井施工服务站打井	高级工
237	李海波	男	1969年9月	1987年11月	2007年12月	宝坻区水务局建管中心巡河	高级工
238	袁亚民	男	1969年3月	1987年11月	2007年12月	宝坻区水务局建管中心巡河	高级工
239	赵　光	男	1970年2月	1987年11月	2007年12月	水务局司机	高级工
240	吴建东	男	1969年4月	1987年11月	2007年12月	水务局自来水管道施工	高级工
241	付可旺	男	1969年10月	1987年11月	2007年12月	水务局自来水客服部部长	高级工
242	付　彬	男	1968年7月	1987年10月	2007年12月	水务局自来水水政监察	高级工
243	张艳荣	女	1968年6月	1988年12月	2008年12月	宝坻区水务局建管中心出纳	高级工
244	郭曼华	女	1968年4月	1988年5月	2008年12月	宝坻区水务局建管中心巡河	高级工
245	马连国	男	1968年1月	1988年9月	2008年12月	宝坻区水务局建管中心巡河	高级工
246	杜秀芹	女	1967年7月	1988年12月	2008年12月	宝坻区水务局建管中心巡河	高级工
247	蒙丽秀	女	1969年3月	1988年12月	2008年12月	水务局排灌站办公室	高级工

续表

序号	姓名	性别	出生年月	参加工作时间	职称评定时间	单位及职业	职业资格级别
248	刘晓海	男	1968年8月	1988年4月	2008年12月	水务局排灌站泵站运行	高级工
249	李　明	男	1970年4月	1988年12月	2008年12月	水务局排灌站泵站运行	高级工
250	董锦春	女	1971年2月	1988年12月	2008年12月	水务局自来水微机员	高级工
251	陈秀娟	女	1967年7月	1988年12月	2008年12月	水务局钻井施工服务站打井	高级工
252	李红新	女	1972年9月	1988年12月	2008年12月	水务局钻井施工服务站打井	高级工
253	张群莉	女	1967年3月	1988年5月	2008年12月	水务局水务物资供应站出纳	高级工
254	马福来	男	1969年7月	1988年12月	2008年12月	水务局修配中心钳工	高级工
255	郭　凯	男	1969年1月	1988年10月	2008年12月	水务局自来水管网部副部长	高级工
256	高秀梅	女	1969年8月	1988年10月	2008年12月	水务局自来水会计	高级工
257	焦学玲	女	1971年3月	1988年5月	2008年12月	水务局自来水库管员	高级工
258	韩书宇	男	1974年4月	1990年3月	2008年12月	水务局地下水资源管理中心　收费	高级工
259	牛庚晨	男	1970年3月	1989年3月	2009年12月	宝坻区水务局建管中心司机	高级工
260	张福旺	男	1970年9月	1989年3月	2009年12月	宝坻区水务局建管中心巡河	高级工
261	闫建军	女	1968年10月	1989年12月	2009年12月	水务局河道管理所出纳	高级工
262	门学良	男	1970年9月	1989年3月	2009年12月	水务局河道管理所闸门运行	高级工
263	胡守栋	男	1971年3月	1989年3月	2009年12月	水务局排灌站泵站运行	高级工

续表

序号	姓名	性别	出生年月	参加工作时间	职称评定时间	单位及职业	职业资格级别
264	李　亮	男	1971 年 5 月	1989 年 5 月	2009 年 12 月	水务局排灌站泵站运行	高级工
265	张友春	男	1966 年 4 月	1989 年 7 月	2009 年 12 月	水务局排灌站泵站运行	高级工
266	陈永智	男	1968 年 5 月	1989 年 3 月	2009 年 12 月	水务局修配中心司机	高级工
267	马晓静	女	1974 年 1 月	1989 年 9 月	2009 年 12 月	水务局自来水收费	高级工
268	刘全胜	男	1971 年 1 月	1989 年 3 月	2009 年 12 月	水务局钻井施工服务站水文	高级工
269	运爱军	男	1972 年 4 月	1990 年 3 月	2010 年 12 月	宝坻区水务局建管中心司机	高级工
270	白艳臣	男	1971 年 11 月	1990 年 3 月	2010 年 12 月	宝坻区水务局建管中心巡河	高级工
271	王绍明	男	1971 年 3 月	1990 年 12 月	2010 年 12 月	宝坻区水务局建管中心巡河	高级工
272	张雪松	男	1968 年 1 月	1990 年 12 月	2010 年 12 月	宝坻区水务局建管中心巡河	高级工
273	王云生	男	1969 年 2 月	1990 年 12 月	2010 年 12 月	宝坻区水务局建管中心巡河	高级工
274	喻　红	女	1974 年 9 月	1990 年 12 月	2010 年 12 月	水务局地下水资源管理中心收费	高级工
275	王　虎	男	1972 年 10 月	1990 年 12 月	2010 年 12 月	水务局地下水资源管理中心司机	高级工
276	于明久	男	1972 年 2 月	1990 年 12 月	2010 年 12 月	水务局防汛抗旱管理站司机	高级工
277	刘云霞	女	1970 年 4 月	1990 年 12 月	2010 年 12 月	水务局供水站收费员	高级工
278	李建东	男	1973 年 3 月	1990 年 12 月	2010 年 12 月	水务局供水站收费员	高级工
279	邢宝艳	女	1970 年 1 月	1990 年 12 月	2010 年 12 月	水务局河道管理所出纳	高级工

续表

序号	姓名	性别	出生年月	参加工作时间	职称评定时间	单位及职业	职业资格级别
280	王立树	男	1972年5月	1990年12月	2010年12月	水务局河道管理所机务队	高级工
281	周秀娟	女	1968年7月	1990年5月	2010年12月	水务局排灌站办公室	高级工
282	李卫国	男	1972年5月	1990年12月	2010年12月	水务局排灌站泵站运行	高级工
283	李方明	男	1972年5月	1990年12月	2010年12月	水务局排灌站泵站运行	高级工
284	张子川	男	1972年1月	1990年12月	2010年12月	水务局排灌站泵站运行	高级工
285	王利平	男	1972年11月	1990年3月	2010年12月	水务局修配中心钳工	高级工
286	李建华	女	1970年7月	1990年9月	2010年12月	水务局自来水抄表员	高级工
287	关占山	男	1974年6月	1990年3月	2010年12月	水务局自来水管道施工	高级工
288	田　丰	女	1973年7月	1990年12月	2010年12月	水务局自来水行政企划	高级工
289	杨守伟	男	1972年2月	1990年3月	2010年12月	水务局自来水综合部部长	高级工
290	周文来	男	1971年5月	1990年3月	2010年12月	水务局钻井施工服务站打井	高级工

附　录

附录一 《宝坻县农用地表水有偿使用暂行办法》

1996年4月19日，宝坻县政府印发《宝坻县农用地表水有偿使用暂行办法》（宝政发〔1996〕11号），该办法经宝坻县政府第38次常务会议讨论通过。自1996年起执行。

第一条 随着我县高效农业的发展，农业自备水源不足、外购水及农田水利设施建管费用加大以及现有水源不能得到科学合理利用等问题日益突出。为在全社会树立水的商品化意识，建立和完善水利投入机制，实现水利的良性循环，根据《中华人民共和国水法》，就我县推行农用地上水有偿使用，制定本办法。

第二条 凡在我县境内引用地上水（自蓄水和外购水）的农田和养殖水面（包括农场和驻宝单位），均收取供水费。一级河道滩地暂不收费。

第三条 农用地上水收费标准按作物品种及面积确定如下：（1）稻田（含稻麦连作）每亩每年收取30元；（2）麦田（含复种）每亩每年收取4元；（3）经济作物（含果园）每亩每年收取4元；（4）其他作物每亩每年收取2元；（5）养殖水面每亩每年收取30元。为鼓励汛后和冬前用水，减少集中用水，对秋耕冬灌的稻田和白地减半收费。在汛末蓄水的小型水库所保稻田（按每亩用水500立方米计算）不收费，小型水库春末蓄水所保稻田及小水库周围超过计算面积的稻田照常收费。

第四条 农用地上水供水标准：稻田保证插秧用水，个别地区如不能保证，秋后按实际面积退款，不承担经济损失；对井灌区和混灌区使用地上水灌溉的，麦田保证封冻水和返青水。

第五条 农用地上水收费，稻田和养殖水面在春季用水前按核定面积一次性收取，麦田、经济作物和其他作物在收获后按实际播种面积收取。

第六条 为加强农用地上水收费及管理，由县水利局农业供水服务公司，各乡镇水利站设分公司，实行单独核算，自收自支。所收费用80%用于外购水和蓄供水工程维修改造，20%用于供调水管理经费。

第七条 供水费收取由乡镇政府统一组织，乡镇水利站（供水分公司）具体负责，以村为单位收取。具体办法由供水服务公司制定。对无理拒交供水费的单位和个人，按有关法规进行处罚。

第八条 本办法自1996年起执行。所定水费标准为当年标准，以后可根据上年度实际经营情况及当年购水价格，做出适当调整。

附录二 《潮白河水库管理暂行办法》

1998年，宝坻县政府办公室印发《潮白河水库管理暂行办法》（宝政发〔1998〕56号），具体如下：

潮白河水库是宝坻县重要的地上水源，年蓄水量9000多万立方米，为保证我县农业稳产、高产发挥了巨大作用。近年来，大量渔船到水库内乱捕滥捞，损坏水库工程设施和破坏水产资源现象比较严重。为确保水库安全，合理开发和保护水产资源，根据《中华人民共和国河道管理条例》《天津市河道管理条例》和其他有关法律、法规规定，制定本办法：

一、县水利局是潮白河水库的主管部门，全面负责防汛、除涝、行洪、蓄水和渔业生产等工作。水利局设水库管理所作为日常管理的办事机构。

二、水库管理范围包括：胡各庄低水闸和引青入潮八道沽公路桥至里自沽蓄水闸之间的水面、滩地、堤坝、护堤地、树林及其他附属设施。

三、在水库管理范围内从事种植、养殖、水产捕捞等生产活动，必须遵守水利部门的规定，服从水利部门的管理，接受水利部门的监督检查。

四、为保证水库护岸、护坡的安全和完整，凡进入潮白河水库从事捕捞作业的人员必须持县畜牧水产局颁发的捕捞证，并得到水库管理所的批准。

五、经批准进入水库捕捞的，应按规定向水利部门交纳水利工程保护补偿金。收费标准为：库区有滩地的村，每条船每月交费10元；无滩地的沿河村，每条船每月交费30元；其余船只每月交费60元；使用机动船捕捞丰年虫和鱼虾的，每条船每月交费200～300元；占用堤顶、堤坡、滩地、护堤地搭窝棚和堆放杂物、晾晒丰年虫的，每平方米每日收费0.2元。凡经批准入库捕捞的人员要于每月1—5日主动到水库管理所（地点：黄白桥西头）交费，逾期不交者每日加收5%滞纳金。其他单位和个人均不得在水库内收费。

六、在水库管理范围内私自动土、故意动用护坡岸砌石、损坏草皮、树木的，按《天津市实施〈中华人民共和国水法〉办法》和《天津市河道管理条例》的规定，应进行经济赔偿并接受处罚。

七、未经批准入库捕捞和使用禁用渔具渔法从事捕捞的，由有关部门按法律法规有关规定给予处罚。

八、水库管理范围内的闸、涵、扬水站附近水域为禁渔区，捕捞船只不得擅自进入。具体范围为：蓄水闸上下游500米以内，其他闸、涵和扬水站100米以内。

九、对不服从管理、干扰水库管理秩序、妨碍执法人员和管理人员执行公务的，交由公安机关处理。

十、前发文件与本规定有抵触的，以本规定为准，后发文件与本规定抵触的，本规定废止。

附录三 《2003—2010年农田排涝规划》

一、大钟庄小区

有扬水站5座。其中李家口排水能力2.5立方米每秒，装机功率275千瓦；冯庄子站排水能力9.9立方米每秒，装机功率840千瓦；宝芝站排水能力16立方米每秒，装机功率1320千瓦；宽江一站排水能力18立方米每秒，装机功率1560千瓦；宽江二站排水能力8立方米每秒，装机功率620千瓦；总排水能力54.4立方米每秒，总装机功率4615千瓦；控制面积2.25万公顷，扣除蓄水工程水面面积后为小区2.24万公顷。所在分区Ⅱ1，排水模数：5年一遇1.327立方米每秒，10年一遇2.181立方米每秒，现状排水模数1.619立方米每秒，该小区排涝标准为5年一遇。

二、八门城小区

有扬水站2座。其中八门城站排水能力8.4立方米每秒，装机功率960千瓦；张头窝站排水能力24立方米每秒，装机功率1980千瓦。总排水能力32.4立方米每秒，装机功率2940千瓦，控制面积1.71万公顷，扣除蓄水工程水面面积后为1.71万公顷。小区所在分区Ⅱ1，排水模数：5年一遇1.401立方米每秒，10年一遇2.308立方米每秒，现状排水模数1.264立方米每秒，该小区排涝标准为3年一遇。

三、胡各庄小区

有扬水站4座。其中胡各庄站排水能力30立方米每秒，装机功率2475千瓦；西河口站排水能力4.8立方米每秒，装机功率570千瓦。老庄子站排水能力26立方米每秒，装机功率2145千瓦；小辛马站排水能力20立方米每秒，装机功率1650千瓦。总排水能力80.8立方米每秒，总装机功率6840千瓦。控制面积2.38万公顷，扣除蓄水工程水面面积后为2.36万公顷。小区所在分区Ⅱ1，排水模数：5年一遇1.327立方米每秒，10年一遇2.181立方米每秒，现状排水模数2.28立方米每秒，该小区排涝标准为10年一遇。

四、里自沽小区

有扬水站6座。其中里自沽站排水能力19.8立方米每秒，装机功率1600千瓦；菜芽庄站排水能力 20 立方米每秒，装机功率 1650 千瓦；西老口站排水能力 10 立方米每秒，装机功率 825 千瓦；牛家牌站排水能力 18 立方米每秒，装机功率 2880 千瓦；东老口一站排水能力 20 立方米每秒，装机功率 1650 千瓦；东老口二站排水能力 20 立方米每秒，装机功率 2400 千瓦；总排水能力 107.8 立方米每秒，总装机功率 11005 千瓦；控制面积 2.21 万公顷，扣除蓄水工程水面面积后为 2.20 万公顷。小区所在分区Ⅱ1，排水模数：5 年一遇排水能力 1.327 立方米每秒，10 年一遇排水能力 2.181 立方米每秒，现状排水模数 2.659 立方米每秒，该小区排涝标准为 10 年一遇。

五、青龙湾减河以西小区

有扬水站 2 座。其中闫皮庄二站排水能力 14 立方米每秒，装机功率 1155 千瓦；八道沽站排水能力 16 立方米每秒，装机功率 1320 千瓦。总排水能力 30 立方米每秒，总装机功率 2475 千瓦。控制面积 1.04 万公顷，扣除蓄水工程水面面积后为 1.03 万公顷，小区所在Ⅱ3，排水模数：5 年一遇 1.327 立方米每秒，10 年一遇 2.228 立方米每秒，现状排水模数 1.945 立方米每秒，该小区排涝标准为 5 年一遇。

六、青龙湾减河以东小区

有扬水站 4 座。其中黄白桥站排水能力 15 立方米每秒，装机功率 2400 千瓦；董塔站排水能力 6 立方米每秒，装机功率 495 千瓦；大刘坡站排水能力 10 立方米每秒，装机功率 825 千瓦。总排水能力 31 立方米每秒，总装机功率 3720 千瓦。控制面积 0.97 万公顷，扣除蓄水工程水面面积为 0.96 万公顷。京津新城工业园扬水站，设计排水能力 20 立方米每秒，单机组流量 3.4 立方米每秒。安装 YL5003－12 型电机，1200ZLB－85 型水泵 6 台套。小区所在分区Ⅱ3，排水模数：5 年一遇 1.447 立方米每秒，10 年一遇 2.415 立方米每秒，现状排水模数 2.148 立方米每秒，该小区排涝标准为 5 年一遇。

七、白龙港小区

有扬水站 2 座。其中白龙港二站排水能力 16 立方米每秒，装机功率 1320 千瓦；黄家集站排水能力 8 立方米每秒，装机功率 660 千瓦。总排水能力 24 立方米每秒，总装机功率 1980 千瓦。控制面积 1.02 万公顷，扣除蓄水工程水面面积为 1.01 万公顷。小区所在分区Ⅰ1，排水模数：5 年一遇 1.63 立方米每秒，10 年一遇 2.815 立方米每秒，现状排水模数 1.573 立方米每秒，该小区排涝标准为 3 年一遇。

八、箭杆河小区

有扬水站 2 座。其中箭杆河站排水能力 28 立方米每秒，装机功率 2310 千瓦；网户站排水能力 2.4 立方米每秒，装机功率 285 千瓦。总排水能力 30.4 立方米每秒，总装机功率 2595 千瓦。控制面积 0.492 万公顷，扣除蓄水工程水面面积为 0.490 万公顷。小区所在分区Ⅱ1，排水模数：5 年一遇 1.661 立方米每秒，10 年一遇 2.761 立方米每秒，现状排水模数 4.132 立方米每秒，该小区排涝标准为 10 年一遇。

九、郭庄小区

有扬水站1座。排水能力2.4立方米每秒，装机功率285千瓦；控制面积0.0873万公顷，扣除蓄水工程水面面积为0.087万公顷。小区所在分区Ⅰ1，排水模数：5年一遇1.841立方米每秒，10年一遇3.168立方米每秒，现状排水模数1.837立方米每秒，该小区排涝标准为3年一遇。

十、大口屯小区

有5座扬水站。其中种田营站排水能力12立方米每秒，装机功率1920千瓦；小套站排水能力14立方米每秒，装机功率1155千瓦；庞家湾站排水能力20立方米每秒，装机功率990千瓦；西十站排水能力12立方米每秒，装机功率1650千瓦。总排水能力58立方米每秒，总装机功率5715千瓦。控制面积1.3万公顷，扣除蓄水工程水面面积为1.29万公顷，大套扬水站设计排水能力20立方米每秒，环境引水流量4立方米每秒，排水范围：鲍丘河以南、北干渠及引洵入潮以东、潮白新河以北、引滦明渠以西，面积11467公顷。小区所在分区Ⅱ1，排水模数：5年一遇1.461立方米每秒，10年一遇2.435立方米每秒，现状排水模数2.99立方米每秒，该小区排涝标准为10年一遇。

十一、城关小区

该小区位于宝坻区城关附近，无排水泵站，面积1.15万公顷，扣除蓄水工程水面面积为1.13万公顷。小区所在分区Ⅰ1，排水模数：5年一遇1.634立方米每秒，10年一遇2.815立方米每秒。

关于对《宝坻区水务志（1991—2010年）》（送审稿）进行评审的请示

天津市水务局：

按照市水务局续修天津水务志系列丛书的总体部署，我局已完成《宝坻区水务志（1991—2010年）》编纂初稿，经征求各有关部门意见，反复修改，形成《宝坻区水务志（1991—2010年）》（送审稿），现已随文报上，请予以评审。

妥否，请批示。

天津市宝坻区水务局

2017年12月19日

《宝坻区水务志》（送审稿）专家组评审意见

《宝坻区水务志（1991—2010年）》是天津水务志系列丛书中的一部志书，2017年12月完成送审稿，宝坻区水务局以《关于对〈宝坻区水务志〉（送审稿）进行评审的请示》（宝水报〔2017〕197号）文件上报市水务局，依据《天津市地方志工作办法》第十二条志书审查验收程序的规定，经市水务局水务志编委会研究，于2018年1月5日，由市水务局水务志编委会组织召开《宝坻区水务志（1991—2010年）》评审会。参加会议的有天津市水务局和宝坻区水务局等单位的领导、修志专家及撰稿人。会议成立了专家组（名单附后），与会人员听取了宝坻区水务局关于《宝坻区水务志》（送审稿）编纂工作的汇报，审阅了志稿。经认真评议，各位专家对该志稿予以肯定，评审意见如下：

一、本志稿记述了宝坻区行政区域内1991—2010年间的水利环境、水资源、防汛抗旱、里自沽灌区、农村水利、工程建设管理与移民管理、供水与排水、工程管理、规划科技教育、水利经济、机构与队伍建设、水政监察等诸方面的发展情况，符合专业志书的编纂要求。

二、本志稿运用了述、志、记、图、表、录多种体裁，体例科学，结构严谨，层次清晰，观点正确，主线突出。

三、本志稿语言文字质朴流畅，行文规范基本统一，图表设置合理。

四、修改意见：

1. 部分章节交叉重复的内容应进一步归纳删改；

2. 按照突出专业特色和地方特色的要求，进一步补充相关资料，以反映1991—2010年间事物的发展过程，力争做到横不缺项、纵不断线；

3. 语言应进一步简洁和准确，行文需要进一步规范；

4. 大事记条目记述的要素要齐全，时间上要精确到具体日期；

5. 表格按照规范修改，表要紧随其文，增加时间表述。

综上，经专家组审定：《宝坻区水务志（1991—2010年）》送审稿基本符合《地方志书质量规定》，同意通过评审。待调整、补充、修改后，再报终审并出版。

专家组组长：[signature]

2018年1月5日

索　引

说明：1. 本索引采用主题分析索引法，主题词词首按汉语字母顺序排列。

2. 主题词后的数字表示其所在的页码。

J

K

L

M

N

Z

编　后　记

按照天津市水务局对修志工作的统一部署，2009 年，宝坻区水务局成立了宝坻区水务志编委会及编办室，编办室由 6 人组成，戴洪任主任，王玉峰、白云峰任副主任，邓文栓及水利局离岗干部谢明华担任编辑工作，离岗干部吴铁祥为编办室成员。编办室成立后，把资料搜集与整理放在重中之重，查阅了水利系统的相关档案，积极联系宝坻区有关单位及天津、北京等地区的水务部门查阅档案，收集资料，同时，走访了相关退休、离岗当事人了解情况，积累了大量的宝贵材料。2010 年年底进入编写阶段，同时做到边写边核实资料。

2012 年，调整编办室人员，调整后编办室由 4 人组成，刘福军任主任，张东、白云峰任副主任，邓文栓担任编辑。2014 年增加窦金国，2016 年增加吴彦杰、郑帅为编办室成员，在对初稿自审的基础上，编办室人员继续搜集资料，补充完善，并前往相关部门，寻访了数百名在职或已退休的当事人，调查、搜集、核实了大量有价值的材料，2014 年 1 月完成《宝坻区水务志（1991—2010 年）》初稿。

2017 年 1 月，编委会成员调整为闫秀余任主任，胡宇和张东任副主任，谢明华为委员。编办室成员调整为闫秀余任主任，胡宇和张东任副主任，谢明华为编辑。在对初稿进行多次自审后，宝坻区水务局将修改稿报市水务局编办室审阅。2017 年 7 月 27 日，宝坻区水务局撰稿人前往市水务局与市水务局编办室人员交换意见，市水务局编办室人员对《宝坻区水务志（1991—2010 年）》初稿的修改稿从篇章结构、内容记述及语言文字等逐一提出修改意见。按照市水务局编办室所提意见建议，宝坻区水务局再次组织人员对志稿有关章节进行修改。2017 年 12 月完成《宝坻区水务志（1991—2010 年）》（送审稿），报市水务局审定。

2018 年 1 月 5 日，天津市水务局水务志编纂委员会在宝坻区水务局主持召开《宝坻区水务志（1991—2010 年）》评审会。有关领导、专家和学者10余人参加了评审会。会上，《宝坻区水务志（1991—2010年）》主编邓文栓汇报志稿的编纂情况。专家组对志稿进行全面评审。在一致通过评审的同时，也对志稿提出了修改意见和建议，最后，宝坻区水务局副局长胡宇做总结表态发言。会后，按照专家的意见，宝坻区水务局再次调整志稿结构，对送审稿进行了核实修改，补充完善。

2017年对编委会成员进行调整，至2021年编委会主任闫秀余，副主任胡宇和张东，委员为张岩、谢明华；编办室成员调整为主任闫秀余，副主任胡宇和张东，编辑张岩、谢明华。期间，在市水务局水务志编办室同志们的指导帮助下，经过多次修改，于2019年12月完成终审，交付印刷。

2021年2月，编委会成员调整为张洪印任主任，胡宇和张东任副主任，张岩为委员。编办室成员调整为张洪印任主任，胡宇和张东任副主任，张岩为编辑。

最终，《宝坻区水务志（1991—2010年）》全书设12章39节，另有综述、大事记、附录、索引、编后记及图表，约49万字，图文并茂、脉络清晰的记述了宝坻20年水利（水务）发展的历程。

《宝坻区水务志（1991—2010年）》在编修过程中，市水务局水务志编办室的同志们给予指导修改。区水务局局长张素旺、何建华、闫秀余、张洪印数次过问修志的进展，并为修志所需的设备及资源提供大力支持；副局调刘福军、办公室主任张东主持志书的编修工作，在人力、物力上给予了极大帮助。区水务局各科室和基层单位的领导同志们都非常关心、支持修志工作，提供了许多有参考价值的数据和资料。天津市水文水资源中心、区组织部、区档案局、区气象局等单位提供了十分珍贵的资料。《宝坻区水务志（1991—2010年）》的最终完成，是全体编修人员辛勤劳动的成果，是编修人员心血和汗水的结晶，是集体的智慧，在此一并表示衷心的感谢。

受限于历史资料的缺失及专业知识的不足，书中存在纰漏在所难免，敬请专家、学者、同仁批评指正。

编者

2021年4月